四川美术学院学术出版基金资助

城镇建成遗产的文化叙事策略研究

Research on Cultural Narrative Strategy of Urban Built Heritage

薛　威　李和平　著

U0224922

中国建筑工业出版社

图书在版编目（CIP）数据

城镇建成遗产的文化叙事策略研究/薛威，李和平
著.—北京：中国建筑工业出版社，2019.4
ISBN 978-7-112-23296-3

Ⅰ.①城…　Ⅱ.①薛…②李…　Ⅲ.①城镇-城市建
筑-文化遗产-研究-中国　Ⅳ.①TU-092

中国版本图书馆CIP数据核字（2019）第027453号

　　本书在理清国际国内遗产理论发展脉络的基础上，剖析了我国在城镇建成遗产的理论与实践中存在的问题。提出城镇建成遗产应从过度的消费叙事回归到面向生活的文化叙事中来；理解城镇建成遗产必须采取"人-时空关联"的视角，从而建立起城镇建成遗产文化叙事的基本认知理念。并以此为基础解读了城镇建成遗产的价值构成、评价要点以及遗产真实性的存续问题。

　　本书可供城乡规划学、建筑学、遗产保护学及相关专业师生参考。

责任编辑：许顺法　徐　冉
责任校对：赵　颖

城镇建成遗产的文化叙事策略研究
薛　威　李和平　著
*
中国建筑工业出版社出版、发行（北京海淀三里河路9号）
各地新华书店、建筑书店经销
北京佳捷真科技发展有限公司制版
北京建筑工业印刷厂印刷
*
开本：787×1092毫米　1/16　印张：14　字数：346千字
2019年8月第一版　2019年8月第一次印刷
定价：**70.00**元
ISBN 978-7-112-23296-3
（33605）

版权所有　翻印必究
如有印装质量问题，可寄本社退换
（邮政编码100037）

序　言

改革开放近 40 年来，我国的城镇建设取得了令世人刮目相看的成就。随着城镇化的进程逐步深入，城镇建成遗产成为我国历史文化遗产保护体系中重要组成部分，受到政府部门、研究机构的重视以及与日俱增的社会群体关注。近年来针对城镇建成遗产的保护与利用问题，政府及开发企业进行了大量的保护更新实践探索，相关学者进行了卓有成效的保护理论探索，理论与实践成果颇丰。我国的城镇历史文化遗产保护也形成了名城、街区、文保建筑三级法定的保护体系。但是随着城镇化进程的不断加快，大量法定文化遗产由于看似"积极保护"的建设性破坏而使其价值丧失。另外，除了法定保护体系内的遗产对象面临的种种问题之外，更需要看到的是，还未列入法定保护体系的城镇建成遗产由于对其价值认识不足而遭破坏，走向文化断层与衰亡，"千城一面"的现象随处可见。

近年来国际遗产领域的理论不断成熟，对活态遗产以及对历史性城市景观认识不断深化，对文化遗产中的"文化"认识日益深化与全面，遗产保护实践也逐渐从传统的对建筑物质空间的保护转变到从人类学、文化地理学等其他人文社科层面去保护，遗产的地方性或者遗产生成的具体语境得到前所未有的重视。目前，我国遗产保护的范畴也从单独保护文物演变为保护城镇人居聚落。即便如此，我国城镇建成遗产的保护原则和方法仍处在不断探索阶段。这其中最基础的是对城镇建成遗产的价值认知，即如何在时代变迁的大背景下理解建成遗产的问题。作者从"人时空"关联的视角，提出对建成遗产的正确认知必须建立在明确其作为人时空复合体的本质上来，对建成遗产进行保护也必须不断寻求其人时空关联线索，梳理关联要素，真正从消费叙事回归到文化叙事中来。在文化叙事的认知理念之下，才能去解读城镇建成遗产的价值构成。

"叙事"在本研究中即作为一个对建成遗产认知的基本立足点，同时也作为一种方法论层面的操作策略。将城镇建成遗产作为文本，借助"文本-语境"的基本研究范式构建建成遗产文化叙事，既寻求理解遗产文本的结构性，又关注地方语境在城镇建成遗产意义编织的作用，在此基础上更应该看到的是只有在权力语境中探讨城镇建成遗产延续才真正成为可能，进而形成基于时-空的层积关联、人-地的互文关联、人-人的场域关联的三个层面的策略。

本研究提出城镇建成遗产的叙事逻辑应从简单的线性叙事文本的认知模型转变为复杂叙事的多因果关联叙事认知模型上来。城镇建成遗产是一种特殊的空间文本对象，以其独特的要素语汇和文本结构载负着特有的历史信息，叙述着遗产的演进历程。应将城镇作为一种有机的生命体，结合不同文本要素，梳理城镇建成遗产"层积叙事"的时间结构与文本结构，建立城镇建成遗产的"时-空"整合协同的存续关系。

在当今全球化的时代背景中地方语境是遗产时空互文存在价值的基础，同时遗产构建的地方认同更有效地加强了地方语境的深刻性。在地方营造中应以遗产社区的日常生活共同体为目标，营造主体应以自组织的地方为主体，营造观念应深化对包容性的操作性研究，充分关照遗产在人时空层面的"变化"程度，建立肌理容变、建筑容异、风貌容拙、场所容弱的营造观念，在营造手段上应以微更新来矫正所谓遗产保护"工程"中宏大叙事的倾向。地方营造的依据应更强调人类学意义上对遗产的整体性地方性知识的获取，最终实现"人-地"关系在时空框架内和谐存续。建成遗产保护更新已不单单是单纯的技术和学术讨论的问题，从文化叙事的话语理念出发，城镇建成遗产的保护更新状态处处体现着叙事政治学。在认识到地方语境在遗产保护中凸显价值的基础上，更应该看到的是只有在权力语境中探讨城镇建成遗产延续才真正成为可能。脱离了建成遗产实际存在的时空权力场域，保护规划将毫无应对之策。

　　城镇建成遗产保护是一项复杂的社会工程，涉及经济学、社会学、地理学、文化学、管理学与历史保护学等多学科理论。本书试图建立一条多学科综合研究的线索，探讨建成遗产保护中的关键性问题，因此也难免挂一漏万，仅期望为我国城镇建成遗产保护理论和方法研究尽微薄之力。

李和平

2019 年 4 月于山城重庆

前　言

　　城镇建成遗产是人类历史文化的重要载体，经过长期的发展与积淀，才形成了现在的形态和精神内涵。改革开放以来，我国的城镇建成遗产保护工作取得了丰富成果与宝贵经验，形成了名城、街区、文保建筑的三级保护体系。但是随着城镇化进程的不断加快，大量建成遗产或由于对其价值认识不足而遭破坏，或由于看似"积极保护"的建设性破坏而使其价值丧失，走向文化断层与衰亡。忽视创造独特城市文化的主体——人，造成"全国古城一个样"，城镇建成遗产存续的现实日益紧迫，引起了广泛的社会舆论关注。随着国际遗产领域的理论不断成熟，对文化遗产中的"文化"认识日益深化与全面，遗产保护实践也逐渐从传统的建筑物质空间的保护转变到从人类学、文化地理学等其他人文社科层面考察建成遗产的文化整体性、多样性以及面向发展的可持续性层面，遗产的地方性或者遗产生成的具体语境得到前所未有的重视；遗产保护关注的层面从简单提出保护方法日益走向遗产保护背后的话语权力与利益机制层面，并且只有这样才能真正使遗产管理走向可持续。本书在理清国际国内遗产理论发展脉络的前提下，剖析了我国在城镇建成遗产的理论与实践中存在的问题。提出城镇建成遗产应从过度的消费叙事回归到面向生活的文化叙事中来；理解城镇建成遗产必须采取"人时空关联"的视角，而城镇建成遗产的人文社会性特征、空间多元性特征与时间演进性特征反映出城镇建成遗产即是"人时空"的关联复合体，从而建立起城镇建成遗产文化叙事的基本认知理念。并以此为基础解读城镇建成遗产的价值构成、评价要点以及遗产真实性的存续问题。

　　本书积极从近年来发展迅速的人文社科知识体系如哲学对社会空间的批判性研究，人类学民族志以及文化地理学对城镇社区的地方性研究，特别是文化研究等学科理论中吸收养分，从叙事学中提炼研究框架，建立以"文本-语境"为核心的文化叙事策略。"叙事"在本书中既作为一个对事物认知的基本立足点，同时也作为一种操作性策略。借鉴经典叙事学的思路把城镇建成遗产作为文本从而理解遗产文本的结构性。用经典叙事学的论述体系解读遗产文本的同时，更需要强调的是借助后经典叙事学关注语境在意义编织作用的思维方式，认识到只有在地方的语境中城镇建成遗产才有理解存在价值的可能；在此基础上更应该看到的是只有在权力语境中探讨城镇建成遗产延续才真正成为可能，进而形成基于时-空的层积关联、人-地的互文关联、人-人的场域关联的三个层面较为全面的策略。

目　　录

1 论"叙"：城镇建成遗产叙事绪论

1.1 建成环境保护中面临的严峻问题与挑战

1.1.1 建成环境保护面临的形势严峻

改革开放40年来，我国的城镇建设随着我国经济跨越式发展也呈现一片热火朝天的胜景，大大改善了我国的人居环境品质，取得了令世人刮目相看的成就。而同时历史建成环境逐步成为我国历史文化遗产保护体系中重要组成部分，逐步受到政府部门的重视以及与日俱增的社会群体关注，因此历史建成环境保护工作也收获了大量的实践成果与丰富的实践经验。然而需要指出的是，随着城镇化的进程逐步深入，仍有大量历史建成环境不能与现代化发展相适应而逐步走向衰落，社会经济发展与建成环境保护两者矛盾越来越明显。物质实体得不到及时的维护，随着时间流逝日益残破，导致建成遗产承载日常生活功能的环境不断恶化，建成环境逐渐失去了原初对人们的吸引力。建筑提供的功能很难达到现代人的现代生活需求，致使有一定经济实力的原住民迁出，住房以较低的价格租赁给外来低收入人员，而另外收入低的原住民也只能继续"坚守"。最终，历史建成环境往往演变成为区域不太光彩的组成部分。自20世纪90年代日益兴起的房地产业对建成环境造成的冲击更不可估量，迫使某些建成环境即使编制了正式的历史保护规划，但出于资金、制度、管理、方法等各个层面的原因，历史保护规划难以真正落到实处，而沦为追求经济发展单一目标的牺牲品。很多地区快速、宏大的城镇建设致使其历史城镇遭到无法挽回的破坏，有的历史建成环境被彻底清除，还有的呈现严重的碎片化状态。2012年年中全国人大调研统计得出改革开放以来国内减少的4万余处不可移动文物中，二分之一以上是由于城市房地产开发造成的。

1.1.2 建成环境"利用"产生的问题更加突出

近年来针对建成环境的保护与利用问题，学者提出了若干理论，也进行了大量的实践探索，理论与实践探索成果颇丰。国外研究基本上致力于功能置换的方式实现建成环境的全面复兴，包括旅游、文化创意、商业等。国内学者自20世纪90年代末就开始了对建成遗产如历史街区保护性开发的探索，希望通过对物质环境及街区功能的改善来实现保护与开发的双赢。上海"新天地"历史风貌区、杭州清河坊历史街区、黄山屯溪老街等街区保护发展的经验已经证明，通过注入市场运作机制，积极吸收社会多方面力量，采取保护与开发利用结合的方法，为城镇建成遗产的可持续保护发展带来了一片生机，提供了可观的发展空间。但是由于监督机制以及保护制度缺位，正确有效的市场引导的缺乏，政府重视近期而忽视远期效益的短视行为，城镇建成遗产的保护成效还不尽人意，片面强调经济价值而忽视社会、历史、文化价值。

1.1.3　近年来国内城镇建成环境保护理论仍存在不足

进入 21 世纪，中国文化遗产保护工作得到了非常大的推进。近年来出现的诸如遗产线路、大遗址等新的遗产概念大大扩展了人们对遗产类型的认识，同时随着遗产类型的丰富，针对不同遗产保护类型的实践也趋于多样。但近年来针对历史城镇这一传统而重要的遗产类型，我国与之匹配的遗产保护理论却亟待深化（张兵，2014）。

（1）遗产保护关注角度偏于物质环境更新改造以及功能更新。

现有建成环境保护理论仍以物质环境更新改造为关注主体，然后对改造再利用进行功能植入。虽然这种做法在近几十年来取得了显著的成绩，有效地恢复保存了大量的历史城镇、街区，保护范围也从文保单位扩展到历史建筑以至于风貌建筑层面。但其理论关注核心忽略了"人"的因素，忽视了"生活形态"的内容，往往得不偿失，造成遗产的文化价值断层或丧失。

（2）遗产内涵认知广度忽视建成环境的文化、社会等意义层面。

现有规划建筑学科体系下的建成环境保护理论对吸收近年来文化哲学、公众史学、旅游人类学、民俗学等相关学科的研究成果还有待进一步梳理和整合，对建成环境形成科学完整的系统性认知仍然不够，致使在理解建成环境的价值与意义时，往往文不对题，造成许多"非主观意志"的保护建设性破坏实践，引起社会舆论的高度关注。

（3）保护目标认知深度难以应对建成环境存续这一系统性问题。

现有建成环境保护理论虽然试图以建成环境的存续为目标，但在存续的科学机制层面无法建立系统有效的解释及实施机制。由于经济发展阶段的限制，一直停留在协调保护和开发之间关系的阶段，其实并没有对遗产的永续利用形成体系性认知框架（宋峰，熊忻恺，2012）。因而用现有建成环境保护架构指导实践，结果往往是底线失守，其根本原因恰恰是理论层面的不切实际、似是而非。

1.2　建成环境保护面临的时代背景

1.2.1　国际遗产保护理论的内涵深化

近 20 年来国际上遗产理论界在考察遗产概念时，愈加强调遗产是在现今各种社会环境因素构成下，以过去为对象的表征和建构，是一种"当下的过去"，而不再是所谓的"客观"历史。越来越受到后现代转型思维影响的遗产保护理论认识到过去一直追求的"科学、中立"的客观历史仅仅是一个现代主义指导下不切实际的幻象，"历史或过去被理解为一种叙事、书写、表征与重构"。

对 20 世纪诸多国际遗产保护的宪章文件进行话语分析，可清晰地反应出保护对象的"选择与书写"从国家层面叙事到一个城市、社区的集体记忆这一演变过程。1931 年《雅典宪章》提出的保护范围仅限于单一古迹、小块遗址及其紧邻古迹的周边环境，其保护目标聚焦在不损害古迹遗址等的历史性特征，因此其提出的策略方法是孤立视角下的古迹或遗址保护的策略、技术、方法，其所关注的环境也主要从视觉环境或者说美学角度提出保护控制要求。1964 年《威尼斯宪章》扩大了历史文物建筑的概念，即古迹保护包含着它所处的环境，一般不得迁移。这一原则已成为世界遗产保护的共识。1976 年《内罗毕建议》强调"历史地段和它们的环境应该被当作全人类的不可替代的珍贵遗产，保护它们并使它们成为我们时代社会生活的一部分是它们所在地方的国家公民和政府的责任"，文件还进一步阐明了使历史性城镇能够适应现代化生活的需要的技术路径。1987 年《华盛顿宪章》作为第二个遗产保护国际法规文件，提出"大小城镇和历史性的城市中心或地区，包括它们的自然的或人造的环境"的保护内容❶。它强调："为了使保护取得成功，必须使全体居民都参加进来，因为保护历史性城市或城区首先关系到它们的居民"。它还提出"为使历史性城市适应现代生活，要谨慎地设置或改善公共服务设施"❷。

以单纯的建成环境保护的技术范畴来看，在经历了长期的发展与演进之后，遗产保护的对象逐步扩大，从文物建筑到历史地段再到城市；保护的领域更加丰富，从人工环境到自然环境再到城市文化；保护的措施也更加具体，从文化遗产自身的保护到与城市发展和城市规划的紧密结合。但是其重大意义更在于从仅对国家民族话语支配下的珍贵文物古迹的重视，拓展到城镇、街区这种地方性集体记忆的保护上来。其试图打破保护背后遗产认知层面的权威性话语，给遗产增加更深刻更多样化的人文内涵与价值意义（Smith，2006）。英国著名的文化学者斯图特·霍尔（Stuart Hall）1999 年曾言：我们应该将遗产视为一种话语实践（Hall，2005）。遵循此认识的视角引申论之，关于遗产归属的问题（即所谓"谁的遗产"的问题）也就变成了赖于话语的问题（即所谓"谁的叙事"的问题）（侯松，吴宗杰，2013）。学者们开始宣称"不存在遗产这么一种事物"，遗产只是一种话语建构。指出世界遗产偏好物质要素的原真性，青睐具有代表性的、纪念碑式的历史古迹，强调所谓的"普世价值"，不断地边缘化相关弱势群体。学者们开始认识到对于特定的遗产对象，不一样的社会群体往往能够叙述不同的记忆或者故事，赋予建筑遗产以各社会群体不同的联系和意义，进而建立社会群体之前不同的身份认同，这正印证了韦伯所言——"人是悬挂在自己编织的意义之网上的动物"。然而所谓的文化多元化在目前具体保护实践中只是空谈，不同文化群体的遗产思维被纳入到宏大历史的单一化叙事中。可见国际遗产保护理论在遗产话语、遗产身份等层面不断深化。文化看似简单，但在遗产话语的表述中，文化的深层次内涵也在不断丰富（Waterton et al，2006）。

1.2.2 新型城镇化背景下的建成环境

城镇化是人类社会发展进步的客观过程，呈现一定的历史规律性。改革开放以来，我国的城镇化经过近几十年的快速发展，经历了一个基础水平低、推进速度快，且较为稳定持续的发展过程。1978 我国城镇常住人口仅为 1.7 亿人，城镇化率不到 18%，2013 年我国城镇常住人口已达到 7.3 亿人，城镇化率达到 53.7%，年均城镇化率增加 1.02 个百分点，相关组织预测到 2020 年我国常住人口城镇化率将达 60% 以上。美国经济学家斯蒂格

---

❶ 华盛顿宪章原文第二条："This charter concerns historic urban areas, large and small, including cities, towns and historic centres or quarters, together with their natural and man-made environments."

❷ 华盛顿宪章原文第三条、第四条：" The participation and the involvement of the residents are essential for the success of the conservation programme and should be encouraged. The conservation of historic towns and urban areas concerns their residents first of all."

利茨预言："21 世纪对世界影响最大的两件事，一是美国的高科技产业；二是中国的城市化"（宋春华，2015）。

我国城镇化进程既没有像拉丁美洲国家的过度过快城镇化以及由此造成的"贫民窟化"；也不像美国城市蔓延发展、过分分散而造成土地、资源等的不经济。中国城镇化实现了农村劳动力转移、扩大内需、促进社会结构变革等举世瞩目的成就。然而 30 多年来的快速城镇化，也积累了一些不容忽视的问题和不足，出现一些突出的矛盾和难题。其中城镇发展对历史文化与集体记忆的冲击尤其巨大。因此我国未来城镇化之路必须在转型中发展。2013 年底中共中央召开城镇化工作会议，明确了新时期进一步推进城镇化的方向与任务；2014 年，作为顶层设计的《国家新型城镇化规划（2014—2020 年）》出台。其有别于过往的城镇化，而是中国原有"城镇化的升级版"，进而走出一条有中国特色的新型城镇化道路。

李克强提出新型城镇化的核心是人的城镇化，并提出城镇化的关键是提高质量，目的是造福百姓和富裕农民。新型城镇化的核心思想是要走以人为本、四化同步、优化布局、生态文明、文化传承的中国特色新型城镇化道路，促进经济转型升级和社会和谐进步。可见"新型"城镇化强调的以人为本就是要以城镇居民的利益诉求为核心和出发点（李和平等，2015）。从上文对国际遗产保护理论的内涵解读中可以发现，世界遗产运动的不断兴起与发展，已经使当今建筑遗产范畴从保护精英文化所倡导的重要纪念物转变为普通市民日常使用的看似平常的生活场所（陆邵明，2012）。对于历史建成环境，如原住民承担着落后的物质条件，维护着老祖宗的文化遗产，亟待寻求科学的存续路径等若干问题，都要求我们探索怎样从关注"人"的视角来实现历史建成环境的文化存续，进而全面达到"以人为本"的新型城镇化目标。

1.3　相关概念

1.3.1　城镇建成遗产

城镇建成遗产在国内的概念并未形成统一认识，类似的概念有历史建筑、优秀近现代建筑、保护建筑等等，这些概念往往是通过地方立法的形式赋予了法定的保护身份。除了上述少数有着法定身份的建筑遗产被采取一定保护措施外，城镇中还存在着大量没有保护法定身份的普通建成遗产，而它们的存在状态却不容乐观。城镇建成遗产与上述建筑遗产的概念不同，其包含着那些不在保护名录中的大量普通遗产，并强调对城镇景观、空间环境、街巷肌理以及其他物质和非物质的系统性保护（张松，2016）。城镇建成遗产以日常生活世界为背景，能够反映一定的地域文化特色，蕴含着一个地方的场所精神。在当前城镇规划建设中，历史建筑、历史街区、历史城镇保护中所面临的问题与矛盾最为突出，与当代的城市生活和社区文化发展相结合的问题日益尖锐，成为城市规划领域的重要研究对象，本书的研究也限定在这一范畴内，将其统称为城镇建成遗产。

需要说明的是，本书从国际遗产保护利用的观念及理论流变出发，研究对象不单单局限于城市规划与建筑学科的历史建成空间环境的研究，而是以"建成遗产"作为研究对象，在与国际保护理论更加接轨的同时，更体现出当今历史保护已经不单单是物质环境的概念，而是一个内涵极其丰富的"遗产"概念，这更需要我们架构多学科的研究思想来共同应对，另外以"Built Heritage"命名的国内第一本英文学术期刊近期也正式出版，可见这一概念已得到国内外的认可。"历史遗产"在国内的文保语境中更强调较久远历史形成的遗产载体，而目前国际上对遗产的概念已经开始关注对近年来或者说短时段内与日常生活和传统文化相关联的遗产载体，以保护遗产主体对社区的依恋、场所感、文化认同等内涵。

因此本书中提到的城镇建成遗产指自建成以来，始终作为承载人们日常生活，且具有一定完整规模和历史积淀的物质环境，诸如历史城镇、历史街区、古镇、历史文化风貌区以及历史性城市景观等。另在本书所指建成遗产的内涵不包括工业遗产这一特殊遗产类型，以便于形成较为针对性的论述。城镇建成遗产"既是先人活动的遗存，又是今人生活的空间"（单霁翔，2007），受城镇化的影响最直接，文化之间的冲突最大，矛盾最大，具有很大的现实研究意义。在时间跨度上，城镇建成遗产的概念具有开放性，随着时间的变迁与社会文化思想的逐步进化，近现代建筑也日益融入遗产保护的视野，如香港的永利街即是由于一部电影勾起了人们对香港20世纪五六十年代生活的记忆，而成为文化保育区。由于村落的发展阶段，社会构成，管理体系与城镇差别较大，本研究也不做深究，但随着时代的发展，村落也逐渐面临城镇遗产保护的同样问题，本研究可为古村落的研究提供参考借鉴（李和平，2004）。

1.3.2 文化

"文化"（culture）是内涵外延都最为复杂的英语单词之一，其字根"colere"的含义包含了从耕耘到栖居，再到崇拜进而保护的所有事物。"文化"一词意义的延展描绘了人类的历史转变过程，从一个全部物质的过程转化成主体心灵的显现传达。文化是人类对客体自然进行改造的过程，代表着陶冶教化，隐含着具有深刻哲学性的诸多丰富议题。从文化研究的视角来看，文化定义来自于19世纪英国人类学家爱德华·泰勒《文化的起源》，其把文化定义为普通人的整个社会日常生活：文化或者文明，从其广泛的民族志意义上言，它是一个错综复杂的总体，包括知识、信仰、艺术、道德、法律、习俗和人作为社会成员所获得的任何能力和习惯。这与先前艺术教育视野中把文化看作一个民族最好的思想艺术遗产，以及个人修身范式有很大不同。泰勒的定义将文化和文明等而论之，解构文化高高在上的优越性，提供给文化一个全方位的说明。文化进化成为人类经验的总和，它不复是某些阶级的专利，而包含了社会的每一个成员。文化扩展为"包括物质的和非物质的一切外在的和内在的活动，而成为信仰、知识、价值、情感和行为模式的总和"。美国学者克鲁克洪（Kluckhohn，C.）在总结多种文化定义后，把文化更全面地表达为："是历史上所创造的生存式样的系统，既包括显型式样又包含隐型式样；它具有为整个群体共享的倾向，或是在一定时期中为群体的特定部分所共享。"同时他提出文化"经由符号习得并传递，文化精髓在于附属于传统观念中的价值。文化体系一方面可视为行为的结果，另一方面可以作为决定未来行为的重要因素"，因此重申了文化中价值与观念的重要性。

英国文化研究理论家威廉斯区分出三类主要的文化现代含义，提出从19世纪末以来"文化"出现了三个概念演变。首先，文化的概念从原来与"文明"同义的立场变成了反义，由于当时文明隐含的人道与现实文明的侵夺相分离，使得文化常常以批判立场来应对现实文明带来的痛苦。文明表现出异化的、功利的现实恰恰与文化所表现出的整体有机、充满感性、并且带来回忆的能力形成对立，两者的冲突本质是传统和现代性的冲突。其次，文化的概念转向到普通民众之中。德国哲学家赫德明确提出"文化叙述的应该是丰富多彩的生活状态与样式，同时这些状态都有自己的发展规律，并非是针对普遍人性的伟大的、简单线性的叙述"；赫德也赞成将文化看做为复数形式，而不是把文明简单等价于为欧洲中心主义式的文化。在这个意义下，人类学范畴的文化定义承认所有的文化其本身即是一种价值体现，因此人类学表征下的文化往往倾向于用叙述或描述的方式而不是评价的方式。第三种意义是艺术性文化的概念，这样的艺术性文化将文化局限于在艺术单一的创造领域而丧失了文化的真实的、综合的价值，往往造成文化的枯竭化（陆扬等，2006）。

通过以上对文化、文化研究的概念、意义，以及结合人类学等学科领域对文化展开的理论性追溯，本书认为文化概念本身就是一个不断解构和建构的过程，文化概念的发展与具体的时代密不可分，但仍有一个基本认知过程。本书的文化概念延续对文化概念逐渐开放的认知逻辑，信任文化的整体、有机和回忆、民众生活以及上升为艺术创作等的力量，期待以保存遗产的手段实现保存"文化"的理想。

1.3.3　叙事

"叙事"的意思就是讲故事，其是人类最直接最本能的表述行为。叙事的表现形式包括语言性和非语言性两种，可以是电影、小说等通过语言和文字的表达方式，也可以通过意象化的雕塑、舞蹈、歌曲和建筑、小品等诸如声音、行为和空间的间接表达方式。叙事往往通过偶然的、非刻意的体验性活动来整合有关信息。叙事具有辩证性，其不仅仅限定为一种表达事情的方式和过程，也包含了表达的叙事内容和事情结果，可以看出，叙事归根结底是一种沟通交流的行为活动。我们知道人与人之间通过交往的方式进而建立社会关系，同样，人和环境之间也需要通过交流来产生某种关系并使之持续存在。总之，叙事不仅是与我们生活密切相关的活动，并且从人类历史来看，其已经伴随着人类历史的演进，成为人类生活的重要组成部分。

亚里士多德最早对"叙事理论"开展相关研究，在其著作《诗学》中可以查到相关论述，但是作为一个理论术语，"叙事学"一词的提出却距今不过40多年，是由法国批评家兹维坦·托多罗夫提出的。他在《〈十日谈〉语法》第一次提出"叙事学"作为理论用语。自从在法国发端后发展到今天的当代叙事学，其理论体系逐渐扩展，内涵日益丰富。概括来说，叙事学是关于叙事文本的理论，聚焦于叙事文本的技术分析，包括与叙事有关的方法和行为技巧等方面的理论内容。在新版的《罗伯特法语词典》中，"叙事理论"被诠释为："涉及叙事作品、叙述、叙述结构或框架以及叙述性的相关理论研究。"

1.3.4　文化叙事

叙事有宏大叙事与日常生活叙事两种理论倾向。

宏大叙事（Grand Narrative）是法国思想家利奥塔（Jean-Francois Lyotard）研究的一个重要概念，也有人称之为宏伟叙事、堂皇叙事。利奥塔在有关科学知识和话语论述的调查中发现，科学和文学、艺术等各个方面的叙述都有相应的"游戏"准则和话语规律，这些有关叙述的话语活动在19世纪以前都被限定在称作"宏大叙事"的范围中，或者也有根据"宏大叙事"作为范例而构建的某种自圆其说的"元话语"，因此"知识"也得到了相应的解释和合理性。利奥塔的这种宏大叙事换一种说法其实是知识在更高层次上获取合理性的方式，其实现途径是通过在一个层次上对异己的压抑和排斥。也就是说宏大叙事是一种文化和群体通过对微小叙事的压抑和排斥来排除异己方的各种博弈和反对，进而构建正当性的表述方式（利奥塔，1996）。宏大叙事的特点是包罗万象，可以为各种微小叙事提供一种合理规范的背景结构，具有主题性、目标性、统一性和连贯性的特点，但同时会产生一些权威性甚至神化的内容，而这种内容的合理性有待商榷，并且还有进一步争论的空间。

日常生活叙事（Personal narrative）是普通人面对他人或者不同的社会群体进行交往交流来构建的人与人、人与社会或者人与环境的关系的行为方式。由于针对不同的叙事对象，每个人的交流叙事的方式或策略选择存在不同，有选择的叙述事件，因此可能会带来叙事的差别。因为存在这种有针对性的描述事件来建构自身的角色的现象，所以对于这种个人化的叙事需要具备理性辩证的思维逻辑来剖析、解读。需要特别指出的是，一些个人叙事、小叙事、地方叙事等日常叙事往往可以展现出一些未被宏大叙事发现或者有意忽略和曲解的内容，而诸如这类叙事往往更加具体和鲜活。但是正如上文已指出的，日常生活叙事也有片面之处。首先，单一叙事往往会掩盖重要事实；其次，不同的主体对同一事件会有不同的叙事。总的来说，叙事的存在都在为其对应的行为提供自己的合理性根据。在芝加哥内城社区的考察中，Elwood发现不同的社区团体对某些内城空地的表述差别巨大，有的定义内城空地是"存在发展机会的区域"，有的称之为"贫富差距的象征"，而有的更直接表述为"问题场所"。可见，不同社区团体都在利用空间叙事的差别来达到不同的政治经济利益的需求（房艳刚，2012）。

笔者把叙事理论应用于城镇建成遗产的保护更新之上，试图建构基于文化叙事的研究话语体系。本书认为城镇建成遗产的文化叙事是从遗产的日常异化到遗产活态存续的叙事化重构的过程。文化叙事不认为一种叙事可以解释包容一切，而是融合宏大叙事和日常生活叙事的优点，从全面理解文化的角度出发构建叙事体系。自上而下、大规模的宏大叙事更新方式的结果可能是进一步促使旧城走向文化衰落。城镇发展应该是宏大叙事和微观的日常叙事的巧妙融合，通过自上而下与自下而上的机制对接，构建建成遗产街区充分挖掘自身文化资源，寻求街区空间、功能、生活的保护更新路径，实现建成遗产的文化存续。

1.4 研究目的及意义

1.4.1 研究目的

（1）梳理国内外城镇建成遗产保护理论与实践问题剖析

伴随着全球化的宏观进程，我国在1978年改革开放后开始逐步引进西方先进经验，现代化的发展冲动在文化层面也带来了对西方文化的大肆盲目崇拜的现象，崇洋媚外的结果是使得大量本国真正的历史文化遗产遭到忽视甚至是破坏，传统文化受到严重打击。国际针对在遗产保护的语境之下发展出一系列保护思想，理论脉络通过相关文化遗产保护的国际组织通过正式文件的形式逐一显现，日益丰富与多样化，综合来看，国际的保护理论认识按时代先后概括为精英化叙事、功能化叙事、环境化叙事以及近年来逐渐清晰的文化叙事，保护的内涵逐步深入到人类学的文化概念中来，主要体现在对活态遗产以及对历史性城市景观认识的不断深化等。

国内近年来在不断学习国际理论的同时，走出了一条历史文化名城保护的道路，取得了很大的成就。但是不可否认的是在具体保护实践中问题很多，如伴随开发商过度的商业利益追求带来的盲目开发建设，致使城市历史空间文化价值转变与承载历史城市文化延续的社会结构也发生了大的震动改变，城市丧失了其本身的文化底蕴。大量的旅游开发活动带来了原本具有文化意义空间的改变，使得历史文化遗产保护遗忘了保护的初心，丧失了根本的意义。本书将以文化叙事视角深入剖析保护实践问题，从文化的角度深刻反思城镇建成遗产保护的理论方向。

（2）建立"人时空关联"的建成遗产文化叙事保护认知体系

快速化的城市发展建设使得城市结构和面貌发生翻天覆地的转变，同时人们也逐渐意识到城市历史文化遗产的重要性。目前，我国对历史文化遗产的保护从单纯的文物保护扩展到包括历史城区、街区、历史城镇等更大范围的人居聚落，然而对于历史文化名城、历史文化街区等的保护原则和方法还未完全成熟，仍处于探索的过程中。这其中最基础的是对建成遗产的认知，即如何在时代变迁的大背景下理解建成遗产的问题。本书从"人时空"关联的视角，提出对建成遗产的正确认知必须建立在明确其作为人时空复合体的本质上来，同时对建成遗产进行保护也必须不断寻求其人时空的关联线索，梳理关联要素，建立起文化叙事的基本认知理念，真正从消费叙事回归到文化叙事中来。进而在文化叙事的认知理念之下，解读城镇建成遗产的价值构成与价值的评价要点以及遗产真实性存续等。

（3）构建"文本-语境"研究体系的建成遗产文化叙事策略

本书积极从近年来发展迅速的人文社科知识体系中吸收养分，如新马克思主义对社会空间的批判性研究，人类学民族志以及文化地理学对城镇社区的地方特别是文化研究等学科理论。但必须认识到的是规划学科作为政策性与技术性学科，不仅仅局限于对问题的提出与批判性思考和解读，同时还要求对具体问题提出具体的操作性策略。因此本书从叙事学中提炼研究框架，建立以"文本-语境"为核心的文化叙事策略。"叙事"在本书即作为一个对事物认知的基本立足点，同时也作为一种操作性策略，因此提供了一个可跨学科研究的基础平台。

把城镇建成遗产作为文本，借用叙事学对文本结构的分析，提炼城镇建成遗产的叙事逻辑应从简单的线性叙事文本的认知模型转变为复杂叙事的多因果叙事认知模型上来；遗产文本结构叙事的内涵应建立在对叙事主题是单一主题还是意蕴的层积，叙事内容是宏大仪式还是逐步增加对日常事象的理解，叙事层次是表层的描述还是人类学的深度描绘，叙事语境是目前遗产保护中去语境化的客观事实还是语境回归等等的探讨上来；在遗产空间文本中利用叙事语法进行解构，同时融入历史性城市景观的认知理念，在时间结构上建立层积机制，最终建构起时空层积的文本结构叙事策略。

在此基础上，用经典叙事学的论述体系解读遗产文本的同时，更需要强调的是借助后经典叙事学关注语境在意义编织作用的思维方式，认识到只有在地方的语境中城镇建成遗产才有存在的价值。在当今全球化的时代背景中地方语境是遗产时空互文存在价值的基础，同时遗产构建的地方认同更有效地加强了地方语境的深刻性。遗产的地方叙事应在文化地理学对地方理论建构的认知基础上，深入日常遗产社区日常生活的文化叙事脉络，建构起人-地关系的深刻关联性。在地方营造中应以遗产社区的日常生活共同体为目标，营造主体应以自组织的地方为主体，营造观念应深化对包容性的操作性研究，充分关照遗产在人时空层面的"变化"程度，建立肌理容变、建筑容异、风貌容拙、场所容弱的营造观念，在营造手段上应以微更新来矫正所谓遗产保护"工程"中宏大叙事的倾向，以微社区作为基本的遗产保护更新工作单元，以微动力来管控遗产保护更新的推进机制，以微改造来管理遗产保护更新的具体操作手段，以微设施来凸显遗产保护更新现实急需的设施内容。

地方营造的依据应跳出规划建筑学科知识体系的藩篱，摆脱只对遗产空间类型的单学科研究，更强调人类学意义上作为对遗产的整体性地方性知识的获取，进而提出协同城镇发展的日常生活叙事策略以实现文化意义上的地方复兴，在宏观层面以生活织补为核心展开空间叙事，在中观层面以生活逻辑为核心展开景观叙事，在微观层面以生活情境为核心展开场所叙事。只有如此才有可能跳出我国目前惯常的遗产保护实践中出现的"非主观意志"的"失败"。

在认识到地方语境在遗产保护中凸显价值的基础上，更应该看到的是只有在权力语境中探讨城镇建成遗产延续才真正成为可能。脱离了建成遗产实际存在的时空权力场域，保护规划将毫无用处。本书从遗产权力叙事的话语主体展开分析，并运用空间生产理论，作为遗产权力话语的表征机制。进一步分析遗产权力失范的根源是产权制度的失灵，而遗产权力保障的核心即是对产权结构的优化，进而提出对权力的均衡性分配，以达到遗产叙事机制下人时空关系的合理化延续。

1.4.2 研究意义

（1）理论意义

以文化叙事维度观照城镇建成遗产。城镇建成遗产的健康存续是一个复杂的巨系统，本研究引入"文化叙事"这一思想，在"续"与"叙"之间寻找逻辑契合点（图1-1），便于融贯遗产保护的多研究学科理论，从而探索新的认识与理解，结合新史学、人类学、

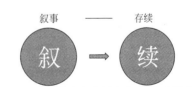

图1-1 建成遗产存续与叙事关系示意
资料来源：作者自绘

文化研究等人文学科与历史保护学相结合，抓住建成环境存续的核心，尝试建立城镇建成遗产存续的文化叙事框架体系，丰富我国历史文化遗产保护的理论话语。

（2）实践意义

"文化叙事"不仅具有一定的理论解释作用，同时其根源于语言学体系的理论本质，具有的明显表征性可作为历史建成环境实践的方法论指引。在提出文化叙事的认识论基础上，融汇相关学科，建立遗产存续保护理论的策略方法框架（图1-2），使历史保护真正从形态空间塑造走向历史信息的整体存续上。指导城镇建成遗产的保护发展从物质环境维护到人日常生活的观照，从而实现对历史建成环境真正的保护。其整合物质文化遗产及非物质文化遗产，构建了综合性保护路径。

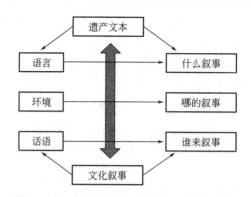

- 语言学(字词句段篇章等)为依托的经典叙事学;
- 话语分析、叙事政治学、语境分析等后经典叙事学
- 社会学、人类学、经济学、文化研究
- 遗产保护学

图 1-2　建成遗产文化叙事逻辑及理论构成
资料来源：作者自绘

1.5　研究综述

1.5.1　文化研究理论研究综述

　　"文化研究"和"文化"是两个完全不同的概念。20 世纪 90 年代登陆中国本土的"文化研究"有两个来源：一是指伯明翰学派，其是 1950 年由最初的英国文学领域衍生出来的学科，其研究方法和人类学方法同样，都是要打破文化精英化做派，明确提出文化应该是普通人的日常生活，它应该是大众与平民的。二是在《神话论文集》一书中，法国罗兰·巴特提出的文化研究的另一种样态，他对包括各类广告、商标和商品种类等诸如此类日常文化开展了充满趣味的解释与研究。文化研究强调对当代文化开展研究的重要性，反对继续沉浸于历史经典之中；强调对大众消费文化开展研究，尤其是日常生活的文化形式，反对过度的针对精英文化开展研究，重视对被主流文化排斥的边缘文化和亚文化开展研究而不再局限于传统研究关注的主流文化，尤为可贵的是文化研究特别重视与当代社会生活保持密切的联系，并且致力于挖掘文化背后的权力关系以及各种权力之间的运作机制，而不像封闭在象牙塔中的传统研究。在文化研究的话语体系中，文本已再也不是那个自说自话的客体身份，其更加强调展现文本背后深层次的文化-权力结构，而不是一味突显文本一贯的"审美特性"，进而，"文本"概念的范畴进一步拓展到不同的文化现象和文化事件中。

　　"文化研究"提倡一种跨学科、超学科、批判性的研究方法。主张将整个社会生活纳入研究视野，普通人的日常生活进入大雅之堂，大量的不同学科的学者到文化研究麾下进行着不同视角的社会批判，加速了多学科融入式的文化研究学科建构进程，学科领域拓展到人类学、文学和语言学、社会学等众多学科。从文化研究的研究思想方法来看，这些相关学科也正是孕育文化研究不断趋于成熟的母体，可以很清晰地发现这些学科与文化研究的演化转变关系。

（1）消费文化

文化研究的研究视野概括来讲主要关注两个内容，分别是消费文化与日常生活。消费文化作为文化研究领域的一个核心内容，研究视角借鉴文化学、社会学、政治经济学和心理学等多方面学科范畴。消费文化被定义为一种存在于消费方式中并且在资本推动下的符号化作用体系。消费文化通过符号化的搭建建立起一套存在于消费社会的社会文化观与价值观，这种符号体系除了表现商品自身的使用价值外，更用来体现其符号表征价值和社会构成关系。消费文化的作用机制是构建符号化的商品架构，通过大众化媒体的传播来刺激大众的消费需求和欲望，进而通过消费增长促进大量的生产，从而加快资本在市场的循环效率。可见这是一种通过进一步刺激消费来达到刺激经济发展的手段。消费文化是消费行为的文化表征，这种表征实际就是由消费主义主导的大众文化。

消费文化研究不能回避对消费社会的剖析。消费社会是相对于生产社会，伴随着生产力的飞速发展和商品的日益丰富，商品的文化价值相对于使用价值越发受到人们重视。消费作为后现代化社会中人们的一种重要生活行为方式，发挥着一种标签化的文化作用。商品开始强调文化性，而文化则越来越被人们刻意地挖掘出其商品性，商品的文化性越高潜在价值越丰富，迎合着新时代的高消费理念。消费文化与消费社会及空间密不可分的关系直接影响了与空间相关学科的研究。城市学者在20世纪中后期开展了消费文化与城市空间之间关系探讨的相关研究。早在20世纪60年代，简·雅各布斯（Jane Jacobs）在反思现代主义运动时，参考欧洲传统城镇充满活力的商业街和市场，发现购物消费活动是维持城市活力、保证生活多样性、促进社会交往的重要因素。她的研究为消费社会与都市文化之间架设了初步的桥梁（雅各布斯，2006）。在20世纪80年代之后沙朗·佐京以都市文化为切入点，通过对当代美国城市的分析，深入发掘了空间纬度的文化意义，依赖于消费文化的象征经济成为城市发展的动力，并把后现代城市描绘成日益商业化和消费化的场所（沙朗·佐京，2006）。

国内包亚明主编的"都市与文化"丛书分别以米歇尔·福柯（Michel Foucault）、亨利·列斐伏尔（Henri Lefebvre）、爱德华·索亚三人的理论为主线，对后现代的地理学、政治经济学和都市文化等理论进行了介绍和梳理，为国内学者研究消费文化提供了系统的理论背景（包亚明，2005）。其著作《游荡者的权力：消费社会与都市文化研究》（2004）一书以"游荡者"的眼光，对消费时代的城市空间、生活、文化等进行了观察和体验。其提出在席卷而来的全球化与消费时代的洪流下，大众文化利用市场和观念两大手段深刻影响着当代中国的大众日常生活，趣味和格调正是在此语境中，衍变成了消费主义的美学经验。

（2）日常生活

日常生活与每个人都息息相关，人们较长时间都驻足于日常生活的自在世界里。然而由于太过习以为常，使得日常生活较少被理性的眼光审视，从而变得熟视无睹。人们存在着的日常生活世界是人类最基础、最原始的范畴领域。赫勒在《日常生活》一书中较早地系统研究了日常生活的基本结构特征和一般图式构成。第一，日常生活是反复性的行为活动，一般是人们运用重复性思维和实践为基础的活动领域；第二，日常生活是自发自在的非主导性行为，按照既定的准则和序列而自然发生和开展的活动领域；第三，实用性和经验性也是日常生活的重要特点。衣俊卿系统地提出了日常生活的活动方式、活动图示、立根基础以及调控系统等，其中日常生活的活动方式以重复性思维和实践为主，呈现出显著的自在性；活动图式是以传统、习惯、常识、经验等为基本要素，呈现出经验主义的特点；立根基础则以本能、血缘、天然情感为核心，呈现出自然主义的特征；调控系统则以家庭、道德、宗教为主要组织者和调节者，呈现出自发性特征，可以发现日常生活从来都是传统文化的寓所。

衣俊卿通过对日常生活的内涵与外延、时间与空间、结构与图式三个层面的界定，给日常生活这一看似不言自明又异常深奥的领域提出了相对全面的定义：日常生活是以个人的家庭、天然共同体等直接环境为基本域所，旨在维持个体生存和再生产的日常消费活动、日常交往活动和日常观念活动的总称，它是借助传统、习惯、经验以及血缘和天然情感等文化因素来维系的自在的类本质对象化领域（衣俊卿，2005）。本书所指的日常生活是指城镇建成遗产中世俗常人的日常活动，这里不仅涵盖了诸如居住、休闲等下意识的活动类型，还有类似非刻意发生的诸如日常交往、街头邂逅等偶然性因素为主的活动。日常生活活动与那些宏大、一本正经的行动不同，其中充满了自发与无序。因为人类的日常思维植根于实用结构之中，所以日常生活总最先发起在个人的直接环境中，并且与个人所处环境有效关联。

以活动领域的不同来区分，生活一般分成日常与非日常两类。为更深刻地把握日常生活的内涵，我们需要在与"非日常生活"领域的对比中展开。日常生活不同于科学、艺术、哲学等自觉的精神生产和政治、经济、公共管理等有组织的社会运动等非日常活动。列斐伏尔是第一个研究日常生活并将其与非日常活动进行对比的研究者。列斐伏尔指出，"日常活动是那些所谓专业性技术所产生的高级、专业以及结构性研究活动挑选剩下的'鸡零狗碎'，从某种程度上来说是一些那些权威性、高级性研究分析所忽略的剩余物，正是这些被忽略掉的'技术真空'需要日常生活去补充。"可见日常生活与经济、政治等人类社会的高级活动不同，是人们经常从事的具有个人性特征的行为领域，表现为琐碎和平常的特点，因此是被列斐伏尔称为类似"剩余物"的概念。但在实际的社会环境中，日常生活与非日常生活是相互联系、相互影响的，而非完全隔离的两部分。一方面来说，非日常生活是以日常生活为基础的，其为非日常生活提供大量社会性的全面的基本准备；而另一方面非日常生活也极大丰富了日常生活的领域，为日常生活提供更多趣味性、舒适性和方便性的内容，但同时非日常活动的强制性引导也会给日常生活带来损失，使其缺乏了真正的内涵和价值。因此，日常生活和非日常生活是密切相关的，并且随着城市生活的发展，二者的相互作用也不断发生着改变。日常与非日常哪个方面起主导作用有着至关重要的影响，决定着人们的生活内容（杨东柱，2013）。

（3）哲学的日常生活转向

哲学是最早对日常生活进行研究和反思的学科。当西方国家率先完成现代化转型进程以及传统日常生活变革后，西方哲学开始了对于日常生活的反思和研究。生活世界是现代哲学中的核心研究对象，对于这一研究领域，现代具有鲜明创造性的哲学大师如马克思、奥地利哲学现象学创始人胡塞尔、奥地利语言哲学家维特根斯坦、德国主要存在哲学家海德格尔、德国哲学社会学家哈贝马斯等均对这一概念进行过研究。胡塞尔明确指出实证主义思潮把人的问题排斥在科学世界之外，导致了片面理性和客观性对人的统治。他认为，导致这场危机的根源在于建构科学世界过程中遗忘了生活世界。胡塞尔通过"现象学还原"的方法建构起先验现象学体系，作为解决危机、恢复"生活世界"的根本途径，把事物同人的出场相关联，把对事物的理解建立于其在人日常生活中表现出的价值及意义上来（周霖，2010）。海德格尔立足于多方面剖析人的日常共在，从而阐明了现代人所处的沉沦状态，而日常共在的世界或日常生活世界是一个全面异化的领域（张雪伟，2007）。他把世界分为了天、地、神、人并试图明确人与周围世界的相互联系。海德格尔认为建筑将特定的意义聚集在与天空和大地有着密切关系的形式中，而令人产生归属感的建筑空间就是场所。他提出"诗意地栖居"并认为诗性人性的共通性是"人诗意地栖居"存在的审美人生境界。

哲学解释学和日常语言哲学是日常生活在语言理论方面的具体理论延伸。解释学主要是理解性的概念，对于人群间、生活中和语言的诠释，这种诠释是依据日常生活为基础而存在的，日常生活是文化的根基和传统背景。语用主义的日常语言哲学方面，维特根斯坦曾提到过语境分析的概念，主要是针对日常生活中的方方面面而阐述的日常语言理论。他在《哲学研究》提出"语言游戏"理论，认为语言游戏一词阐述的内容是一种行为，有关生活活动的行为和方式的内容，维特根斯坦主要是将非智能化的人类语境转变为日常生活的内容和行为方式，实际上是在为陷于危机之中的人类寻找家园。他认为，语言的内在价值是作为多姿多彩的生活方式的传达途径之一，某种语言对应着一种被采用的生活方式或活动内容，而生活形式又是语言游戏充满意义的源泉，生活方式的不同会带来丰富多样的语言叙述内容，因此，"寻找作为生活形式的语言就是寻找一个安宁的家"。

另外，列斐伏尔明确地提出了日常生活批判这一主题。其以马克思的异化理论为基础，并进一步强调异化迅速渗透并存在于日常生活的领域，而不单单是通常理解的有关政治和经济等非日常生活领域内。他从大众文化和消费社会的视角去解读资本主义通过消费来控制个体，造成个体日益与社会隔离开来，进一步造成社会文化的分崩离析。列斐伏尔提出针对异化必须进行日常生活批判，获得日常生活的认识的真实性，实现生活与哲学的统一、理论与实践的关联。总之，哲学家们回归"生活世界"的努力，目的是通过日常生活的视角，在全方位掌握外部世界的基础上，重新认识和建立人与自然的基本联系。现代西方哲学之所以偏爱日常生活世界，原因在于回到生活性的世界最容易驳倒或消解主客二分式的思维。可见，我们理解生活世界应该建立在日常生活与非日常生活相统一的前提下，平衡物质生活与精神世界，这才是值得人们探求和回归的世界。

（4）社会学的日常生活转向

随着哲学向生活世界的回归，20世纪30年代以后社会学对平民的日常生活研究才全面展开。在这一时期，阿尔弗雷德·舒茨（Alfred Schutz）、尤尔根·哈贝马斯（Juergen Habermas）、米歇尔·德塞都（Michel de Certeau）等社会学家将胡塞尔现象学中的生活世界理论嫁接到社会学理论中，动摇了社会学宏大叙事的范式，许多社会学家抛弃了以整体观和进化观为内容的实证主义模式，试图以个人行动的主观根源说明人的活动、社会关系和社会发展。

哈贝马斯将生活世界理论认识论引入交往行动理论进行解析。哈贝马斯明确提出生活世界赋予文化世界以深刻内涵和意义，并认为生活世界是社会活动的发展、交往行为的产生以及个人生产等行为活动的最基础条件。他分析了现代性危机下的文化意义丧失、合法化危机、社会失序冲突等现象，人类的生活世界脱离了原本以理解和达成共识为基本方式和目的的价值追求从而导致文化、社会和个体的发展受阻与生活世界异化。其提出的出路是通过交往理性的重建以及交往行为的合理化手段来使生活世界里的协商和理解功能得以发挥作用，进而促进文化的再生产以及社会协调发展，最终达到通过交往行为的合理化实现社会的合理化。他认为交往行动促使生活世界形成一致意见，形成群体的归属和认同感、同一性。交往行动表达着生活世界的内容，生活世界组成交往行动的背景。

列斐伏尔的弟子米歇尔·德塞图（Michel De Certeau）将空间生产与日常生活实践联系起来，形成具有后现代行为主义色彩的空间社会权力观。德塞图强调日常生活舞台就是一场支配性力量与其反规训之间的持续、变动的博弈实践。他认为虽然处于如福柯所谓权力规训、绝对权力的压制之下，日常生活却没有成为枯燥无味的单面体。实践主体以既定规训为标准来检视、增删、调整自我的主观欲求，在机制掌控的大背景之下实现一定程度的自我价值，德塞图称这种日常生活实践的真实状态为"抵制"。德塞图总结"抵制"战术为"既不离开其势力范围，却又得以逃避其规训"。可见"抵制"概念不是与权力正面冲突，而是分散微小的弱者力量首先表现出对于强大压制力量的驯服，进而麻痹了绝对权力的警惕性，弱者得以一种相对自由的方式混迹于权力关系之中，在细微的地方运用巧妙战术，实施弱者的违规和个人确认。另外在日常生活的消费阶段，德赛图提出消费者实施着对于文化工业消费法则的战术抵制，进行一种"消费者的生产"，消费者将自己的差异性迂回渗透到权力机制之中，抵制就不单单是一个被动的防卫性的战术，它具有了进攻性并重新控制了消费的方式（练玉春，2003）。

皮埃尔·布迪厄将研究引入日常生活领域，在场域-资本-惯习理论提出了场域、资本、惯习三个重要概念。布迪厄说："我将一个场域定义为位置间客观关系的网络或一个形构，这些位置是经过客观限定的。"场域是个体参与社会群体活动的主要场所，由每个身处其中的成员按照一定的行事逻辑去共同营造，集中体现着个人生活策略和竞争效应。每一个场域中都隐含着对抗，甚至场域的确定和场域边界的确定都充满着不同力量关系的对抗，"场域的界限在场域作用停止的地方"。布迪厄由此提出了资本这一概念："在场域中活跃的力量是那些用来定义各种'资本'的东西。"获取资本是场域内个体竞争的最终目标，同时掌握资本多少又是个体能够在场域内实现竞争胜负的手段。布迪厄关于资本的概念包含了四个方面：经济资本、社会资本、文化资本和象征资本。惯习是一套持续的、可转换的性情倾向系统。布迪厄认为惯习具有历史性，由积淀在个人身体内的一系列历史经验构成，在短时间内很难发生改变。惯习还有生成性。人们通过一系列的生活图示来感知、理解、体验现实世界，不断地产生新的实践，以创造性的方式重塑和改变着历史。因此，惯习一方面把客观的社会结构内在化，行动者的能动性又产生新的社会结构，文化偏好、生活方式和趣味是取决于阶级的，不同身份地位的人获得的惯习也不相同。

（5）史学向日常生活的转向

史学向日常生活的转向形成了年鉴学派的日常生活史学。"年鉴学派"由一部分法国历史学家组成，他们从1929年开始撰写《经济和社会史年鉴》，由此形成了由几代学者构成的学术流派。这些历史学家反对围绕重大政治经济事件的"宏大叙事"占统治地位的传统，主张把新观念和新方法引入历史研究领域。经典年鉴学派的史学范式主要表现在：从问题史出发，坚持总体史观；进行跨学科研究；注重历史的长时段等（张正明，2010）。年鉴学派倡导把"日常生活"作为历史研究的主体对象，着意于日常生活与习俗，认为历史的结构是一种"日常生活的结构"。在年鉴学派的视野里，理解社会历史发展进程的关键点在于研究人们日常生活中潜在的动机、心理等这些长时段累积、结构性的要素。

1968年以后，由于文化人类学的理论冲击，世界史学的关注点逐渐转到对单独个别的事件和微小数量的事件的研究等微观视角，经典年鉴学派向微观史学转变，力图修正"长时段"的缺陷，进行"人类学转向"、"叙事复兴"。这一时期意大利创立的"微观史学"、德国和奥地利的"日常生活史"、英国的"个案史"以及美国的新文化史先后兴起，标志着史学范式的微观转向。日常生活史针对只关注"大历史"忽略"小人物"、忽略作为历史主体的人的存在的问题，历史学家将目光向下移，挖掘"架构"的内部进而研究身处其中的普通却异常生动鲜活的个体生活，关注历史如何被处在特定时空的不同权力主体所形构，可见日常生活史学的追求是以小见大。千姿百态的日常生活成为微观史学家的理想原料，如王笛选择成都城市为研究对象，《街头文化——成都公共空间、下层民众与地方政治，1870—1930》和《茶馆—成都的公共生活和微观世界，1900—1950》两部作品，都深入研究了下层社会公众的日常生活，并调研承载日常生活的具有城市典型性的公共空间，深入探讨了两者的内在关系。类似研究重庆的新史学著作也有代表性，如张瑾的《发现生活：20世纪二三十年代重庆城市社会变迁》全面阐述了20世纪20～30年代在现代化影响下的重庆社会生活状态和缩影；另外黄济人的《老重庆》、张恨水的《张恨水说重庆》，等等，从各自角度分析了近代重庆城市的社会生活史。这些分析内容从微观史学的角度，从多方位展现了重庆城市旧时的民众日常生活史料，解释了重庆近代的社会生活，为从日常生活的视角进行城镇建成遗产的挖掘与整理提供了跨学科的支撑。

1.5.2 叙事学理论研究综述

（1）叙事学的产生

叙事作为基本的人性追求之一，可以说是伴随着人类出现而出现，因此其存在的历史也几乎等同于人类存在的历史。它与抒情、说理一起，是推动人类进行文化创造的基本动力以及人之为人的根本标志。然而把叙事这一重要现象正式纳入研究的视野，却是非常晚的事。叙事即叙述事件，是将发生在一定空间和时间内的事件借助语言或者其他类型的媒介工具来表达出来（申丹，2010）。现代叙事学是20世纪在俄国形式主义、法国结构主义的影响下诞生的。自1916年，索绪尔（Ferdinand De Saussure）《普通语言学教程》中就提出语言应是一套由符号组成的具有普遍规则的潜在系统。1969年法国文艺理论家托多洛夫（T. Todorov）首次使用"Narratology"一词，用以专指关于叙事作品研究的科学。结构主义叙事学的代表人物罗兰·巴特（Roland Barthes）将叙事作品的诉述表达分为叙述层、功能层、行为层三个层面，任意一个语言单位的意义和价值都在与各层面的结合中被体现出来。

热拉尔·热奈特（Gerard Genette）博采众长，于1972年发表《叙事话语》，指出叙事包含三层概念：叙事（即叙事话语，指陈述事件口头或书面的话语）、故事（叙事话语陈述的真实或虚构的事件）、叙述（讲述话语产生的叙述行为），并以叙事为核心，对故事和叙述与叙事的复杂关系开展了深入研究，创造性地提出了叙事视角聚焦、时间时序、语式语态以及话语等研究方法。这一阶段的叙事学融汇了结构主义的基础理论语言学、符号学的研究成果，将文本作为一个具有内在规律的自足符号系统，是一种经典叙事学模式。

经典叙事学对文本的研究集中于探讨文本中各种要素的联系关系和结构规律，避免由于分析工具和手段的缺失造成文本分析只满足于对情节、人物等文本内容的模糊化、粗糙化分析，从而将叙事作品内部的复杂结构规律和机制作深入全面的分析和探讨，因此经典叙事学也被叫做结构主义叙事学。然而，这种叙事学由于单纯局限在从文本内部的结构等出发，因此也表现出一定的局限性，主要表现在其忽略了作品本身与相关社会环境、文化语境以及历史的关联（龙迪勇，2008）。

（2）从经典叙事学到后经典叙事学

20 世纪 80 年代中后期以来，在西方产生了诸如女性主义叙事学、修辞性叙事学、认知叙事学等各种跨学科流派。1997 年美国叙事学家大卫·赫尔曼（David Herman）提出叙事学已经步入新的阶段，即后经典时代，至此经典叙事学的概念第一次被提出。经典叙事学强调作品或者文本本身，而后经典叙事学则更注重读者与作品文本的互动交流关系；经典叙事学仅强调分析作品的形式结构，而后经典叙事学更强调作品文本的形式结构与意识形态的关联；经典叙事学倾向于强调共时性叙事结构，而后经典叙事学更强调历时性的叙事结构，关注在长时间的社会历史语境中诸如叙事内容和形式等叙事结构发生的变化过程；经典叙事学倾向于仅从叙事学学科本身展开对文本的分析，而后经典叙事学则过渡到多学科相融合，跨学科跨媒介展开，积极采用相关学科的分析研究方法；经典叙事学侧重于针对常规的文学文本叙事，而后经典叙事学把研究对象扩展到文学以外的更广阔的叙事类型。总的来说，经典叙事学主要是为了梳理叙事要素的结构和语法，把文本内部的构成要素、结构关系和运作规律作为研究重点。而后经典叙事学强调对叙事作品内部价值意义的研究，同时采用跨学科的分析手段，强调作者、读者和社会历史语境之间的交织影响作用。人类文化活动中"故事"是最基本的，整个世界由一连串"故事"组成。我们每个人既是讲述者，同时又是聆听者，而叙事学就是一个研究各种叙事文本的综合学科，后经典叙事学与众多的学科交叉形成了"叙事学＋X"或叫复数叙事学的研究模式（图 1-3）。伴随着艺术类型多样化，叙事学从"文学故事"逐渐扩展到电影、图像、戏剧、舞蹈、建筑与城市叙事等，叙事概念已经拓展到人类学、社会学、地理学、政治经济学等若干学科并植根于人类的社会文化生活。随着研究内容的逐步拓展，叙事及叙事理论逐步摆脱了单纯对文学文字内容描述的表达形式和手法技巧关注的局限性，从而发展成为有着鲜明多学科交叉特质的"叙事文化研究"。

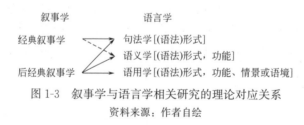

图 1-3　叙事学与语言学相关研究的理论对应关系

资料来源：作者自绘

（3）文化叙事的认知内涵

随着文化研究这一学科方向越来越被学者们接受和认同并展开研究实践，针对一种叙事作品人们越来越注重其深层次的文化层面的分析与阐释。米克·巴尔在 1997 年再版的《叙述学：叙事理论导论》中认为叙事学是一个有关本文、形象、事像、事件，以及讲述故事的文化产品的学科。在巴尔看来，叙述学是对文化深层次全方位的透视，而不是简单的形式分析工具，叙事是一种文化理解的方式。在文化研究的框架指导下，叙述学应该从文本与读者、主体与对象、作品和分析等方面的关系中突破对叙事文本的解读研究。叙述文本是一种文化活动、文化产品，叙事已成为一种文化的读解方式（米克·巴尔，2003）。

叙事的人文科学转向的影响改变了叙事学，同时也丰富了文化研究的技术手段，两者出现了一种双向结合的过程。首先，叙事成为了用以阐释经验的重要文化分析工具，摆脱了局限在原本的文学话语的狭隘状态，可以说是文化研究在技术方法上实现了"叙事转向"；其次，叙事研究的"文化转向"表现为 1980 年代以后，越来越多的学者开始从叙事的语境因素来考察文化的不同表征，如话语和集体记忆、身份建构、权力与他者、社会与仪式等存在的文化表征关系。叙事研究的"文化转向"给文本研究提供了深刻的生产和消费历史语境，文化研究的"叙事转向"则把叙事学研究方法扩展到除了文学的其他文化作品领域，两者的结合使叙事学研究表现出明显的跨学科、跨文类、跨媒介特征。"实际上在任何领域，都是叙事决定了我们能够思考什么，知道什么"。叙述的基本文化功能就在于构建富于意义的时间进程，叙述被当做一个优秀的文化研究工具，从而使得实践具有更突出的意义。国内相关学者在"文化研究"这一大的研究背景下，提出了"文化叙事学"的研究构想，有意探索叙述文本中的价值意义，以及深入形式之后的一些心理、意识、思想、社会等意义，也就是文化的广义性意义，并且强调以叙事学的架构为基础来关联对象的形式层面、历史层面、社会层面、精神层面等不同层面，形成一个综合有机体，从而对对象展开文化意义上的综合性研究。

（4）"文本-语境"的研究框架

后经典叙事学自 1980 年代历经近 40 年的发展，逐渐形成了一定的研究体系。其中语境主义叙事学发展尤为明显。叙事研究不再以建构叙事语法为主要目标，转而揭示叙事的政治、意识形态等文化内涵。"语境主义者"认为，文本"从来都不是自主自发与自给自足的，离开了日常话语'语用'层面独立的文本将不能存在，文本从来都是处在某个语境中产生并且如果要对文本进行描述就必须涉及到某一语境"。"语境主义"是结合语境来达成对叙事文本进行具体阐释的目标，可见其非常注重语境在叙事中发挥的作用。此外，遭到当代学界质疑的经典叙事学并不是一无是处，客观而论其对文本内部结构的科学研究分析为叙事文本研究增加了逻辑上的客观性和准确性，具有一定意义和工具价值。因而，在其他非文学叙事研究领域的研究分析需要结合具体研究内容，客观对待不同叙事学理论思想的合理性，构建多元方法论的研究形式，既不忽视经典叙事学所强调的文本形式结构框架层面，同时又要强调后经典叙事学所关心的形式历史演进的过程与联系。因此形成了后经典叙事学"文本-语境"理论分析框架，通过叙事学所包含的精密的形式分析方法、结构研究工具，以后经典叙事学中语境主义认知思想为指导，来研究叙事形式的内涵和蕴含在其中的社会历史机制。

后经典叙事学将文本从狭义的语言学范畴扩展到文化中的所有领域。符号学家认为文本是超越语言的符号体系，"文本概念包含了服装、饮食、仪式甚至于历史等等，原则上所有带有语言—符号属性的构成物都是文本"。解构主义否定了结构主义，提出了文本之间的裂隙、不确定性以及互文关系。解构主义哲学家德里达（Jacques Derrida）认为文化学者的任务是在文化中"解构"意义，文本不是给予文化学者以意义和知识而是延展这种意义与知识。罗兰·巴特认同德里达的观点并提出文本可分为"可读的文本"和"可写的文本"。他提倡"可写的文本"，因为意义存在于读者的解读和建构过程之中。从词源学上看，文本（text）一词和"纺织品"（texile）有同样的词根"texere"，可见文本本就是一种编织和构造的产物。然而巴特强调的是文本的编织状态，而非结果，即文本的意义并不是在作者完成其创作的同时就已经固定存在的，而是读者重新诠释文本，文本的意义处在不断编织的过程之中。解构主义并非否定意义本身，而是寻找和建构意义的方法和过程。本书中的文本概念即是在此基础上，认为文本应该是一个开放的广义文本概念。

语境（context）是源自语言学的重要概念，本意是描述语言前后组织、上下段落衔接以及文字内部的相互关系。由于后经典叙事学认为文本是一个开放的、不断完善的系统，因而对文本意义的解读，语境就尤为重要。语境的研究始于人类学。最早系统提出语境概念的是人类学家马林诺夫斯基，他发现当地人用一种在主流社会难以理解的方式命名我们熟悉的日常用品，然而一旦置入当地语境则顺理成章。在城镇规划、设计、建筑学领域，context 也常翻译为文脉，意思是建筑不同尺度的周边环境、时空场所以及物质信息等方面的联系结构。建筑本身作为特定历史时期和地域的产物，与同时代的建筑以及当地历史上的建筑构成了特定的上下文，构成的城镇文本也就是一个历时性的文本。文脉的概念在不同历史时期具有不同的含义。比如凯文·林奇理解的文脉是路径、地标、边界、节点、区域；罗西认为文脉是集体记忆，由地标和基质组成。20 世纪 90 年代之后，全球化造成了资本、权力等因素的流动和循环，当代城镇文脉已经不再局限于建筑文脉，它是一种包含了权利和资本、信息的动态文脉或者说是时代语境，这种语境与建筑信息以及负载于建筑之上的意义相关联，从而塑造了当代城镇特征。因此，在城镇建成遗产文本中同样存在着狭义和广义语境，狭义语境就是场景和情境等，广义语境则是指城镇所处的地域文化与权力特征等，本书倾向于广义的理解，因为只有从广义的层面建立最广泛的知识协同，才能够有突破藩篱，融贯求真的认知升级可能。

1.5.3　文化研究的空间转向

（1）宏观视角下的空间研究

列斐伏尔的空间生产理论。列斐伏尔把空间要素嵌入社会研究中，建构了社会空间理论，开启了社会学理论集体"空间转向"的时代。1974 年出版的《空间生产》提出"空间是社会的产物"的著名论断，视空间为一个社会组织的构成要素，同时相信对空间的控制已成为日常生活中一种根本与普遍的社会力量（吴宁，2007）。列斐伏尔提出要进行从关心空间中的生产转向空间的生产这一空间认识范式的转换，并指出整个社会由空间中物的生产转向了空间的生产，进而提出空间实践（spatial practice）、空间表现（representations of space）和表现的空间（representational space）三个重要概念。列斐伏尔把城市看作持续的、既多样又统一的集体创造，认为城市最有可能成就一种生动丰富的、真正自由的日常生活形式。他对现代法国城市的状态持否定态度，认为它们都丧失了地方性特色和个性，提倡城市应提供更多的开放性，鼓励市民参与，并且尊重自发的偶然创造。

哈维的资本空间理论。哈维从全球化大背景出发建立起一套严密的时空压缩理论，用于解析当代城市空间中资本与权利如何相互关联影响及其表征。"空间"已经开始作为一种资本参与到社会建构中，而不单是当年马克思认为的——空间仅作为一种资本要素。资本空间理论辩证地提出社会生活方式的变化、社会关系的变迁和空间结构的变异既是资本运行的动因同时也是结果。哈维以现实城市、城市演化历程、演化历程中交织的社会空间问题逐步展开研究。由于哈维新马克思主义的基本立场，不难发现该理论的终极追求是城市社会空间问题的解决即城市正义的实现。以城市土地的开发利用理论为例，哈维提出芝加哥学派的相关分析不够全面深刻，造成理论的解释力不足，在"分析贫民窟现象"时芝加哥学派采用的理论体系是单一经济学理论的基础，而这里恰恰应该采用政治经济学的相关理论框架，这也在一定程度上反应了哈维的理论研究目的是确保资源分配的合理性，追求分配城市中公共资源的再分配正义，"为我们正确理解空间、时间和空间的社会关系以及我们所处的自然环境确立大家所公认的通行思路"（戴维·哈维，2003）。哈维提出的策略主要包括给予社会公众积极参与政治和社会资源分配的权力，国家应该采用制度安排来维护这种权力，另外文化的来源也应更多元化，文化的表现形式也应更丰富。大卫·哈维在解读城市空间演变与本质的过程中为我们提供了政治经济学的新领域。

福柯的权力空间理论。福柯的理论展现了权力对于空间的潜在作用和它们之间复杂微妙联系的关系。在福柯看来，空间承载着由知识转化而来的现实权力关系，权力之间的相互作用是以空间为基础的。权力是通过空间的外在表现形式来体现的，空间的价值在现代权力的表征中较之 18 世纪时不再那么一一对应，却更具有关键性。"包含空间的历史才是一部完全的历史，同时它也包含着权力的作用，是权力的历史"。福柯表示"空间不但是所有公共生活形式的基础，而且是所有权力运作的基础"，而"权力的实施总是通过约束、纪律等形式来完成的"（福柯，1999）。福柯从权力和空间的关系入手，构建社会历史生活和权力、空间的多体系关联框架，展示了空间研究从知识到权力、从话语到空间的研究方法。福柯将社会和空间充分联系起来，给我们揭示了一副清晰明确的社会图式——空间、权力和知识彼此联系、相互作用的互动关系。

（2）日常生活视角的空间研究

汪原在国内较早运用日常生活的理论视角研究城市空间，对其理论进行了梳理和初步介绍（汪原，2002）。莫天伟教授指导博士论文较早关注日常生活同城市及城市空间、生活变迁之间的关系（陈镌，2003）。张雪伟从"日常生活"出发，以上海日常生活空间与城市空间形态之间相互作用为主要内容，构建了城市历史视角下的日常生活与空间变迁研究的理论框架（张雪伟，2007）。吴娅丹构建"时间—空间—日常生活"分析框架，对研究地点从清末到当代的一系列演变进行了微观的考察（吴娅丹，2011）。徐千里较早开展了对建筑空间创造的日常生活的文化哲学批判，提出社会问题、文化问题以及人的存在问题才是建筑活动中真正具有决定意义的问题，而不是平常简单理解的建筑形式与本体问题。处于现实人类生活世界之中延展的建筑本体同时又处于日常生活感性麻痹的蒙蔽之中，这就是建筑活动不断被异化的根源，其同源于当代社会中普遍存在的人的异化。其明确提出应放大到更广的文化范畴进行建筑活动的批评，将其作为立根于人生追求和价值观念的批判，最终达到一种深刻的文化批判的目的，从而使现实世界成为真正属于人的生活世界，始终将其同人的生活过程和生命活动联系起来考察（徐千里，2001）。

一些学者开始从日常生活的视角探讨公共空间的设计方法论问题。张杰等注意到我国城市设计的大尺度手法并未从日常生活的视角出发，忽略了公共空间塑造的问题，构建了把"日常生活空间"作为城市设计核心关注点的规划思路（张杰等，2003），并且探讨建立了一套向传统城市容纳日常生活的优点学习、以创造富有地域文化特征的城市生活场所为主旨的城市设计方法（张杰等，2013）。王刚等从城市规划发展历史以及日常生活哲学角度探讨规划回归日常生活的必然性（王刚，2007）。吕小辉构建起"生活景观"的理论及设计方法（吕小辉，2011）。徐宁、王建国基于对南京老城的研究，提出增加公共空间的类型，为城市日常生活提供更多的选择（徐宁，王建国，2008）。由于"日常生活"这一哲学范畴的抽象性和复杂性，日常生活研究的理论与思想观念从哲学和社会学范畴虽然对城市规划和建筑学学科范畴在不断产生影响，但这种跨学科融入、吸收乃至新方法建构的进程仍然较慢，对从日常生活相关的空间形态到作用机制的系统性研究仍待进一步梳理与整合，尤其是在日常生活与城镇建成遗产之间仍存在研究空间。

1.5.4　叙事学的空间转向与空间叙事理论

（1）叙事学的空间转向

20世纪后期，人文社科学界经历了引人注目的"空间转向"，学者们开始将注意力从时间或者历史的单维度思考转移到对空间的关注上来，将空间纳入社会生活和社会关系的研究中。米歇尔·福柯（Michel Foucault）认为我们身处的空间比时间更会给我们带来时代的焦虑感。列斐伏尔的"社会空间"概念，德塞图"都市生活实践"的"空间故事"概念，巴什拉对"家屋"等空间进行的现象学场所和原型分析等均属此类。正是由于这些开创性空间叙事的研究出现，促进叙事理论开始朝着关注空间的方向发展。另外叙事作为一种表达方式，叙事的空间性在历史的发展中是一直存在的，叙述需要空间的支撑（龙迪勇，2008）。"由于同时发生的事情太多，我们不得不放弃以时间顺叙来组织叙事的主线"，大量事件从横向穿插以致打破了故事时间主线（爱德华·W·苏贾，2005）。约瑟夫·弗兰克提出叙事学不考虑空间就无法理解叙事主体的话语含义。因此出现了空间叙事学这一对叙事主体的实体、范式、意识等空间关系进行研究的新方向。叙事通过对空间要素的组织、结构的联系来凸显其空间性，寻求针对叙事主体构建起时空二重性的叙事空间，以更深入地研究叙事主体的内涵。正如巴赫金（M. M. Bakhtin）的"时空体"概念，时间在空间里凝结成标志并且得以展现，被赋予了艺术上的可见性；而空间则被加入到历史、时间、情节等运动过程之中而得以被全面地解读和评判。

哲学与文学的"空间转向"也从传统的纸质的书本空间向物质环境的实体空间转向，这里尤其是可以让人感知和身在其中的建筑、城市、景观空间。因此，"空间转向"最终打破了叙事学最初的文学范畴，使文化叙事的可能领域全面拓展开来，给传统的空间学科如城市规划、建筑环境等学科提供了一种从人文社科领域观照空间叙事的可能性视角。米克·巴尔在再版专著中对叙事学进行重新定义，认为叙事学是关于"叙述、叙述文本、形象、事象、事件以及'讲述故事'的文化产品的理论"（米克·巴尔，2003）。这个定义大大地扩大了叙事学的研究领域，反映了全部关于事件与事象的文化产品都可理解为叙事。

（2）空间叙事理论

在规划学科引介叙事理论的过程中，叙事理论空间转向的运用不能孤立地从文学、电影等常规的叙事学研究基础来开展，还需要从建筑学、景观学等与城市规划学密切相关的其他学科领域获取养分，并且这些领域目前已经开展了一定的空间性叙事研究，本书从城市叙事、建筑叙事、景观叙事三个方面简要概括研究现状。露丝·芬尼根以英国的米尔顿凯恩斯新城为例，从城市人类学的角度，选取学术界、规划者、居民三种不同的人物视角相关的叙事来分析，认为"个体的故事不仅反映了城市的现实存在而且可以给城市建设一整套创造性的公认的叙事资源"。作为英国人类学家和文化历史学家，露丝·芬尼根把人类学的民族志方法创新性地应用于城市生活研究，建立了基于人类学叙述方法分析城市生活理论模型（H. Finnegan，1998）。她的工作发掘了大量城市故事，给城市设计者一个了解城市意义、城市文化的方法启示。Giorgia Aiello 研究了叙事手段在西雅图派克旅游市场的组成内容，运用写作记录和拍照等方法追踪了游客的旅游叙事，并通过口头或者可视化叙事的技术对游客的旅游体验感受进行分析，为城市旅游叙事研究提供了可参考的研究框架。

建筑空间叙事方面，芭芭拉·莫斯以日常生活叙事、城市叙事、地图叙事的方法建立了一种植入城市环境的新建筑设计方法。其分析典型居民的日常行为模式，形成日常行为叙事（Narrative Of The Everyday），即日常生活中的各类基本行为方式，例如吃、跑、运动等，这些是社区规划的重要元素和线索，通过这一系列的元素和线索植入，可以大大丰富社区空间的社会性与功能性意义层次；通过研究城市历史及历史形态作为城市叙事（Urban Narrative），以控制新植入建筑的形态与城市历史形态契合；通过对周边步行系统的梳理形成地图叙事（Mapping Narrative），路径作为叙事的一种重要方法予以重视（Moss，2009）。英国剑桥建筑学院把建筑长廊作为研究移动图像叙事的对象，充分运用叙事理论和这些移动图像来分析类似建筑空间的叙事性机制，研究探索建筑叙事空间认知，另还特别关注叙事和"城市意象分析"以及"空间句法"相结合等方面（Sussner，2005；Alifragkis，2006）。国内何镜堂等针对某博物馆设计开展了基于地域性背景的建筑叙事探讨（何镜堂，2012）。张永和认为建筑成为与体验或者叫一连串"事件"不可分割的事物，处于建筑创作核心的是具体化的人而非抽象的使用者。陆邵明提出"建筑叙事学"的理论框架，其提出"叙事学"是一种分析-理解-创造建筑的系统方法，运用"叙事学"这个新工具方法，可以更深刻地把握建筑内在的构成元素、空间架构、语义表现以及其中的关联关系和设计策略，从而有效建构建筑的社会文化意义（陆邵明，2007，2010）。张楠较早对建筑作品如对福斯特建筑开展叙事方法研究，较全面梳理了当代建筑叙事空间及其研究方法等（吴荻子，2012）。

景观空间叙事方面，马修·波提格较早将叙事推广到景观范畴，提出叙事是人们形成与理解经验和景观的一个最基本方式。景观不单单是承担事件发生展开的布景，景观本质上也应该是一种时刻发展着的叙事，随着时间不断演变（Potteliger，1998）。他还对对叙事时间序列、形式、意义等方面进行了探讨，从景观理论与实践两个方面总结了与场所故事相关记忆要素，包括唤起对过去回忆的地方象征物、作为土地记忆的装置、神话故事、口述历史中的记忆等。国内邱天怡从当代西方景观理论的叙事研究分析出发，首先对1970年以后西方景观设计历史发展进程进行研究综述，然后结合叙事学特别是后经典叙事学相关研究方法和理论，探索当代西方景观叙事所表现出的深刻美学意义以及多样的话语表征（邱天怡，2014）。杨茂川、李沁茹利用叙事中的构成元素解析和关联结构去分析景观叙事性的设计方法，解读城市隐含的文化内涵和精神意义。沈华玲结合叙事学对讲故事的深刻理论理解与方法体系，通过故事发生的过程为线索来组织景观空间，建立景观空间的情节路线，以此来探讨叙事性景观空间的设计方法论。

1.5.5 城镇建成遗产的相关研究

（1）我国城镇建成遗产保护研究概览

在城市发展的历史进程中不断产生的城市遗产分为很多种类。比如根据是否为可见实体来划分，可分为无形文化遗产和有形文化遗产；根据传统认知中重要性来分类，可分为地方级别的文物或者遗产以及国家级别的文物和世界遗产，后者往往被认为比前者更重要和更具代表性，而前者则通常被认为是次要的和附属性的；另外，还可根据遗产在形态表现层面是否在不断变化来分类，有些城市遗产在历史到当代发展过程中不断演变，发生着形态的变化，并可能一直保持变动的状态，而另外一些城市遗产则在形态上大致处于一个固定的状态，在历史发展中未发生显著的改变。人们对这些遗产按照重要性、规模、完整性、原真性等标准赋予了一定的等级次序（张天新，山村高淑，2006）。目前，我国的城镇建成遗产保护主要有两个体系，其中之一是以文物保护单位、历史街区、历史文化名城等三个保护层级为核心的保护框架体系，由于保护工作的难度与曲折性，我国城镇建成遗产保护经历了一个从单体文物上升到整体历史文化名城、再返回到局部历史街区的过程；另一个是以世界遗产为代表的保护体系。从 20 世纪 80 年代后半期开始，在我国被接受并得到迅速普及成为又一层保护体系，世界遗产类型目前分为自然遗产、文化遗产、自然与文化双遗产、文化景观以及人类口述和非物质遗产代表作等 5 种类型。以上两个体系有一个共通点，即都是具有一定规模，保存完整，具有典型代表性和价值突出的遗产，尤其要求历史价值足够丰富，例如原真性和完整性就是用来衡量世界遗产价值的核心依据。但是需要指出的是，这些既定的评价标准往往忽略了城市重要的动态历史发展过程，其动态性是涵盖了当代在内的一个历史过程。对于历史城市来说，历史遗产保护的动态性的认知理念与存续体系都鲜有在保护实践中体现。

近年来，我国城镇文化遗产保护与发展现状不容乐观，在遗产的存续中常常面临多层面问题交织带来保护工作高度复杂，保护与发展诉求共时叠加致使难以平衡，各利益主体的矛盾冲突激化致使难以协调等，遗产存续的问题日益加剧。许多有识之士提出，应对城镇遗产保护与发展的复杂巨系统必须多管齐下，确立立体复合的文化遗产保护存续框架，因此形成综合性的系统研究体系。通过对已有研究成果的归纳总结可以发现，城市遗产保护存续框架主要包括遗产价值识别、遗产保护的技术方法以及遗产保障管理三个主要内容，可见遗产保护牵涉领域广泛，框架内容庞杂。一些学者从这种复杂问题入手，充分吸收系统论的理论观点，构建宏观视野到微观视角、单一学科入手到多学科交叉，形而上的保护哲学思考到落实到个案的典型分析，囊括了物质空间设计到保护法规体系建设等多个层面，系统地对历史城市遗产保护的多个层面进行了阐述，为建立城市遗产保护理论的框架体系、优化研究方法与保护策略以及提升保护管理水平做出了基础性贡献。典型的如吴良镛先生所倡导的"融贯的综合研究"方法，创造性地提出以多交叉学科为基础来另辟蹊径，探寻遗产保护与发展的策略途径。在"有机更新论"、"可持续发展与文化多样性"、"积极保护、整体创造"等策略性理念指导下创造出菊儿胡同等建成遗产更新案例，在战略高度指明了学术界研究的动向（吴良镛，2001）。张松通过国内外历史城市保护方法的研究分析，提出整体性的保护路径，并且结合我国历史城市遗产保护，构建了相对全面的技术路线（张松，2001）。

除上述综合性系统研究外，针对典型问题的专项性研究更为丰富。专项性研究从多学科知识出发，针对某一专项问题进行探讨，形成了有核心目标而外延广泛的研究局面，如遗产价值评估研究与遗产资源保护技术、政策法规研究等专项性研究。例如，遗产价值认知关系到遗产分类保护、保护手段等工作，遗产价值认识不同，会形成不同的保护结论，常常引起激烈的社会讨论。李将较早引入了文化研究视角探讨遗产价值，针对城市历史遗产保护中现代性与传统之间的冲突问题，希望"从传统的批判和继承出发，突破现代工具理性的教条和限制，发掘审美现代性的文化价值"（李将，2006）。单霁翔指出随着城市高速发展，大量的开发建设改变着文物的周边存在环境，文物保护遭受着前所未有的冲击。然而，孤立的文物保护方式难以阻止文物身处的整体遗产环境的价值退化，因此需要对一些非法定但具有一定历史价值的历史遗存和环境进行保护，而不仅仅针对已法定确立的文保单位，并且也应对相关文化遗产空间环境制定有效政策进行保护，从而实现历史遗产整体价值的存续。可见价值认知层面未有效统一，大量普通的历史遗存仍然处于法定保护依据缺失的境地（单霁翔，2008）。再如，专项性研究也包括针对遗产保护的体制机制展开的研究，此类研究试图解决遗产保护面对的更深层问题，往往涉及公共管理、经济以及政治等领域。如张杰认为产权制度问题是导致不同利益主体评价遗产价值产生分歧的根源（张杰，2010），田莉研究了土地制度对城市产业结构调整及历史文化复兴的影响（田莉，2008）。

可见，目前城镇建成遗产保护研究视角呈现多学科性，把城镇遗产保护置于广义的学科体系之中，使得城市遗产保护能够在多种学科的知识体系中寻求理论依据，得以分析完善。但是需要指出的是，遗产保护研究的问题关联与理论整合仍需加强。特别是针对综合性研究体系之下的遗产价值评价、遗产存续方法以及保护机制等各个子系统，各个研究之间难以保持较为有机的配合关系，因此难以形成系统深刻的认知框架与完善的策略体系。面对多个学科，特别是近年来突飞猛进的人文社会学科的多种理论与方法，富有整合力的研究线索与系统性整合框架仍显缺乏。随着文化研究、微观历史学、制度经济学、文化地理学、文化人类学、旅游学、建筑学等相关学科领域的不断渗透，学科间的相互影响和吸收借鉴也会日益突出，可以预见各学科理论与方法可以进一步紧密联系，在城市遗产保护研究更新领域形成整合性策略框架。

（2）日常生活与建成遗产的相关研究

张天新较早开展了建成环境的日常生活空间研究，采用场所论中领域、场所和路径概念，剖析丽江古城象征领域和生活领域、中心场所和日常场所、自然路径和人工路径并存的日常生活空间结构（张天新等，2003）。马振华从日常生活的视角出发，借用"过程/事件"的手段，从细节与局部出发来了解和体察总体，这种以微观视角取得对问题认知的方法，揭示了汉正街日常生活与空间互动促发场所精神的机理。

20世纪90年代末，随着历史建成环境特别是历史街区保护工作的大量开展，大量学者开始关注除了物质环境之外的生活方式的保护。张曦通过对苏州历史街区庭院与街巷生活方式的研究，提出保护工作应该更关注保护生活方式和文化内涵（张曦，2005）。仲利强从传统生活方式的传承入手，探讨了历史街区保护的价值内涵与保护策略（仲利强，2005）。随着建成环境生活方式保护探讨的深入，一些学者开始对建成环境保护更新中产生的生活真实性丧失进行研究。夏健、王勇等从"生活世界"理论提出针对全部历史信息的保护，并指出历史街区真实性是生活世界演进的"真"，是物质生活世界和精神生活世界的高度统一，指出"绝对保护"、"推倒重建"、"功能重置"都没有反映历史街区真实性保护的原则（夏健等，2008）。对于历史街区生活的真实性延续而言，居民保有是延续得以实现的主体，风貌保护是延续得以实现的基石，功能保全则是延续得以实现的载体（夏健，王勇，2010）。

杨新海、林林等认为历史街区的所谓生活原真性主要反映在居民及其非物质形态的生活方式、社会网络上，同时亦与承载生活的场所、民居等实物遗存密切相关（杨新海等，2011）。马荣军以法国城市遗产为研究对象，提出日常性城市遗产的概念，认为"日常性城市遗产"是那些在维系市民那种"平凡的、琐碎的、持续渐进式的"日常生活状态起到积极作用的城市遗产，具有平凡性、自发性、普遍性、流变性、多元性和矛盾性的特征（马荣军，2015）。另外，杨宇振教授从新马克思主义理论体系出发，通过严谨思辨深入探讨了历史叙事空间化与日常生活之间的关系，提出作为空间的当代社会实践，历史叙事空间化是寻求垄断地租的当代现实，建筑的社会生产营造出记忆、失忆与伪忆之间的张力结构。并指出建筑师和规划师应该批判性地对这种社会问题开展思考，并且主动进行专业性语言的创新应用，生产出具有当代意味的、激发思辨的空间，只有这样才可能在纷繁复杂的社会现象中尽可能接近客观的历史发展，也才能批判性地保存真实的历史记忆。也只有这样，日常生活才能走出被历史叙事不断异化的窠臼，进而在日常生活中寻找真正的价值以及更多可能（杨宇振，2015）。

可见，对日常生活的关注已经在城镇建成遗产保护领域展开，并取得了一定的研究成果，补充了传统对城镇建成遗产的认知局限，并且已经从社会学角度开展了空间实践的批判性建构，但更多地是围绕日常生活方式与遗产真实性等单一层面展开讨论。本书需要在此基础上把日常生活视角下取得的认知进步进一步整合到城镇建成遗产存续这一策略体系建构中来，进而形成深刻的认知视角与城镇建成遗产的系统存续策略体系。

（3）空间叙事与建成遗产的相关研究

前文中已提到，剑桥大学以英国历史城市为对象，自 2005 年起开始关注于使用叙事来组织城市空间以及不同空间结构对叙事的影响，主要针对叙事与城市意象建构的关联分析、与空间句法技术的相关研究以及叙事如何影响和形成空间认知等研究方向，如通过《剑桥城市制图》课题研究剑桥城市的叙事系统（刘乃芳，2012）。国内建成遗产叙事研究强调其空间领域的研究，已形成了一系列的成果。张楠较早建构城市故事论的理念，运用"物-场-事"的心理学机制，整合自然、历史、生活三方面故事资源，开展基于叙事的城市设计（张楠，2004，2009）。丁沃沃、弗朗索瓦·潘斯、迈克尔·塔瓦等从文学和电影等媒介的叙事角度出发，解读城市公共空间具有的社会性价值和依附其中的历史意义，从而形成叙事视角下的空间认知分析，进而寻求运用到历史地段改造实践的路径（Francois Penz，2011）。陆邵明提出了"场所叙事"的城市文化特色塑造方法，并通过上海"老码头"更新案例，运用文化遗存的保护与再利用、历史场景的塑造、主题性道具的融入、隐喻性自然要素的设置等路径，试图建立起一定的城市文化特色认同。另外他提出"物体—空间—事件"的场所叙事模式，结合上海徐家汇地区更新案例探讨历史记忆信息的呈现、关联与活化策略（陆邵明，2013）。他指出这种主题性空间的营造都是针对游客的需求，而未体现上班族和其他城市普通居民的日常生活需求，同时也未充分尊重基于日常事件的空间场所，无助于社区交往网络的发生与维护。

可见，建成遗产空间叙事研究按照传统空间学科逻辑，针对物质空间开展叙事研究，然而却没有挖掘叙事学，特别是后经典叙事学的跨学科属性，进行多角度的分析。大部分研究针对物质空间开展城市、建筑尺度叙事研究，多是从空间叙事的层面进行探讨，无法揭示深层次问题，隔靴搔痒，无法真正解决问题。其根源也是以往建筑学的研究大多局限于物质实体与城市空间的研究范畴，而这正是以往研究的问题核心所在，也正是本书希望克服的局限。

1.5.6　相关研究启示

纵观我国目前已有的历史城区、街区保护或更新的实践案例，能做到在各个层面都能面面俱到，得到大多数学科研究群体共同认可，可称之为成功的案例可谓屈指可数，几乎每个实践案例都暴露出来很多问题和遗憾。或是就保护谈保护，使街区保护远离了现实的日常生活，没有考虑现有居民的现实需求以及街区所处外部环境的剧烈变化等；或者成为城市主题公园式街区，在文化传承方面的异化。从已有的研究成果来看，我国城镇建成遗产的保护研究已取得了显著的进步，这既包括观念认知的理论层面，同时也体现在理论与实际案例实践结合产生的保护方法策略上。然而需要指出的是，我们仍未有效对当前存在的问题作出应有的正确系统的回应，从以上相关研究的解读中可以发现：

（1）传统的遗产认知方式带来的保护策略局限

目前传统的遗产价值认知系统往往更注重具有"正统性"的文物，更强调其具有的历史价值，这就会导致文物被隔离开其原生环境，而进行孤立和静态的保护，同时也往往忽视了其他建成遗产的保护，结果造成文保单位因缺乏文化环境而价值丧失，历史城区或街区的整体文化环境受到破坏。目前建成遗产的保护需要从静态转向动态存续的观点已被大多数专家学者所接受。而这就要求我们在时间和空间两个层面更深刻地展开讨论。首先在时间关系上应该更深入地剖析城市历史空间发展的脉络，揭示在历时发展中建成环境的肌理变迁与形态演进，进而作为线索和依据指导当代的建成遗产的空间存续，在城市发展延续中得以更好地找到定位和挖掘意义；其次在空间关系上还要打破就遗产片区来谈遗产片区的狭隘空间思维方式，开展遗产片区作为一个局部与城市整体的空间关系研究，在对遗产片区与周边城区乃至整个城市关系的深刻把握上来寻找遗产片区的价值与意义。

（2）从物质向非物质遗产的观念转变，需要更关注承载日常生活的地方

目前国内对建成环境的保护仍旧停留在物质文化遗产的保护层面，对于非物质文化遗产保护重视不足。保护实践中往往最终保护的是一个物质的躯壳，而真正体现文化意义与价值离不开依附于物质躯壳之上的非物质要素。作为"错综复杂的总体"的文化，必然是包含着物质的和非物质的所有外在和内在活动。建成遗产保护应从单一的物质空间性保护过渡到更注重物质与非物质统一的保护上来。近年来在非物质遗产保护研究领域中被强调的"文化空间"概念，正是这一观念转变的表现。地方是人类日常生活的空间场所，是在普遍和以往的空间统称上赋予情感的意义得出的概念。地方是人性化生活空间的具体化，是人们与城市空间环境密切联系产生"移情作用"的文化空间。我们对建成遗产强调从物质向非物质研究的转变中，也需要更关注这种承载着日常生活的地方性文化空间。它们展现的鲜活、多样的生活场景包含着建成遗产丰富的社会空间网络。只有如此我们才能真正

理解遗产的"空间-社会"关系，在适应外部城市空间发展变化的同时维护遗产社会空间网络，实现建成遗产的文化价值保护目标。

（3）偏重传统空间学科逻辑，跨学科策略整合有待加强

现有研究大多受到功能主义、类型学、现象学的影响，描述性研究较多，解释性研究，尤其从较高理论层面做出解释却比较少，使得城镇建成遗产自身的理论发展和创新不够。由于建筑学领域是一门更偏重实用的学科，以往立足城市研究本位的做法往往有某些局限性，因此对建成环境的研究往往更容易将关注点放在建筑本体上，对"物"就事论事，缺乏对人和社会的关照，这样的结果便是治标不治本，无法触及城镇建成遗产所面临的保护机制问题。仅限于理工学科范围是无法提出有价值的建成遗产保护基础理论的，以往单一学科视角形成的单一策略方法显然不能直指要害，通常也并未能在行政、管理层面指出城镇建成遗产更新所面临的实质性矛盾冲突，难以推动保护实践向前发展。唯有建立在多视角、跨学科基础上的综合的研究方法才能有效制定对应且合理的解决策略。

城镇建成遗产保护是一项高度复杂的系统工程，往往包含从物质空间到制度设计，可见遗产保护必然要求多学科的研究视角。从"文化遗产"这一大的研究对象来看，其在 21 世纪初已基本发展成为一个跨学科的学术领域。人类学、建筑学、旅游学、考古学、民俗学以及文化研究等多种学科研究者的介入，为建成遗产保护这一复杂问题的解决提供了不同学科层面的研究思路与成果（宋奕，2014）。国内阳建强教授提出"文化生态"的理念，更强调遗产的"文化意义"而非以往的"历史古迹"概念，他进一步指出应从专业技术领域转向社会、经济、政治、文化交织的综合性领域，指出建成遗产保护应在理解更全面的文化生态基础上，打破以往纯粹的物质空间保护观念❶。纵观以往的研究成果，亟待以规划建筑等空间学科为基础，以人文社会科学特别是文化研究、人类学、叙事学等为研究线索和整合手段，以建成遗产面临的现实问题为导向，梳理多学科研究成果，开展融贯的策略体系研究。只有这样才能既强化了空间学科的人文研究厚度，更加站在文化角度对保护进行反思，同时也避免了人文社会学科一贯停留在问题分析与批判，而缺少对症下药手段的问题。

（4）遗产空间叙事研究应向文化叙事研究转变

当前的遗产空间叙事研究没有挖掘叙事学，特别是后经典叙事学的跨学科属性，进行多角度的分析，形成系统的遗产保护理论，更未延伸出一系列遗产保护的方法整合体系以尝试解决遗产保护中的问题。目前人类学的叙事研究为我们建立针对历史建成环境的系统完整保护方法提供了一定的研究基础，但其缺少对空间的有效介入；目前针对历史城区的叙事空间研究过度关注于叙事空间的属性及空间叙事的方法，没有打破结构语言学或者结构叙事学的认知逻辑，忽视了对"人"及背景机制层面的关注，但却提供了一套较为可行的空间叙事研究基础。旅游学视角对游客叙事的关注也为目前建成环境遗产的保护提供了可参考的体系，因为历史建成环境不可避免地与旅游业、游客发生千丝万缕的联系。城镇建成遗产是一个系统，其中包含人和物质空间环境，而物质空间环境又包括建筑空间、景观等要素，目前基于叙事理论开展的建筑叙事研究、景观叙事研究无疑给我们提供了一个可参考的物质空间的叙事方法。

---

❶　资料来源于 2015 中国城市规划年会"城乡历史文化保护的探索与发展"专题会议阳建强教授报告.

通过文化叙事的转变，城镇建成遗产保护既传承重大城镇历史事件留下的宝贵遗产，同时对传承地方日常生活小事件的城市空间予以足够的关注。叙事理念下的遗产保护与更新不仅仅是一种物质性的提升，还是关注人在地方空间中心灵感受的一种非物质性关照，形成"日常生活＋叙事"的历史建成环境存续。因此，遵循吴良镛先生所提出的"积极保护，整体创造"的工作思路，从文化研究或者文化哲学的层面，整合规划建筑学科的空间研究基础，从更加结构化的空间文本发展规律出发，探索城市遗产空间的形态历时演进、碎片化遗产空间的织补、历史城区或街区与整体城市的协同发展策略等各种问题。另外，城镇建成遗产的保护研究需要以空间叙事本体为出发点，从叙事语境层面展开对现象背后的社会、经济、制度等因素的研究，从而系统整合城镇建成遗产保护理论，形成有效的遗产保护认知与策略框架，为完善城镇建成遗产研究体系提供新的思路。

1.6　研究内容与研究方法

1.6.1　研究内容

本书第 1 章论"叙"以文化研究的跨学科理论为背景，运用叙事学的"文本-语境"研究框架，为构架城镇建成遗产的文化叙事方法研究体系做相关研究铺垫。文化研究揭示深层意义而缺乏方法论价值，叙事学可提供方法及分析框架。作为实践性学科，遗产保护既要提供具有思想性的认知理念，又要具有具体的方法论价值，因此构建文化叙事的解释认知及实践体系。

本书第 2 章异"叙"以叙事视角入手，融合其他多学科，分析世界遗产保护的制度文本，提出城镇建成遗产的保护理念发展方向。运用文化研究的跨学科研究基础，从消费文化的视角总结近年来城市建成遗产的现实问题，并提出回归到日常生活的叙事。提出城镇建成遗产保护的日常异化问题，在文化层面理解聚落遗产存续问题。

本书第 3 章理"叙"提出城镇建成遗产的文化叙事理念，提出文化叙事核心是按照遗产"人时空"统一体的逻辑，通过文化叙事的理念方法，观照人时空的关联。

本书第 4 章解"叙"将城镇建成遗产空间作为文本，从叙事学文本结构分析的视角，理解城镇建成遗产空间作为"叙事文本"的叙事逻辑、叙事内涵与构成体系。

本书第 5 章存"叙"提出对城镇建成遗产的解读应置于地方与权力两个现实语境中，并在此章中针对地方语境中的城镇建成遗产进行分析研究。

本书第 6 章延"叙"提出对城镇建成遗产的解读应针对权力语境中的城镇建成遗产进行分析研究。

本书结语总结本书主要内容。

1.6.2　研究方法

（1）跨学科的"整合"研究方法

我国开展历史建成环境的保护若干年来，已经逐渐认识到历史建成环境保护涉及问题的复杂性，需要的理论支撑往往不是一个专门学科所能及。文化叙事是一个跨学科的研究领域，研究就是以人类学、社会学、文化学、多学科融贯的态度与方法，采用"整合"这一基本思维方式，对历史建成环境的存续进行研究（图1-4）。人文社会科学在当代的发展已形成多学科交叉和融合的趋势，其研究成果也日益渗透到相关的空间科学，并对建成环境研究产生了巨大的影响。运用"叙事"的跨学科特性，不仅从物质环境的角度考察建成环境存续，还扩展到物质背后的权力、身份、文化、地方等隐性要素，形成系统的建成环境存续理论。对人文社科相关理论学说的运用不局限于某一位大师、某一个学派，而是广泛吸收为之我用，只有这样才有可能摆脱为西方学术做注脚的研究窠臼，整合叙事学、历史保护学、文化研究的消费社会研究等多学科理论成果，构成基于文化叙事的城镇建成遗产认知体系与策略方法。

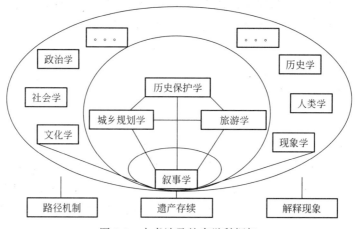

图1-4　本书涉及的多学科框架
资料来源：作者自绘

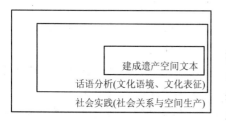

图1-5　话语分析的结构框架
资料来源：作者自绘

（2）质性分析与量化分析相结合的方法

质性分析主要借鉴人类学田野调查与民族志方法，另外采用文本分析，特别是话语分析等方法（图1-5），研究现象背后的深层次机制，在调查方法上采用半结构访谈与深度访谈相结合的方法。量化分析主要是对案例进行统计学的量化统计分析，定量研究案例的基本特征，为揭示一定的客观规律提供量化依据。本书写作的过程也是对涉及的诸多案例如重庆下半城的湖广会馆东水门历史街区、白象街、十八梯等街区的不断观察与思考过程。如十八梯整体拆迁开始于2010年，最终于2016年底全部拆除，2010年前以及在拆除期间笔者持续性地关注与数次调研可称为人类学民族志体系的持续性的田野方法，为笔者对城镇建成遗产存续问题带来更加深刻的理解与素材。期间笔者参与湖广会馆与东水门历史街区的保护规划与修建性详细规划等城镇建成遗产课题研究，参与政府组织的各利益主体参与的项目评审，了解不同利益主体的话语诉求，更从详实的质性与量化分析角度，有针对性地开展了个案研究。北京市近年来历史街区保护实践中产生的一些新观念与保护更新方法与笔者论述的文化叙事理念较为契合，因此本书也重点选取北京的历史街区保护更新实践进行研究。另外本书也大量选取了国内其他城市如南京、上海、宁波等建成遗产保护案例，增加理念认知生成的普适性价值。

（3）逻辑分析的研究方法

在逻辑分析策略上，话语体系采用文化研究与叙事学以及本学科的基本话语体系，而不是人类学民族志的个案研究的、特定田野的文学化叙事的体系。这样便于与本学科的分析研究接轨，同时也便于在诸多案例分析的基础上探讨其结构、机制等深层次内容。

1.7 研究框架

本书研究框架见图 1-6。

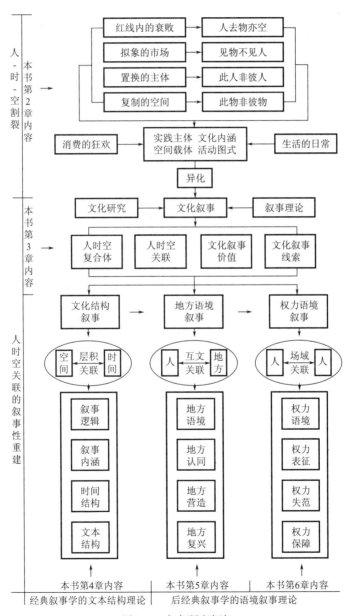

图 1-6 本书研究框架

资料来源：作者自绘

29

1.8 本章小结

本章介绍了叙事学、文化研究、建成遗产保护等研究领域的研究现状，并就已开展的交叉性研究进行综述，重点指出目前建成遗产保护研究面临的突出问题和改进方向。文化叙事作为研究并阐释文本的理论方法，可以应用到城镇建成遗产的研究中，叙事研究的目的在于挖掘文本的意义。经典叙事学研究局限在文本内部的研究中，关于结构、话语、故事等内容，城镇建成遗产的文化叙事研究首先也应从文本内部进行梳理和研究。后经典叙事学把文本阐释放在具体的语境中研究，来阐释具体的问题，因此，城镇建成遗产的叙事学研究也应该借鉴后经典叙事学的研究倾向，抓住建成遗产这一特殊文本的语境，即地方—权力的语境背景进行阐释，挖掘其意义，从叙事学角度提出城镇建成遗产的保护理念的合理性与理论基础。

2 异"叙"：城镇建成遗产的日常生活批判

2.1 国际城镇建成遗产话语的叙事流变

2.1.1 20 世纪 70 年代以前的精英化叙事

从 19 世纪中期开始，欧洲的文物建筑保护理论发展从形成到 20 世纪中期趋于完善阶段，大致历经了一个世纪的时间，并且突出表现为源自于建筑师审美角度的价值认定和文保专家对于历史信息的真实性认知的价值认知与价值认知指导下的保护手段之间的争斗（陈志华，2003），最终过分依赖于建筑师审美的价值观遭到越来越多的摒弃，尊重多种来源历史信息的价值观逐渐发展为主要的保护理念。《雅典宪章》、ICOMOS 的大量相关决议、"宪章"如 1964 年形成的《威尼斯宪章》等是这一时期对保护产生重要影响的国际宪章。

《雅典宪章》的关键内容包括：摒弃"风格性修复"的方式；重视每一历史阶段建筑风格的基础上加强纪念物保护工作；尊重并尽量不改变历史文物的位置以及其周围景观环境；允许现代建造技术的使用，但前提条件是尽量隐藏以不致对文物外观造成破坏；若文物结构损害可以进行修补，但所使用新材料的外观都必须与原材料有所不同，能够明显分辨。《雅典宪章》所在时期的文保实践与 19 世纪前叶的文保运动一脉相承，都完全依赖着欧洲少数精英知识阶层的推动。这一时期从勒—杜克对历史建筑遗产进行的"风格性修复运动"发端，逐渐演变反思这种风格化修复活动破坏历史建筑真实文化内涵的现实，人们更加关注于建筑遗产修复过程中的真实性存续问题。这一时期建筑遗产保护运动有十分突出的局限性，保护范围仅限于局部地区且理论和实践只涉及文物对象。遗产保护工作者们即使形而上地认识到建筑遗产的社会及文化价值，但也没有深刻认识到建筑遗产所包含社会价值的多样性；也没有认识到建筑遗产根本存续意义是利用建筑遗产丰富的物质和精神资源为社会多样化的需求服务；建筑遗产的保护范围没有涉及数量较大并显得普通的历史建筑；保护将文物古迹和历史建筑混为一谈而全部运用冻结式保护。

20 世纪中后期形成的《威尼斯宪章》以及相关后续文件中的建筑保护观念，在当代历史遗产保护领域仍发挥着主导作用，它倡导最大限度地留存附着于文物建筑之上的真实历史信息，保护其作为历史存在物的客观见证价值，而并非是把审美价值放在首位（李将，2006）。打着完整的旗号去破坏历史建筑的历史信息真实性是绝对不允许的，这种价值观作为文物建筑保护理论的出发点，进而构建了一整套理论原则，例如保护介入的可逆性，被世界教科文组织称为文物保护的"道德守则"。如果历史信息被丢失、混淆，导致文物建筑丧失了其历史实物见证功能，就是不道德的行为。倘若出于谋求利润回报而无底线地刻意造假就更是对文物的犯罪。20 世纪六七十年代的建筑遗产保护经历了一个阻挠与复杂的争论过程，仍没有成为主流观念。现代主义潜藏的物质决定论逻辑被以追求经济利益为目的的开发商所利用，因此欧洲主要城市的建设更新多采用大拆大建的粗暴形式。大规模的旧城更新使城市功能层面有所提升，然而需要指出的是其破坏了旧城地区历史积淀而来的文化空间，人们的归属感无从寻找，由此引发了大众的反思与强烈不满，这就让历史建筑与场所保护成为人们关注的焦点，因此历史保护开始普遍走进城市建设实践中。

20 世纪六七十年代以后，人们开始重新评价和保护城市历史环境，城市发展观念上出现了比较大的改变，由之前对城市彻底的城市开发转变为历史遗产的保护和适当的更新利用设计。人们开始更加关注场所感、历史文化与空间的关联性等城市无形的情感和文化内涵。《威尼斯宪章》仍然把重点放在文物修复技术领域，作为精英艺术的范畴，它的最终目的也不是为了理清城市历史建筑保护与社会发展的关系，当然不能回应保护和社会发展的再利用问题。《威尼斯宪章》标志着建筑遗产保护开始了寻求科学保护历史遗产路径的新阶段，然而国际历史建筑遗产保护工作当时仍然还是局限于单体和遗产局部的保护上。1972 年联合国教科文组织发布的《保护世界文化和自然遗产公约》，传承了《威尼斯宪章》的精英化的遗产保护的价值理念。联合国文化与发展委员会的《我们创造性的文化多样性》文件里就重新审视过世界文化遗产最初的项目："对文化遗产的关注曾经集中在物质遗产的历史建筑和遗址。理解遗产的方式是仅限于审美和历史价值评价的唯一角度，这更倾向于精英群体的和男性的视角，表现为重壮美、轻平凡，重文字、轻口头，重仪式、轻日常，重神圣、轻世俗"（宋奕，2014）。

2.1.2　20 世纪 70 年代至 90 年代初期的功能化叙事

欧美工业化发展到 20 世纪 70 年代后开始呈现出严峻的资源和生态危机，危机进一步唤起了人们的环保意识。环保人士认为摧毁无异于浪费。欧美国家开始政策扶持对建筑遗产保护和再利用工作，其目的不是纯粹的保护，而是通过建筑遗产的再利用来促进旧城社会复兴与提升经济，取代被认为是一种浪费的直接推倒的原有方式。如 70、80 年代，美国的全部建筑项目里的 70％都是旧建筑改造工程，并且这种历史建筑复兴再利用的方式一直持续到现在都是欧美国家主要的城市复兴手段。城市更新的内容由清理贫民窟变成了提升社区环境质量和恢复社区活力；城市更新的方向也从单一的物质空间整治演变为社会、经济、物质环境并重的综合性规划。更新手法从简单粗暴的摧毁新建转变为小规模渐进式的不断完善，表现为动态变化的优化过程（张京祥等，2000），这个阶段也被理论家概括为马克思理论主导时期。甘斯从社会学视角反思了城市规划的专业技术内涵，指出人的生活不被决定于物质空间环境的营造，而是根源于经济、文化、社会权力结构的共同作用。在这个阶段，遗产保护开始和民众日常生活逐渐结合，成为社会复兴的重要手段，建筑遗产再利用之后成为普通民众日常活动的重要承载空间。与此同时在艺术领域也开始更包容地融入当代艺术的各种观念，在艺术广泛积极的参与下，那些所谓的旧空间迸发出了让人惊喜的活力。因此，随着这种趋势的逐渐深入，建成遗产的再利用已与以往传统的文物保护修复工作不同，迈入了更为丰富和充满活力的当代空间艺术领域。历史建筑的再利用使得简单修缮的文物保护方法无法有效回应，因此建筑学在其中的价值更加凸显。

经济发展的主导地位带动了历史建筑再利用与改造，而文化与资本在经济发展中以新的方式组合起来制造出的强大作用力也带来了遗产保护理论实践进入繁荣期，大量的实践也引起了系统的理论反思，很多国际历史遗产文献诞生于此期间。1976 年《关于历史地区的保护及其当代作用的建议》即内罗毕建议提出一系列关于历史地区保护的观点。该建议指出历史地区是承载居民日常生活的重要空间载体，是人们传统日常生活的鲜活证明，同时它也是当地的宗教、民俗文化、多样性的社会生活等的见证。因此城市规划和土地开发的基本任务就是保护这些历史地区，同时考虑这些建成遗产和现代人的生活需要相互匹配和融合。遗产作为昔日过去的生动见证，能够让人们找到以往的生活方式和某些生活特征，然而在全球化和现代化快速发展的背景下，拆除以及不妥当地重建工程会使建成遗产受到无法挽回的损害。该建议还提到历史地区作为不可移动的遗产，它的破坏不仅会给地区经济带来影响，同时也可能引发社会的不稳定。因此各国应该立即实施全面有力的保护政策，把历史遗产及周边环境纳入各级规划工作内容中去，并从国家层面制定一系列建筑遗产保护法规。1977 年的《马丘比丘宪章》中也强调每个城市的独特性是由这个城市的空间结构和特定的社会特征决定的，因此所有能够体现这座城市特征的文物都要进行保护，而且保护的过程也应该和城市建设相结合，使得文物发挥出更大的经济价值和生命力；营造良好生活空间往往内容比形式重要，在人与人的交往中的宽容谅解精神是城市生活的重要构成，"人和人之间的相互作用和交往是城市本身存在的基本依据"；规划设计要着眼于城市和建筑、景观等统一发展而不能局限于建筑单体。运用科技手段使公众参与城市规划的全过程。

《巴拉宪章》（又称《保护具有文化意义地方的宪章》）最初于 1979 年颁布，之后又经历了几次修改，现在使用的版本是 1999 年修订版本。它提出了三个新的保护概念。首先是"地方"，指"场所、地区、土地、景观、建筑物（群）或其他作品，同时可能包括构成元素、内容、空间和景致"，可以说涵盖了遗产的各种类型，有形和无形的遗产元素都包括其中，这样其就以"地方"概念取代了之前的"历史文物和遗址"（monument and site）的概念。第二个概念是把被保护的实物称为"构件"，是构成"地方"的一些物质材料。第三个概念是"文化意义"，作为历史遗产保护的根本目的，而过去针对古迹遗址的保护只不过是限于实物遗存的保护。"构件"很多但不具备"文化意义"，就不能成为"地方"。所谓文化意义，其含义是某种特殊空间形态或要素附着了美学、历史、科学或社会价值。针对改造与变化，宪章明确提出当改造只对一个地方的文化意义有非常小的影响时，改造才可以进行。在不歪曲或者掩盖一个地方的文化意义或者贬低对其的诠释、理解时，新的工作例如对一个地方进行增补才可以接受。可见宪章认为文化意义延续是改造利用的前提。

《巴拉宪章》最后成稿历经 20 年，因此宪章中的观点不单单体现 20 世纪 70 年代的遗产理论，而是极具地域代表性和先进的，一直影响至本世纪。随着对该宪章的逐步重视，特别是近十余年来遗产保护更加关注文化价值，这些都与其有明显的脉络关系。如对地方性的认识，澳大利亚的地区历史决定当地留存的符合欧洲遗产理论范畴的欧派建筑建成时间并不长，这也是为何《巴拉宪章》摈弃了建筑遗产这个概念，可见其从本地遗存出发，打破了欧洲遗产理论以欧洲为中心的现象，为 90 年代后的奈良宣言以东亚文化为基础建立遗产真实性理论做了铺垫。除此之外，因为开始重视建筑遗产内部原住民的历史地位，所以澳大利亚将原住民和少数民族的历史遗产也纳入保护范围，最终形成了原住民、非原住民文化遗产、自然资源遗产三者并列为国家历史遗产保护的三个重要的组成部分。很多原住民遗产虽然是现存并未消亡，但仍应该要加以保护，所以用"地方"这个概念来解读遗产，是对过去所理解的文物古迹的理念的一种全新突破，加入了许多动态鲜活的保护要素，这种形式的遗产保护有利于推进不同种族、不同国家间的相互理解和认同。

进入 20 世纪 80 年代，世界各个国家大规模城市建设都对各自城镇历史区域造成了严重破坏。在这种历史背景下，1987 年 10 月由国际古迹遗址理事会发布的《华盛顿宪章》（也称为《保护历史城镇与城区宪章》）强调保护必须纳入到城市社会发展政策中，通过立法手段确保公众参与与保护规划的有效实施。该宪章拓展了历史文化古迹保护的范畴和手段，历史城区和历史地段这两个重要概念就来自于该宪章。该宪章强调环境的重要性，认为环境是体现历史真实性的重要部分，需要建立缓冲区来保护，这也为 90 年代以来重视遗产环境（或背景）创造了良好的理论铺垫。

2.1.3 20 世纪 90 年代到 21 世纪初的环境化叙事

20 世纪末，非西方社会学者以独特的视角揭示着本土文化的传统与发展，逐渐开始为本民族的文化传统争取话语权，并开始对欧洲主导的所谓普适价值的现代保护价值观提出质疑。1994 年形成的《奈良真实性宣言》（简称《奈良宣言》）重申了《威尼斯宪章》的"原真性"和"多样性"的重要性。原真性不但是文化遗产的最基本特征，也是科学探究文化遗产的前提。保护古建筑就要保护其周边环境，只要传统的环境仍然存在，就应该进行保护。文化遗产的多样性是人类社会最为宝贵的精神财富，它们跨时空存在，应该得到各种文化和信仰的尊重。在强调保护文物古迹原真性的同时，《奈良宣言》提出原真性的保护方式应该是多样的，它为人们开启了东方文化背景下的遗产保护反思，提出了与西方石材建筑不同的木结构建筑的原真性问题，使人们认识到承认文化背景或"环境"的多样性对遗产保护的重要影响，西方中心主义的遗产观受到不同程度的质疑。可见《奈良宣言》是从文化背景这一关乎遗产保护的宏观文化"环境"来切入，提出了在东方传统文化背景下的遗产保护理念及技术方法。

2005 年形成的《西安宣言》标志着大家更深刻地认识到环境对历史遗产有至关重要的作用。该宣言指出，要明确认识到建成遗产周边环境的重要价值，环境是历史遗产重要价值和独特特征的构成要素，它不仅指物质实体、视觉感受，还包含与自然环境的相互作用以及非物质文化遗产的利用等多种含义；环境的理解、记录和阐述对任何建筑、遗址或地区的价值评估都非常关键，要结合各个学科的综合知识、收集多种渠道信息才能全面分析和更充分地理解环境，环境的界定应建立在明确的环境特点和价值认识上，并说明其与遗产资源的关系；运用规划方法手段可持续地保护管控遗产周边环境，必须自始而终结合相关的法律、政策、战略以及实践手段，同时应尊重本地的文化背景；对引起周边环境变化的因素进行监测和管控，认识到历史遗产的环境变化是一系列演变过程，根据监测情况反馈到保护管理中，并对保护管理进行持续改进；加强跨学科交流与沟通，推进与本地及国际社会合作，提出与遗产社区的沟通合作是可持续发展的有效保障。

《西安宣言》更进一步深化了环境对建成遗产重要程度的认识，本身不仅提出了关于历史环境认知的新观点，更在指导实践层面提出了具体的对策、路径和方法。综上所述，自 20 世纪下半叶开始，城镇建成遗产对象开始融入到城镇的经济、文化、社会等各项发展当中，也开始从精英的艺术化追求开始走向大众日常生活的功能使用和情感体验中。同时遗产保护的技术方法在不断进步，并且不同文化背景下的保护技术体系在与本土传统文化结合的过程中逐渐成熟，形成了除欧洲保护技术方法之外的保护理念与技术进步。在技术方法进步的同时，人们对遗产理解与诠释的认识论也在进步，对遗产环境（背景）的关注以及对其作用的深层理解就是其中最重要的进展领域，从多样性、多尺度层次的遗产环境出发，遗产可持续的保护存续成为发展的重要取向。

2.1.4　近 20 年建成遗产的文化化叙事

新世纪以来的十几年间，"文化"成为城镇建成遗产保护的主线，真正成为遗产保护的核心内容。遗产保护回归到对"文化"概念的更全面更基础的理解上来。在遗产保护理念的发展中，更广的人类学及其他跨学科视野开始被广泛采用，这其中有把日常生活作为文化源泉重点予以关注的活态遗产，还有把历史信息层积作为文化表征的城市历史景观理念。这些最新的认知理念与保护策略也促进了对建成环境遗产文化叙事的发展。

（1）活态遗产——关注日常的文化叙事

活态遗产是近年由 ICCROM 提出的一种遗产类型，在 2009 年版《活态遗产保护方法手册》中，活态遗产是指在历史进程被创造出来，历经多个创造者的共同创造和使用，时至今日仍在持续发挥作用的历史遗址、文化传统或是有核心社区生活在其中或附近的遗产地。人类社会进入后工业时代以来，人们开始重新审视工业化和全球经济一体化的影响。活态遗产的概念应运而生，此期的人们特别关注自己身边的生活环境以及那些难以存续、受工业化影响较大的传统文化。这一概念虽然出现很晚，不过其理论却起源于 19 世纪末对古建筑的使用功能及历史价值的关注，但是直到 20 世纪 80 年代并没有大的进展。直至 90 年代因受到人类学提出的"活历史"概念启迪，以及人们对文化多样性的深入认识，这种作为"至今仍发挥作用的文化传统"的活态文化其重要价值才显现出来。A. Jabbour 发现文化遗产保护从建筑史学和人类学视角来诠释，存在着不同的认知模式。建筑历史学侧重使用专业术语来描绘各个历史阶段的建筑风格，而民俗学者和人类学家倾向于以描述"活态文化模式"（living cultural model）的方式来实现对文化的描述，将历史和现代的观念加以平衡。将现代当下的人作为研究的必要内容进而实现对"活态文化"的研究（赵晓梅，2012）。历史是我们深入了解当下的重要背景（context）和路径，而通过当下也可以对过去展开阐释，文化以一种活态有机的形式存在。随着人类学主题研究的深入，UNESCO 世界遗产体系分别于 1984 年和 1992 年提出的新遗产类型，即遗产型历史城镇和文化景观，两者均涉及活态性的文化内涵。自此人们逐渐认识到遗产的活态性是一种对建成遗产进行理解和保护的认知观念和方法手段。

90 年代以来人们开始广泛关注建成遗产的活态价值，认为遗产地最重要的元素是其精神价值以及活态传统创造者所关注的价值，强调遗产的活态性对使用功能延续的促进作用。建筑遗产精神价值的挖掘受益于非物质文化遗产的出现，场所精神就是将有形与无形相融合的产物。活态遗产重视诸如历史、文化传统、生活方式延续等非物质文化的价值，毋庸置疑的是非物质文化遗产的探索也拓展了活态遗产的内涵和外延。活态遗产的范畴涉及经过历代传承延续下来且仍具有一定的使用价值的遗存，例如仪式庆典、传统技艺、人们的生活方式和其他大量的文化形态。这类非物质文化遗产脱离了物质遗产的形态不能独立存在，因此活态遗产保护的关注点常常仍局限在活态遗产的物质要素层面。然而，活态遗产侧重的却是一种在日常生活中不断延续的文化而非建成遗产的物质形式，它涵盖了存在形态迥异的各种遗产类型，且注重物质文化遗产与非物质遗产的紧密融合。

活态遗产的概念形成过程中非西方的力量发挥了很大的作用，其中蕴含着深厚的东方文化认知方式。如日本奈良的一个福利团体提出的"世间遗产"概念（图2-1），其涵盖了普通市民日常生活空间与身边风景，生活空间中的几乎全部类型都能纳入进来，它可以是具有地方特色的传统民居、商店铺面、胡同街道、工艺作坊等。比如日本东京的神乐坂、富士见坂等景观小道，大阪的法善寺横丁（小路）、京都的四条等商业小巷，或因可见富士山而闻名，成为当地居民的精神寄托，或店铺林立，灯红酒绿，传承着历史，颇具人情味。这些遗产的兴衰存续都是在这里生活的人们的关注焦点，是社区公认的重要的文化遗产，但是这种遗产承载着实际的不断被使用的生活功能，加之其并非重要文物的载体，所以就没有被列入当下遗产保护体系之内（张天新，山村高淑，2006）。假如将被纳入保护体系的建成遗产称之为"骨"，那么不在遗产保护之内且异常丰富的日常生活世界就是"肉"，只有"骨肉相连"才能形成一套完善而有机的城市遗产保护机制，而我们往往连日常生活作为遗产背景的价值都会忽视，它本身作为遗产的价值也就更无从谈起。

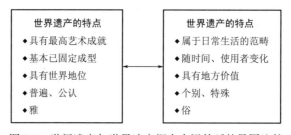

图2-1　世间遗产与世界遗产概念内涵外延的异同比较

资料来源：参考张天新，山村高淑. 从"世界遗产"走向"世间遗产"[J].理想空间，2006，15（4）：12-14.

作为历史城镇保护领域的国际性指导文献，《维护与管理历史城镇与城区的瓦莱塔原则》（以下简称《瓦莱塔原则》）于2011年颁布，它从活态遗产的角度分析了历史城镇的特点，重新审视了在经济全球一体化的时代背景下，由于政治监管化、去中心化、全球化文化身份认同以及大量的人口迁移和移民等一系列因素引起社会变迁，使得城市保护存在一定的局限性和问题（林源，孟玉，2016）。它还提出了活态整体观的认知理念，既将历史城市视为具有动态和关联性的社会文化身份延续的空间构成，又将其定义为活态因素，强调其物质形态以及如社会活动、历史文化行为、传统文化记忆等之类的非物质要素。为了体现历史城市动态延续的特征，新增了保护和缓冲区的理念来保护无形遗产，使其成为历史文化保护的有力屏障，从而避免对保护区的历史价值产生负面影响。"人们之所以认同历史城镇的地位是因为受当地的建成遗产、社会和文化内涵的共同影响和驱动"。该文献还阐述了建成遗产与背景的相互作用的关系，一种是观察视角下的背景，是人们感受、体验到的动静形态皆有的方式，另外一种是以发展的眼光来解读的背景，是与历史城市的社会、经济、文化相关的自然背景或者创造的背景。

《瓦莱塔原则》中有关这种保护的英文词使用的是"Safeguarding"，涵盖了保留、深化、监管、延续性发展和适应现代生活的措施等意义，并非以往使用的，只强调物质形态遗产保护的"Preservation"或者"Conservation"等词。文献中将介入指标变为对活态存续的管控。在一般性保护原则的基础上，《瓦莱塔原则》新增了动态发展的概念，例如文化多样性原则提出形成于各个历史时期和区域的多种文化都应得到尊重，质量原则指的是应该不断提升原住民生活水平和环境质量（张琪，张杰，2015）。关联性原则是从动态视角根据历史城镇整体与关联特征推演出来的，它强调从城市空间构成与环境动态平衡的视角来考虑问题，制定可持续的社会经济发展战略，并在一定程度上与历史城市原有的社会关系网络、各种文化进行衔接。"均衡和匹配原则"就是要在平衡空间场所、社会经济及文化等要素基础上进行主动调整，采取的措施既要保障原住民的日常生活不受影响，又要考虑后来人员的便利性。"程度性原则"最主要是认识到历史遗址的活态演进对于城镇遗产保护的重要性，其中的数量原则是规避大量大范围的更新改造对于历史遗址产生的不良影响，尤其是严控城市增长对历史城镇的影响。"时间原则"严格限制更新改造速率，避免过于迅速的改造行为对历史城镇造成破坏。

关于历史城镇的新建改造工作，我国也进行过相关的限制管控，但由于原则过于抽象化导致不好执行，导致建设与保护工作反而造成了一定的破坏。历史城镇的动态性要求城市实践必须依赖多元合作，原则提出了"监管原则""多学科合作原则"等参与性内容，强调政府、公共服务部门、专业组织、志愿机构、市民等与所有利益相关群体的介入，广泛征询专家意见，开展积极对话等。《瓦莱塔原则》作为第一个基于动态发展背景下动态维护和管理历史城镇的国际性指导文献，在《华盛顿宪章》、《内罗毕建议》等文件的基础上，针对当下历史城镇保护与发展所出现的新情况与风险等，详细地剖析了社会经济与文化等多个方面的转变对历史城市的作用与影响。整个《瓦莱塔原则》都在强调某些现象的双刃剑作用，要善于最大化地利用变化可能带来的机遇，利用变化的时机减少以往存在的问题，利用整体性和动态性演进改良地方现状。

（2）城市历史景观——关注层积的文化叙事

2011 年 11 月，联合国教科文组织发布了历史城市保护国际文件《关于城市历史景观的建议书》，提出在全球范围内进行历史城市保护工作，历史城市保护要纳入到城市总体的发展政策当中（表 2-1）。《建议书》定义城市历史景观是将城市地区理解为由文化与自然的价值和属性所组成的历史层积（historic layering）而来，超越了"历史中心区"、"历史城镇"、"历史街区"、"聚集区"等相关概念，包括了范围更广的城镇文化和自然地理背景，它还涵盖了历史或当代的建成环境、用地性质和空间组织、各类公用基础设施、公共空间、感觉体验与视觉联系、社会文化实践和价值体系、经济发展及多样的非物质文化遗产（张兵，2014）。

城市历史景观概念形成过程中的重要国际会议及成果　　　　表 2-1

时间	会议名称	会议成果
2003	关于维也纳高层建筑的审议会	提出高层建筑建设计划对维也纳城市遗产的破坏
2005.5	"世界遗产与当代建筑：保护城市历史景观"国际会议	《维也纳备忘录》,提出整合当代建筑,城市发展和完整的历史景观的综合性方法
2005.7	南非德班会议	世界遗产委员会第 29 届大会上通过了《维也纳备忘录》
2005.10	UNESCO 会议	联合国教科文组织世界遗产缔约国大会通过《关于保护城市历史景观的宣言》

时间	会议名称	会议成果
2006.3	蒙特利尔圆桌会议	引入社会生态学方法的遗产保护理念
2006.6	WHC 耶路撒冷会议	强调自然要素、非物质文化遗产和文化多样性
2007.1	WHC 圣彼得堡会议	将城市历史景观视为一种文化景观
2007.11	巴西奥灵达会议	城市历史景观是人类,社会,自然和文化的聚集物,应超越建筑物的概念,包括多元的文化与传统
2007	UNESCO 会议	审议了《关于保护城市历史景观建议修订情况的报告(草案)》
2009	UNESCO 会议	《2009 对城市历史景观保护标准工具的技术和法律层面的初步研究》
2010 年	UNESCO 会议	《保护城市历史景观建议初稿的初步研究》,"活着的遗产"成为城市历史景观新导向
2011 年	UNESCO 会议	《关于城市历史景观的建议书》正式稿审议通过

资料来源:根据 www.unesco.org 资料整理

《建议书》的目的是制定较为系统的方法手段,使得多样历史脉络的文化价值及其存在环境得到尊重与保护。城市历史景观首先是一种用来观察和解读城市、分析其结构构成的思维方式,城市被认为是自然、文化和经济发展在时空演进与主体实践过程的结果。这个理念涵盖了诸如城市特色、非物质文化、价值观念、本土化建筑实践和资源的知识等内容,而核心的出发点就是提升城镇建成遗产应对外部发展变化的能力,但在过去往往把遗产保护和新的城市建设对立起来。罗伯特(Roberts)和塞克斯(Sykes)认为:"城市不仅仅是物质实体的堆砌,还承载着人们的社会经济活动,在城市中多样性的相互作用产生出新的观念和行动。城市应该被再次创造才能吸引人们来此生活、工作并满足其休闲和对文化的追求。"在此基础上,朱利安·史密斯(Julian Smith)认为"城市历史景观可称作为在城市里的文化景观"。"在有价值的文化景观里,礼制赋予场所以无形的经验,人工制品则是维系礼制所需的物质性构架和实体形态,无形的经验与有形的实体彼此对等。那些人工制品可以很容易被看到和发现,但如果要全面理解场所,我们必须要通过对礼制的体验。"(罗·范·奥尔斯,韩锋等,2012)。可见,城市历史景观是从"文化景观"的视角来认知城市中的建成遗产,其被看做是一种活态的存在。

《建议书》明确提出全部城市遗产都应作为城市历史景观的对象,遗产的范畴不再局限于以往保护的城市建成遗产区域及缓冲区域,而是将历史层积形成的所有城市建成遗产环境都作为城市遗产进行保护,这一理论更新将城镇遗产保护与整个城市发展有机结合起来,对于因价值优势不明显而未被列入保护范围的城区意义重大。城市历史景观在时间维度上摈弃了曾经只保护"历史"而无"当代"的理念,特别指出历史与当下的城市建成环境都属于建成遗产的保护范围,倡导应从有机整体的新视角去解读和剖析城市遗产。城市历史景观认可城市的活态特征,城镇建成遗产是历史层积的结果,它的保护不是通过简单粗暴式地阻止开发和发展来实现,而应根据城市的特色和价值所在控制城市变化的速度、内容和规模。从文化内涵上讲,它打破了以往界定的"历史中心或者整体"地理空间的概念,重点突出建成遗产应具有物质和非物质两种要素。"文化与自然价值经过各个历史时期的不断层积演进而产生的城市区域"精准地揭示了这个观念(郑颖,杨昌鸣,2012)。保护城镇建成遗产的最终目的并非只在保护,而是要维护和改善人类共同的生存环境。

因而，在保护方法上城市历史景观强化"历史层积"的概念，按照时间脉络理清了各个历史时期遗产对象和城镇历史景观的演化历程，发现新开发与建设的历史逻辑依据，强调以更广的视域对历史城镇的聚落进行剖析，而非简单判定与论述历史遗址的物质形态，以结构化、系统性、关联性的方法来探究和保护建成遗产而非随便堆砌。这一方法促进了更广泛的学科交叉，能够开展对城镇多样性历史价值的更加全面、更具包容性的认识和保护。城市历史景观保护方法的核心实施路径倡导全方位调查并记录城市的自然、人文资源，以公众参与及磋商的方式识别并确定有保护价值的载体要素及其特征；评估城市的社会、经济、气候等要素对城镇遗产特征的影响；在制定城市发展框架的规划设计方案时及后续实施过程中，要根据遗产的价值、独特性等要素，对遗产的敏感区域进行特别关注；优先考虑建成遗产保护与发展行动，为公认的城镇遗产保护项目开发合作关系与管理体系，建立公私部门间沟通协调的机制。

近年来因为历史街区的保护范围被逐渐划定，未被列入遗产保护区域的地区发展面临着前所未有的巨大压力，它们不但不会被保护反而受破坏的程度会更大，它们的消失将不利于城镇遗产保护事业发展。对大部分城区而言，必须要面临的课题是解决好兼顾城区发展和保护城区内固有历史特色的问题。城市历史景观把城市整体视为建成遗产，从文化层积视角考虑城市发展，建立起建成遗产的文化叙事。可见，国际城镇建成遗产保护理论逐步从精英化叙事，功能化叙事，环境化叙事一直到近来的文化化叙事，在遗产的范畴和理念上逐步丰富和深化。本书后文拟从文化研究的层面，透视国内城镇建成遗产的问题，并提出城镇建成遗产叙事异化的架构。

2.2 空间的衰败——消极保护导致城镇建成遗产的凋敝

我国城镇建成遗产中经常出现静态消极的保护方式，主要通过划定保护区域范围、限制建筑高度、体量、风貌等来实现保护，将建成遗产保护规划等同于以文物古迹、风景名胜区和环境等为关注点的专项规划，在城市总规以及城市设计中对保留城镇文化传统、传承城镇历史格局、存续街巷空间以及场所精神的关注仍然有限。消极的保护模式主要依赖控制的手段，但是随着当下中国市场经济的快速发展带来的动态变化的不可控，导致静态的保护手段往往不能落到实处，最终造成建成遗产地区的保护目标往往无法实现。随着人们生存环境问题形势日益严峻，历史遗产周边的外部空间不断变化，人们生活方式也发生了改变，原本有较高价值的传统历史文化也逐渐消失。面对不断涌现的新问题，静态保护方式无法适应城镇快速发展变化的节奏，无法提供有效的解决方案，最终导致保护变为"纸上谈兵"。在城镇开发发展过程中，城镇历史文化保护关注的焦点应是城镇整体的长远发展，而非开发商追求建筑的使用功能和短期的经济利益。开发商的利益出发点和历史保护立足点有所不同，部分开发商只顾自身获利而不顾全大局，动辄用撤资胁迫政府，政府部门迫于经济效益的压力不得不有所妥协，最终不利于社会、环境及文化遗产的可持续发展。

重庆金刚碑历史风貌区属于重庆市北碚区北温泉镇辖区，距离北碚城区近5公里，位于缙云山麓，嘉陵江边。笔者在2008年进行了金刚碑街区保护规划调研，据统计金刚碑

图 2-2　金刚碑历史街区实景破败严重

资料来源：作者自摄

街区内有城镇居民 210 人，共有 106 户人家，由于破败的居住条件、闭塞的交通等因素的影响，近几年许多原住民外迁，导致街区内部人口数量逐渐减少，常住人口多为退休人员和缺乏劳动力的低保人员。老年人居多，人口老年化突出，文化水平较低，带来了突出的社会问题（图 2-2）。金刚碑街区是一个保存完好的传统文化风貌街区，经过数百年的发展变迁，仍保存了许多的历史文化遗产和自然生态景观，具有极其重要的历史文化价值、景观价值及发展旅游的社会经济价值。在 2009 年的保护规划中，提出古街保护与发展中存在的问题很突出，表现为：

社会经济发展滞后。金刚碑的社会经济在城市化快速发展中未得到提升，反而出现了街区发展衰退，经济发展水平相对较低。另外，由于交通条件的变化，经济文化中心向北碚城区转移，街区内的人口和经济职能逐步外移，更加影响了旧街区的更新发展。

建筑衰败现象严重。调研结果显示，街区内部绝大多数为一层或者二层的砖木结构建筑，房屋建筑建成年代较早，六成以上房龄超过 70 年，大部分房屋居住功能严重衰退，已属于危房的范畴。在超期使用与年久失修的共同作用下，破败不堪、腐朽变形的传统建筑结构，过时简陋的配套设施随时都有坍塌的可能。建筑内部布局散乱不堪，缺乏有成套功能的户型，公私空间交叉重叠而无私密空间，民居内无卫生间，屋内光线昏暗、通风条件差、空气污浊。有的居民则在屋外搭建简易灶房，这样的居住环境早已无法满足现代生活的需求，居民生活存在很多不便利。街区内的建筑鳞次栉比，多以砖木混合为主，街巷宽度普遍在 3 米左右，最窄处仅为 1.5 米，既无法通行消防车，也不能满足最小防火安全距离，也没有必要的消防设施，火灾隐患严重。

街区风貌遭到严重破坏。街区内改建现象十分普遍，使得街区风貌不完整统一。随处可见居民小范围自行改建的痕迹，单体建筑常见的改造手法有夹壁墙变砖墙，传统样式门窗改为现代风格，对建筑内部进行分隔处理以满足个人生活所需，改建后无论是建筑层数和形式还是体量与色彩等都与历史建筑相去甚远。街区内部充斥着一些简易民房，随处可见破烂不堪的、建于 20 世纪六七十年代的简易民居，再加上一些 80 和 90 年代建造或改建而成的、大部分有白瓷砖外墙的 2～4 层高砖混楼房，与传统建筑形式格格不入，也毫无地方特色可言。由于基础设施建设的落后和经济发展的影响，金刚碑街区的自然山水环境也受到了破坏。尤其是街区内部自山上流淌下来的溪水量日益减少，严重影响金刚碑地区生态环境的持续发展。与此同时，由于缺乏有效监管，人们将生活垃圾和污水随意倾倒或排放至溪流，致使水质遭到严重污染。

即使经过若干年的发展，这些问题在金刚碑历史风貌区仍然存在，且更加严重。笔者在 2015 年参加规划局会议时，主管领导曾言类似金刚碑历史街区，保护规划通过也得了奖，但是过了几年还是烂在那里，规划又有多大的作用呢？只落得人去物亦空，实在令人可惜。

2.3 拟像的市场——建成遗产经营过度商业化

城市经营，也可以称为经营城市，指政府利用市场经济的原理，对城市的自然资源、市政公用设施以及人文社会资源等进行优化配置和市场化运作，从而实现资源的高效和合理利用，促进城市功能的完善以及经济、社会事业的可持续发展（涂文涛，方行明，2005）。城市经营理论源于西方，近年来在国内盛行。它之所以备受推崇是因为我国正处于由传统计划经济体制向市场经济体制转变、政府职能转变的大背景决定的。城市经营理论是通过学习与借鉴现代企业优秀的经营理论及经验而产生的，城市经营的终极目标是提高城市整体竞争力。城市竞争力的决定性要素是城市功能，城市功能的实现依托于城市硬件环境和软件环境，硬件环境主要是空间形态，软件环境的重要要素则是文化，这两种环境是历史城镇突显优势的必不可少的要素。城镇建成遗产区域是城镇风貌的最佳体现，它还具有丰富的文化特色，是这个城市的物质和精神文明建设成果的集中展示，体现了区别于其他城市的特性。城镇建成遗产使得城镇物质环境得以改善，并有助于城镇的综合竞争力的提升，因此保护这些建成遗产并充分利用其优势能够高效地提高城镇竞争力，最终实现城市经营的终极目标。

历史和文化构成了城市生存发展的根基与灵魂，历史文化资源不但是一座城市的生存发展之本，也是这座城市的个性和品位所在，城市没有了文化就是无本之木，无源之水。将发掘历史文化潜力作为城市经营的核心手段，有利于整体、有序地利用城市资源。历史城市经营就是依据城市的历史状况，发掘城市特有的文化内涵，根据其文化特点从整体上对其进行重新打造和传播，通过经营历史文化资源的途径来打造城市形象和品牌。运用"经营城市"的理念来进行历史文化遗产的保护，在此过程中应遵循市场发展规律，有机结合市场规律和政府干预行为，从而使得历史文化遗产得到合理保护和有效利用，在兼顾社会、文化、环境效益的同时，体现名城的综合效益。

当前建成遗产保护更新的主要问题已不再是开发与否而是解决开发、经营管理中的问题，既要对其进行合理保护又要充分利用其价值，使得后人能对其进行持续的开发使用。同时也必须看到过度的商业开发会对历史环境及原有生活模式产生极大破坏。上海的田子坊和北京较早开发的南锣鼓巷等"街巷经济"在很长一段时间内都被视作旧城区商业街代表案例，但由于商家进驻机制的不完善，导致商业区生态失衡，整个地块过度商业化，最终失去了原有的历史文化属性。

2.3.1 街区发展失衡

建成遗产的开发与发展出现了严重失衡的现象，一方面是被过度开发的商业地段，另一方面是破败不堪的未开发区域（图 2-3）。旅游发展导致旅游服务设施需求急剧增加，特别是吃、住、购等方面的设施。建成遗产街区的主要街道往往是商业集中的区域，也是商业化程度最高的地带。狭窄的主街道上充斥着大量餐饮店，雷同的手工艺品和旅游纪念品店铺，店面规模也逐步扩大。历史建筑空间布局愈加拥挤，这与不断扩大的商业利益需求相冲突，这一矛盾促使人们为了眼前利益开始在商业地段进行胡乱拆建和改造，根本不考虑原有建筑的留存现状、结构和形体等要素，从而导致原有历史建筑结构和风貌遭受到严重的破坏，建筑周边的街巷空间也逐渐丧失原本有吸引力的空间精神。这种主要商业地段的过度商业化完全有悖于历史街区观光休闲型商业开发的初衷，同时对街区物质环境和人文氛围造成了伤害。在街区内部，经济效益可观的商业建筑不断地被开发和更新改造，那些商业利用价值低的居住生活区域却未列入遗产保护的范围。商业化产生的经济效益有时并没有体现在街区居民的实际分配中，致使街区居民的生活质量并没有因为商业化的发展而受益，因此他们对街区建筑的更新改造并不关注，甚至对一旁的商业街的繁荣也不关心。另外，大规模城市化使城市规模急剧膨胀。大量外来人口进入以及人口自然增长最终增加了街区人口密度，使得人均公共空间和居民居住空间都逐步萎缩，私自乱搭乱建的现象随处可见；居民生活质量下降，邻里矛盾增加；街区基础设施老化，缺少应有的维护保养，市政配套严重不足，不能满足生活需要。故而那些因未处于主要街道的居住院落和建筑并没有得到很好的保护，而是随着居民的使用而日益破败，街区内部发展严重失衡。

图 2-3　重庆磁器口历史街区发展不平衡
资料来源：作者自摄

2.3.2　生态环境破坏

由于城镇建成遗产特别是历史街区发展旅游商业功能单一，过度商业开发，造成大量外来人流同时段涌入街区，这样就对遗产固有的生态环境造成了很大压力，造成生态环境破坏。重庆磁器口古镇（原名龙隐寺镇），在明末清初年间，因为盛产瓷器且有便于瓷器转运的码头而被称为磁器口，它曾是嘉陵江畔十分重要的水陆码头，曾因其无比繁华而被誉为"小重庆"。作为重庆市历史文化名城的一张重要名片，磁器口古镇拥有悠久而底蕴深厚的历史文化背景。但是近几年磁器口古镇的建设活动没有得到有效的管控，造成部分堤坎、河岸等表面绿化被破坏，街区内水渠里流淌着肮脏的生活污水，街区内生态环境遭到破坏（图2-4）。周庄古镇自1990年开发旅游以来，游客数量迅速增加。然而随着周庄过度的旅游商业开发，家家拆墙开店，街区风貌日趋单一，浓重的商业气息严重侵蚀了街区的文化气氛。同时，古镇的生态环境也受到了很大的破坏，临近古镇的河道流淌着肮脏的污水，大量的生活垃圾随处堆放，古镇宜人的人居环境质量下降。

图 2-4　重庆磁器口自然绿化环境破坏
资料来源：作者自摄

2.3.3　拟像的超真实

迈克·费瑟斯通的《消费文化与后现代主义》明确地提出"后现代城市以返回文化、风格与装潢打扮为标志，消解了传统意义的文化情境，它被模仿、被复制、被不断地翻新、被重塑这风格"（迈克·费瑟斯通，2006）。在磁器口，景区入口的新建牌坊、添加穿斗与坡屋顶建筑符号的现代住宅、麻花糍粑等传统饮食、糖人画、体量巨大的桥墩、穿梭在其中摩肩接踵的游客，"提供了场面壮观的影像、光怪陆离的商品陈列、含混不清的边界，以及夹杂着各种声音、动机、影像、人群、动物与物品的庞大而混乱的场景已经成为了激情、欲望与缠绵悱恻的怀旧之情的源泉。它们以一种转换了的形式，变成了艺术、文学和大众娱乐消遣的中心主题"（杨宇振，2009）。如今的磁器口已与十几年前不同，其主干道及周边区域各种类型的符号泛滥，最突出的例子是人们拙劣地模仿和拼贴传统穿斗住宅的建筑符号。

南京南捕厅历史街区以再现传统文化要素的方式，营造出浓厚的怀旧氛围，这种有文化厚重感的体验正好迎合了城市精英阶层的消费需求。当下地方记忆联结怀旧时尚，已经商业化的整个街区被打造成怀旧时尚的消费场所，以此来满足大众消费需要。开发商抽取了南捕厅的江南文化特色，形成空间的昭示符号与消费点。此时的南捕厅不过是一处商业市场，但却竭力呈现出超真实的建成遗产拟像。首先通过建造一批具有符号性的仿古建筑来制造江南特色的怀旧氛围，然后在物质符号的外壳里成功地植入商业消费空间。地方依恋产生的生活经验与情感意义荡然无存，变成了可以随意拆解、重新组合与拼贴的能指符号。使用当地的文化符号例如马头墙、花格窗等进行空间形态的设计，并提炼出其中的江南记忆与文化内涵，将这些零散的要素重新组合，最终营造一种历史的氛围和怀旧的商品消费场所，进而服务于谋取商业利益与资本增值的商业目的（余琪，2015）。

拟像是法国哲学家鲍德里亚在《拟像与仿真》一书中提出的，鲍德里亚用"拟像"分析后现代社会、生活和文化（汪德宁，2016）。拟像指在后现代社会中大规模复制、真实度极高却无本源和所指的符号、图像或者形象，而复制这些符号、图像的过程被称为拟真。拟像精确地还原、逼真地重现了真实，这种精准的还原超越了本源与摹本的对立关系，让复刻的摹本与客观真实本身高度相似。另外拟像可以按照自己的"拟真"逻辑创造出一个极其逼真的虚拟现实，也就是超真实。它已经跟任何原本事物没有关系，而仅仅是拟像的自我复制与生产。再者"拟像"作为一种语言符号，能够建立独立的产生、运作、演化及生产系统，按照差异化原则运行而挣脱了任何的客观真实（张帆等，2013）。可见拟像作为人工制品和语言符号合成的现实事物，虽然本质是假的，但是给人的感觉却是超真实。鲍德里亚的"拟像化"映照出在快速城市化中，城市空间不再只局限于组织人们日常生活，更是被制造成超现实虚拟符号空间，因而也被称为"迪斯尼化"和"审美泛化"。城镇建成遗产在图像盛宴与狂欢之下蜕变成资本和符号共谋的产物，演变成当代中国的奇观城市。空间与本地的社会客观现实联系中断，被生产成以文化形式展现的、遍地存在的各种消费拟像，使人们不知不觉地沉浸在审美幻觉中。

鲍德里亚曾经说过："被呈现为想象性的迪斯尼乐园，其目的是要使人们相信它便是真的。所以说，问题已经不再是现实的虚假、再现等意识形态的问题，而是它遮蔽了更根本的事实——现实再也不真，借此要挽救现实法则。"真实性是历史建成遗产的核心价值所在，是遗产的历史、科学、艺术价值的载体，且城市的历史文明精粹只有通过真实的遗产才能世世代代有效地存续。例如在山西大同的古城复建中，真实的历史遗产被大规模的拆除，取而代之的是建造假古董。在较短的时期内统一建造大量的仿古建筑，快速复制出看似气势恢宏的拟像"古城"，极度缺乏历史文化底蕴与内涵，新建建筑的风格、体量等与古城原本的空间肌理相去甚远，这种以假乱真的做法使得历史古城的真实性遭到彻底破坏，对文化遗产的负面影响无法挽回。磁器口古镇为经济和旅游的目的而兴建的人造景观就是一个真实的拟像，但在大众旅游的洪流面前，即使再拙劣只要能够满足游客的心理期待，它就是真实的，然而真正属于此地的文化却因见物不见人而异化。

2.4 复制的空间——空间生产的遗产空间标准化

2.4.1 建设导致的破坏

由于对建成遗产的价值认识不够全面深入，以及不合理的商业化开发模式的深刻影响，遗产街区的历史价值真实性与物质环境完整性都遭到很大的破坏。市场机制本身并不完美，例如企业追求短期效益与经济利益最大化、忽视整体利益等，再加上整个社会急功近利等诸多因素，使得历史街区商业化改造面临巨大的风险。一些城市片面认为商业化就是以经济利益为主要目的，对原有历史建筑的更新改造力度过大，甚至为节省建设资金而随便拆除，对历史街区的物质空间造成了建设性破坏。

阮仪三把对历史环境的建设性破坏总结为"推土机"式建设、"假古董"式利用两大类。对于遗产街区商业化改造突出表现为"假古董"式，也就是打着遗产街区保护与发展的幌子拆旧建新。自北京琉璃厂街区拆除原来的传统建筑（图 2-5），再新建仿古建筑开始，国内很多城市先后开展"宋街"、"汉街"等历史性商业街区建设，这种拆旧建新的建设活动使得真正有价值的历史文化遗产沦为"假古董"（薛威，2011）。城市管理者或许也知道遗产原真性的真正价值，但因为考虑到保护数百年的旧房子浪费时力，从短期看也不能得到经济利益，因而采取以新的建筑代替老旧的，以假的建筑替换真的这样的措施，这种做法不但没起到保护的作用，反而对历史街区原真性造成破坏。遗产街区在"旧貌换新颜"时，传统建筑遭到清场，原有空间韵味一次性丧失，历史文脉被生硬割断，使遗产街区受到了"灭顶之灾"。如杭州市河坊街整体拆除后新建成了仿古的商业步行街，老街内原本的砖木结构老房子被新建的两层小楼所取代。

图 2-5　从 1977 年开始仿照清代建筑风格的北京琉璃厂大街

资料来源：网络图片

在外形上虽极力模仿明清建筑风格，但是仿造痕迹清晰可辨（李和平等，2012）。

国内南京老城南历史街区是典型的大拆大建、拆真建假、拆旧建新。近十几年来门东的三条营和门西的荷花塘、评事街等历史文化街区和历史风貌区进行了新一轮改造。在三条营历史街区，许多在保护规划范围的历史建筑和风貌建筑被拆除，只有少量的旧民居得以原位保留，原住民被迫纷纷外迁。在被拆毁的旧居地段，建设方大规模地新建与传统风貌不相称的商业化仿古建筑，这种做法甚至被相关部门当作城市保护工程的"示范街区"，开始在其他历史街区大力推广，造成保护区进行大规模动迁，一些老民居遭到拆除。这样的例子随处可见，如门东"长乐渡"，被拆毁古建筑的土地被用于新建别墅，教敷巷除一个市级文保单位外，其余建筑和民居被全部拆除用来建设高档现代商业综合体，仓巷除西南一角外其余风貌建筑和街巷被夷为平地，腾出地块用于开发房地产项目。南京市历史文化名城研究会《关于南京城南地区民居类历史地段保护规划实施工作的思考和探索》指出，对当地全部居民进行动迁，使得老城街区丧失了原有的生活气息和文化底蕴；大拆大建的现象仍然存在，甚至还出现野蛮暴力拆迁的情况，以及误拆受保护建筑的情况；在经济利益的驱使下，过度的商业化，过分强调旅游品牌效应，进一步导致传统民居被现代商业街和文化、旅游及休闲等商业化经营建筑所取代，原本的街区特有风貌消失殆尽（姚远，2015）。

图 2-6　山东聊城老城 2006～2011 年对比影像图

资料来源：网络图片

除南京外，近年来我国以大同、聊城等为代表的数十座大小城市发起一场大规模的古城整体更新复建的运动，例如开封投资千亿复原汴京、大同花费数百亿重建古都等，成为过去数十年中国城市建设的一道"独特风景"（图 2-6、图 2-7）。中规院调查结果显示，我国目前约有四分之一的历史名城存在大规模地"拆旧建新"或"拆真建假"现象，其中有十余座城市对古城进行了整体更新复建。大规模旧城改造运动造成了大量的历史文化街区被夷为平地，历史文化名城实际上已经有名无实。住建部、国家文物局于 2013 年对山西大同、山东聊城等 8 座名城的更新改造进行了通报批评，要求各地方政府认真全面地调查所存在的问题，尽快采取相关措施进行补救。自 2014 年以来，随着党的十八届三中全会精神的贯彻和中央领导的系列批示，大同等城市"整体复建"古城的活动受到一定程度的遏制，但其对古城社会经济和城市功能的正常运转却产生了重创。自 2008 年古城开始整体复建，随后的五年间大同古城基本复建了全部城墙，新建了数百套仿古风格四合院，另外还新建了多个大尺度广场和数条仿古步行街，复建了历史上曾经出现过的地标建筑，在此期间为了配合古城整体复建，近 2 万户原住民搬迁，百万平方米房屋被征收，甚至连医院、中小学等也难逃动迁的命运。根据复建工程的预算，大同古城的整体复建工程需要近百亿投资（王军，2016）。

截止到 2013 年初，政府已投入 20 亿，后续还要继续投入 80 亿，面对如此大规模的工程，当地政府的财政负担极重。随着经济形势的不断变化仅依靠"土地财政"政策已无法继续支撑如此庞大的古城复建工程。同年大同市领导换届，城市建设融资政策也相应发生改变，加之十八届三中全会提出政府职能转变的相关要求，这些因素致使大同古城的复建才在完成一小部分后就不得不停滞。随着复建的冲动慢慢冷却相应的问题也就逐渐显现出来。由于大规模集中改造和拆除古建筑，街区原住民外迁，古城历史积淀的社会结构及生活网络遭到严重破坏，这种复建方式严重违反城市发展的客观法则。这股复建大潮过后，大同古城的闲置用地占比高达百分之二十，公共服务设施如医院、学校等被拆的所剩无几，历史形成的传统商业街、老字号、场所空间不复存在，城区功能几近瘫痪，古城特色已然丧失，损害了当地传统文化的可持续发展（图 2-8）。

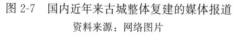

图 2-7　国内近年来古城整体复建的媒体报道
资料来源：网络图片

图 2-8　大同复建古城后的空间复制生产
资料来源：网络图片

2.4.2　空间的复制生产

列斐伏尔关于空间生产的概念给城市研究建立了一个新起点，他指出对空间的认识过程就是复制和揭示生产的过程，所以人们应该将关注的焦点从空间中的事物转移到空间的生产上来。资本主义是凭借银行、商业网络及流动的信息等来抽象化空间，并且将自然空间和诸如气候、地形等自然特性作为材料来维持社会生产的正常运行，地表及地下的资源都变成了产品,可进行交换和消费。空间可以被拿来生产剩余价值,不同地区或国家的空间分布是用来维持生产关系的。哈维的资本循环理论认为,作为消费场所的空间就如同商品一样,都是按照资本主义社会再生产方式被制造出来的,在此过程中随着时空距离缩短,文化也进行着全球化的生产,以入侵城市空间的形式表现出来,这种典型空间制造的模式,被复制照搬到世界各个城市。

目前在政府操控规划和发展权力的前提下,对历史环境的生产在中国极为突出。政府为了快速积累政绩和实现经济利益而缩短了改造周期,采用渐进式的更新方法根本行不通,所以起初历史街区整治的方式就是推倒新建,新建的仿古商业建筑看似富丽堂皇实则不伦不类,例如北京琉璃厂的改建就是将当地不同历史时期、建筑风格及环境特性拼贴混搭,使得建筑形态混杂、色彩纷杂。近几年来在对古建筑保护的号召下以及商业利益的驱动下,更新改造策略才逐渐转变为以整治为主、新建为辅,倡导修旧如故,修新如旧的手法,街区的风貌特色在一定程度上得以修复。但从实施的效果来看,由于此类工程多为政府重点工程,在时间进度上要求短,因此采用大量标准化的空间处理方法,对真正属于原住民日常生活的文化空间传承往往置之不理,进行更新改造。居民多年来的自发性空间实践被标准化的现代城市空间所取代,全国各地一样的景区,多种类型的传统生活情境正在急剧消失。虽然有学者提出过遗产保护应真实有效地体现出普通群众的生活这一观点,但从理论到实践来看都较为模糊,路径不清晰,所以在此模式下保护和改造的街区只是当局决策者与专业人士理想的体现或者基于某一种理论实践的狭隘的遗产保护。在标准化的理念指导下,以各种图像和符号的拼贴技术为支撑而生产的城镇遗产正在转变为一种标准化的商业空间。当图像和符号堆砌超过阈值,民众对城市的感知就会变得趋同与麻木。纵使城市管理者和设计者提出再多的文化口号,复原多种超逼真的历史景观,历史街区仍旧难以逃脱千街一面的命运。

不同的生产方式都会有相对应的空间类型。全国各地随处可见的仿古建筑、建造的假历史街区,无论是建筑设计、所使用的材料、建造手法还是商业与开发模式等都比较雷同,正是这种趋同化和标准化的模式使得全国各地的古城变得千篇一律,这就不难理解会有人感慨"全国古城一个样"。磁器口古镇 20 世纪 90 年代以前以居住职能为主,90 年代后磁器口街区的"空间生产"快速生产出餐饮、小吃、杂货铺、工艺品等新的商业空间,主导功能由居住转变为休闲旅游服务(杨宇振等,2009)。重庆龙兴古镇在古镇外围新修建的民俗文化街就是典型的空间生产的产品,它与古镇老街相连,修建目的在于延续老街文化,但实际上在这条街道上却建造了一些与古镇文化相背离的东西(图 2-9)。例如开发商为了追求经济利益把新建建筑层数提高。老街古建筑都是一楼一底的,临街建筑的檐口高度不超过 5 米,但整个新建街道建筑檐口高度超过

图 2-9　龙兴古镇民俗文化街
资料来源:网络资源

6米。虽然这样建设带来面积上的收益，但是却与整个古镇的风貌格格不入，建筑高度和檐口高度的变化会影响整个街道的尺度。古镇原有的尺度感会给游客静谧亲和的感觉，街巷尺度空间的破坏会严重损害这种尺度感。对于民俗街来说，街道尺度过大，这样的尺度在地域性场镇见不到，而且会给人一种距离感。层高的增加会使从柱子到门窗等的各建筑构件都发生变化，在视觉上给人比例失调的感觉。从材料选择上来说，民俗街建筑都是砖砌与古镇的夹泥墙不相符合。新建文化馆的斗拱和重檐只是借用常见符号堆砌而成，并不能代表古镇地方特色。民俗街入口被修建成古城墙的形式，但是原来古镇并没有这种设防形态。历史街区成为被现代化事物紧密包围的孤岛，充斥了功利性极强、缺乏深度的旅游文化。

2.4.3　景观的制造手段

当地居民打造的聚落空间形态各异且充满浓厚生活气息，而政府组织下的保护性修复的风貌却与之大相径庭，只有整齐萧条的仿古一条街。与此同时，居民经过数百年积累下来的丰富的实践空间结果被标准化的改造手段所拆除殆尽。通过明确功能区划、除少数文保单位外的大量古建筑被拆除或改造，继而被一种抽象化、符号化、标准化制造的传统民居形态所替换。采用标准化的、象征传统的文化符号如马头墙和门窗等，再加上特意做"旧"的墙体来体现历史街区原真性、证明修复施工的合理性。标准化建筑形态与其表面被复制过来的遗产普适性的时尚品牌符号共同建构了一个新的消费符号，从而给消费者营造出一种怀旧而小资的氛围。通过新建仿古亭台楼阁和雕塑、新修服务设施等手段，使得街区的开放空间变得广场化、公园化，打造时尚消费的空间场所。标准化的规划方式推翻了原本自发形成的空间秩序，所打造的历史街区也只能是千街一面。

重庆濯水镇是2014年公布的中国历史文化名镇，也是重庆市18个中国历史文化名镇之一。有文物保护单位余家大院、龚家大院、汪本善旧居、汪家作坊、光顺号、樊家大院等，未定级历史建筑烟房钱庄及濯水古镇传统民居等建筑，濯水镇在2007年编制了《黔江区濯水古镇保护性详细规划》，并于2008年开展了整治修复。然而这次整治虽然使古镇历史建筑以及建筑街巷空间得到了很好的保护和修复，但是从一定角度来说这种整治对于古镇历史遗产的原真性和完整性造成了一定的破坏。以至于在2015年国家名镇评审中受到专家的质疑，面临摘牌的境地，不得不在2015年重新组织编制保护规划，重点整改（图2-10）。

究其原因，政府于2009年对古镇范围内大量危旧房进行了拆除、整治，并对重点建筑（七个院子）开展了修复建设活动。尽管这次整治维修活动使得古镇面貌焕然一新，但古镇的原真性和完整性遭到严重破坏，如临街建筑的门、窗、柱等局部构件已完全用现代机加工的材料替换，临河建筑的

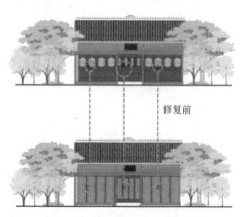

修复前

图2-10　濯水古镇拆真建假，风格修复已于原有土家族民族风格不符

资料来源：重庆大学城市规划设计研究院有限公司编《重庆濯水古镇保护规划》，2015年.

吊脚楼形式已消失，原有砖石结构建筑大部分拆除后替换为仿土家族的木结构建筑，古镇北部的街巷格局和走向也完全改变。另外，据住在古镇近六七十年的原住居民回忆，现在的万天宫、万寿宫、禹王宫的空间位置和历史空间格局不一致，可以说已经达到了不见物与人的地步。

以龙兴镇的原风貌修缮为例，虽然整体风貌得到了一定的修缮，但是仍然有违反真实性原则的做法，这将不利于古镇文化的延续传承。例如房屋外立面全部使用一样的斜撑，而古镇传统民居的部件不会这么整齐划一，因此详细规划中就应采用多样式的设计，再加上古镇一些房屋出檐较短，从结构上讲完全没有必要增加斜撑。对于建筑细部部件如柱础等并未修复，这让人们没有办法领略到这些建筑细节原本的风貌。而这些部件不仅能够展示出建筑工匠独具匠心的精湛技艺，更是当地传统文化传承的载体。此外一些更新保护工作使得古建筑原本的结构发生了改变，例如在龙兴寺和龙藏宫的保护修复工作中，使用现代建筑材料像水泥、石灰等加固建筑，使得这些建筑中增加了原本没有的现代建筑构件或材料，历史建筑的真实性荡然无存。对建筑墙体进行修复时只注重外观而忽略内部构造，用贴木板外加粉刷的方式来修复原本的竹编夹泥墙，虽外观相似但经不住风吹日晒等环境影响，容易变形和开裂。因此展现古镇风貌应建立在保护历史真实性之上，真实性所饱含的文化才是古镇保护的核心要义。用简单化的方式做景观制造，不可能达到保护古镇、发展古镇的目的（图2-11）。

图 2-11 龙兴古镇风貌修缮效果
资料来源：作者自摄

南京熙南里历史文化街区经过改造后，形成了传统江南民居的元素符号与现代商业体验符号相叠加的符号系统，更新改造使人们难以分辨历史与现代的界限，历史街区变成了激发人们历史想象与集体怀旧的空间产品。传统的江南民居类型与符号被提取出来，制造成富有江南特色的文化体验空间，在历史街区中将所有能够引发江南意向的符号打包，而不关注它们是否真实地在场，使得街区成为江南文化符号的集中展演。南捕厅历史街区独特的青砖马头墙、回廊花格窗以及院内的古树等代表着江南地方特色、突显南京特点的地域建筑。以这些元素符号拼贴而成的南捕厅文化消费空间营造出一种体验历史、身临其境的氛围。在具体操作中，按传统建筑工艺对破损历史建筑进行修复，结合现代需求进行室内更新改造。完整保留建筑大多是过去富贵人家的三进深宅院，展示着过去的繁华景象。另外部分建筑在建筑细部上把原有的江南民居典型木作构件留存下来，体现出南捕厅江南遗风的独特气质。另外，保留街区中的古井和古树并利用周边空间组织为小型公共空间。因此，虽然大部分历史建筑被拆除，但是通过以上的历史要素的保留和运用，仍然能够通过江南符号的拼贴制造出江南文化情境。这些保留元素原本的使用价值已然消失，而仅仅起着证明历史在场的作用，被抽空了原有的文化价值，沦为一个虚假意义的文化符号。

在江南传统文化符号拼贴的基础上，南捕厅历史街区增添当代体验商业的类型符号，使原来传统的居住空间布局转变为文化休闲的商业功能，主题性空间从而被建构出来。如意象塑造以水墨江南为主题，通过黑白灰色调的运用、青砖路面、江南园林式的庭院设计、石凳竹椅等景观小品的整体设计，呼应既定的主题效果。各种消费符号的叠加使得南捕厅构建出了其文化意义，既展现出江南的景观风情，又引入国际性的符号，使建筑空间景观消费化，融入了西方文化审美，试图建立起国际化的空间氛围。江南符号与全球元素的拼贴，南捕厅历史街区景观已经被符号化。

2.5 置换的主体——资本介入的遗产空间绅士化

绅士化也称为贵族化或中产阶级化，由社会学家鲁思·格拉斯于 1964 年提出，是指富裕居民进入城市或社区，逐步替代原来居住于此的工人和低收入者，并最终导致地区社会文化特征改变的过程。在"二战"后的西方城市更新中，绅士化和城市复兴常常是同步进行的。绅士化在促进城市物质环境改善的同时，也产生了社会分化与种族隔离等问题，从而也为大量社会学家所批评。

2.5.1 绅士化的发生机制

Neil Smith 于 1979 年提出绅士化不单单是人的移动，更重要的是，它还是资本流动的结果。在此基础上，他又提出"租隙"（Rent Gap）理论和相应模型，这为资本带动绅士化发展现象的研究提供了理论支撑，租隙理论及模型也成为绅士化现场解释中最重要理论之一（图 2-12）。Smith 认为租隙是潜在地租与现实中资本化实际地租两者之差值，潜在地租是指土地利用最优和最理想化状况下的资本化总和，实际地租是指在土地当下使用状况下的实际总量（蒋文等，2013）。Smith 指出正在扩张中的城市其潜在地租会不断增长。开发完初期的土地其潜在与实际地租二者持平。伴随着城市扩张的步伐，与预期相关的潜在地租持续增加，然而建筑物日益破败会使得实际地租逐渐减少，进而导致两种地租之间的差距拉大。遇到这种情况，物权所有者会减少资本投资，减少修缮建筑的次数，因此会导致老旧建筑衰败和租隙扩张加速。当租隙大到临界值，资本就会流入内城，重建、更新这些利益驱动型行为就会逐渐产生。总之，租隙（也就是资本流动）促使产生了绅士化现象，绅士化大都发生在租隙最高的地方，而并非一定是发生在实际地租最便宜的地方。租隙理论清晰地阐明了房屋衰败、资本流入再投资、土地使用性质的转变、社区原居民外迁的现象与本质问题。在此后半个世纪中，它反复被用来解释持续的绅士化现象，到目前为止，还有许多国家和地区学者还在积极地验证这一理论。

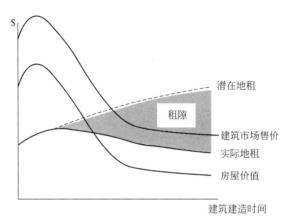

图 2-12　Smith 租隙图
资料来源：Smith，1979

1986 年加拿大地理学者 David Ley 指出追求时尚的消费文化已经成为当前大城市的显著特征，大城市中的各种文体活动、丰富多彩的休闲及娱乐活动以及高工资等更好的生活水平将人们吸引过来。伴随着到旧城市生活人口的不断增加，人们享受生活乐趣的需求也与日俱增，人们就会不断地改造生活环境，绅士化速度也随之加快。Ley 认为居住在文化特色独特的社区能够彰显出中产阶级优越的社会身份地位，这正是这个群体极力追求的，因而绅士化产生的根本原因就是城市中中产阶级文化享乐主义价值观。人们通过改造建筑来满足自己享受生活乐趣的需求，而这种行为直接导致了绅士化现象的出现。颇具讽刺意味的是，绅士化现象出现的原因就是旧城被认为拥有比较高的文化价值，然而绅士化后城市文化和魅力反而消失了，原本绅士化区域最具价值的独有文化特征发展被影响和制约。Harvey 曾经提到，当代任何事物均可以转化为商品来供人们消费，文化消费也是同理，文化在服务商业市场的同时本身却被摧毁，绅士化现象就是很好的佐证。可见，与 Smith 的资本流动和生产观念不同，Ley 更侧重于消费和生活的理论，并提出绅士化是由旧城所拥有的丰富社会和文化资源成就的。

2.5.2　资本与权力的共谋

从以上绅士化理论看，可以总结出两种解释话语，第一种是以 Ley 为典型代表的消费及需求派，其重点强调文化、消费偏好以及消费需求；另一种则是 Neil Smith 主导的生产派，重点关注资本、等级、生产、供应，也就是通过经济来带动资本流通。纵观我国建成遗产的绅士化现象，可以看出在当前我国社会经济转型时期，政府、房地产对其影响和作用即在生产和供给方面表现得尤为突出。市场的快速改革促使政府参与到绅士化过程中来，而土地政策、房地产等则变成政府参与绅士化进程的直接有力的举措。政府以及开发商共同推动着绅士化的发展进程。当然，生产供给市场的主要目标是消费者的消费喜好以及居民的迁出迁入的需求，城市里中产阶级队伍的壮大和他们对旧城城市文化消费空间愈加偏好也成为绅士化的潜在动力。我国政府"既是运动员又是裁判员"，一段时期内，城市政府以发展城市经济为核心目标。政府参与城市经济建设的具体环节，并从中牟取政府财政收入的行为事实上是政府权力与开发商"共谋"。

相对于西方绅士化初期多是少数中产阶层的自发现象，国内政府在遗产地段绅士化整个过程都发挥着决定性作用，通过相关政策的订立，城市的土地使用性质的确定以及相关税收补贴政策的推出等有力推动了旧城改造引导的绅士化现象的发展。政府一手操控完成，土地交易成为政府主要经济来源之一。政府将给开发商提供土地，土地的规划设计和建造的资金由开发商来承担，开发成果也是属于开发商所有。在追求利益最大化时，开发商很难会对地块内的历史街区进行修复整治，他们更愿意拆除旧建筑，然后新建仿古建筑，这样就破坏了历史的真实性；再加上拆迁与规划缺乏衔接并将原住民的意愿排除在规划设计之外，基本没有公众参与，随之引发了诸多社会问题。因为土地所有权和使用权相分离，国家对土地掌控力得到强化，可以使城市的更新周期大大缩短。另外在旧城特别是历史街区的房屋建筑大部分都是公房性质，原住民并非房屋产权所有者，所以这些原住民的搬迁和安置问题较容易解决，不会遇到较多产权纠纷问题。但是近十几年来居民对个人权益维护的意识越来越强，拆迁问题越来越难解决，一些旧城仍按照以前习惯的短更新周期运作，导致诸多强拆案例发生，官民矛盾逐渐激化。

权力与资本两者本应相互制衡的状态，却由于利益的驱使出现"共谋"的态势，而共谋的最佳借口是实现所谓"公共利益"。面对拆迁过程中大多数的矛盾、冲突与纠纷，公共利益都可以成为最终起作用的行政用词。然而所谓的公共利益不过是权力与资本共谋实现自身利益的一个借口，在这种背景下"多元文化主义"更无从谈起。然而必须认识到充分了解并关注同一个国家中的每个"次团体"（sub-group）之间的差异和需求，而不仅只看重抽象化的"集体利益"的意义，只有如此才能在建成遗产存续中产生更为平等的保护途径。

2.5.3 绅士化的社会影响

如果从保护城市历史风貌和改善街区环境等的视角来分析，绅士化过程还是具有比较积极影响和作用的。由于我国历史街区长时期处于破败状态而未得到相应保护，改造成本相对较高。如果仅仅依靠政府单方面的改造资金的投入，是不能满足街区的改造保护需求的，但是绅士化却可以筹集大规模的民间资本，实现高品质的街区保护与改造。适度的绅士化不仅能够改善街区的破败面貌，而且能够提升城市文化特色品位，积极促进城市特色建设。然而国内虽然中央政府三令五申要重视拆迁问题，出台物权法并于2011年正式发布了《国有土地上房屋征收与补偿条例》等以限制强拆造成原住民置换的问题，建成遗产面临拆迁和原住民置换问题的形势却一直不容乐观。资本与权力的共谋造成原住民主体的收益不升反降。虽然外部大资本的加入大大降低了原住民在地段改造中的前期投入，但原住民后期的经济利益所得也被大资本从很大程度上进行了瓜分。在经济和政府的共谋下，原住民所获得的利益不仅大幅下降，甚至在有些情况下还会导致开支成本的大幅上升，入不敷出。除此之外，在地段保护更新过程中产生了越来越多社会问题，这使得政府的形象大为受损，民众对政府的信任度降低；居民的散落分布瓦解了几十年积淀的稳定社会网络系统。以上这些情况都使得其社会效益的获取受到相应的影响。

（1）引起社会不公，影响社会稳定

城镇遗产的改造逐渐演变为富人阶层将城市遗产据为己有，穷人被赶出城市中心，同时企业化的政府与追求利益最大化的开发商对社会两极分化问题关注不够，从而加速了空间置换现象，使得社会矛盾进一步加剧。近几年因为城市改造而引发的政府和民众之间的摩擦事件逐渐增多。房地产开发商因为掌控了改造资金，进而掌控了整个改造过程，可以从土地开发中获得巨额的收入。原住民却被排除在改造进程之外，被动地处于受支配地位，时常遭受损失。因为巨大的所谓"政绩"的诱惑，政府也常常会选择配合开发商实现其开发意图，甚至会打着妨碍国家经济建设的旗帜，借由国家机器对街区居民的行为进行压制，这样就加深了开发商、政府、居民之间的矛盾，不平等现象导致处于劣势地位的民众切身利益受到损伤，时常造成明显的社会不公的问题，由此产生社会的不稳定。

（2）加剧空间区隔，影响阶层融合

由于诸多原因的作用，我国的城镇建成遗产特别是历史街区常常是建筑质量差、设施不足，街巷狭窄、破败严重。衰败街区，环境较差但租金低廉，自然而然地演化为贫穷、外来务工等低收入人群的聚居地，这让历史街区很大程度上发挥着承载弱势群体在城市中心区居住生活的重要社会功能。相关学者将北京大栅栏描绘为"典型的贫民窟"，而大栅栏地区又是最能体现京味文化的地段。该地区年龄大于 60 岁的老年人占到了大栅栏地区常住民总数的 17％；生活困难户占全部人口的 30％，这里的租金大概是每月 300～500 元不等（朱明德，2005）。诸如北京大栅栏这种历史街区的破败、贫穷人口聚集、社会治安差问题是普遍存在的。然而当下流行的建成遗产保护更新模式常常"见物不见人"，其虽然对历史地区的物质性保护有积极作用，但是从社会角度来说，这种方式加剧了贫富差距和社会阶层隔离。目前社会阶层隔离现象在我国各大城市中发展迅速，然而正是这些破败历史街区造就了旧城人口的多元化格局。但是绅士化损害了历史街区中原有的社会网络系统，并且偏好独居的中产阶层，不愿融入当地原住居民生活，难以形成新的社会网络。经过绅士化改造的街区由原有的丰富、多元化转变为只有单一阶层的社区，街区活力也因此丧失了，贫穷阶层迁出，富裕阶层迁入，空间上的阻隔使得社会隔离（Segregation）现象愈演愈烈。

流行时尚的历史空间提高了人们的支付意愿，但同时也造成了社会隔离。如上海"新天地"的人均消费大大超过普通市民的承受能力，业态也是高档的国际品牌店居多，经改造后的遗产空间成为专门为富裕群体服务的小众领域，一个个店铺通过其精美豪华的装修显示着共同的价值标准，而历史元素则成为消费主义所崇尚的形式符号，历史文化转变为商品被用来消费，被迫丢掉了庄重、文雅、纯净的原本特色，变成了一种只为消费而生的审美符号，提供给消费者体验（图 2-13）。南京南捕厅历史街区由居民聚居区变成文化消费的场所空间，它的空间使用主体也经历了相应的侵入和替换。当地的原住民被城市精英阶层替换后原本的生活空间也逐步转变为消费空间，空间消费衍生出空间的区隔化。

鲍德里亚曾指出当代社会阶层流动的人们达到更高地位时会提出用符号来炫耀这一地位的需要。南京"熙南里"街区开街前的目标消费群体 70％是公务阶层和商务人员，30％是旅游人士还有周边的工薪阶层。可以看出所谓的空间生产的目的并不是为了当地原住民，而是创造出一个适合都市精英阶层的消费空间、外来旅游者认知和探究南京文化的想

图 2-13 上海新天地的贵族化现象
资料来源：网络图片

象空间，这不仅仅是将空间重组，而且将空间内的人群进行了置换。经历了大规模的改造更新工作后，这个地方不再是地域的、比较私密的以低收入人群为聚居主体的空间，而是一个时尚、开放、高收入人群的聚集区。因此通过重新构建消费空间和地方政府的推动，大批的原住民迁出，再加上有针对性的空间再生产，进而创造出一个新的社会场域，空间内部的社会关系被重塑，推动绅士化进程进一步发展，街区内部消费能力不足的原住民被彻底边缘化，街区最终成为一个向城市精英群体进行"媚俗"的文化消费空间。

在当下历史街区大拆大建的过程中，普通市民的价值观被规划师的价值倾向所替代，掌握着政治和经济实力的群体利益得以彰显，经济实力较弱的原住民群体利益则无法保证。当遇到规模较大的改造时，规划师很难顾全所有人的权益、价值、人性等因素，这就使政府"人民城市人民建"的口号成为一纸空谈。历史街区的大规模改造必然使得大量原住民外迁。按照当前的拆迁补偿政策，居民所获得的拆迁款很难在街区附近购置房屋。

（3）多样文化断层，影响遗产价值

在历史文化悠久的建成遗产街区里，逐渐形成了多阶层群体混居共存的社会网络系统，每个群体不同的利益价值取向，使得整个社区存在着多样的利益和目标（张松等，2010）。建成遗产复兴的本质应是综合性的，包括保存物质环境、维系当地社会网络系统以及传承、保护非物质文化遗产等方面，尽可能使原住民在原地居住，保存丰富的社区生活现状，才有利于更好地维系社会网络。对于历史城市来说，街区生活是活跃丰富的，释放着历史城市的文化魅力，承载着持续发展的非物质性文化要素。街区内部的原住民是城市"无形财产"的创造人和继承人。而绅士化现象会导致人口结构变迁重构，这样的结果是失去长期生活在这里的原住民，失去了本真的"生活世界"，原住民社区所承载的生活惯习以及文化习俗也会消失，地方的工艺、方言、民俗等非物质文化遗产也会消失殆尽。

缺乏有效管理进一步使得遗产社区绅士化现象出现、多样文化断层。近年来，云南丽江古城局部地段出现了大量原居民迁离的现象——出于利益考虑原居民把原住房改造为店铺，用于自己经营或者出租，本人去新城居住。这样原本居住、游览、商贸功能三者合一的历史街区，逐渐演变成单纯的商贸游览区，使得历史街区里的人文环境原真性遭受了损失，严重破坏了丽江古城的文化价值。又如早些年黄山屯溪老街尝试出让经营权以达到充分利用民间社会资本进入历史保护事业的目的，然而因为对资本逐利的本性认识不足，同时也对存续老街历史内涵的认识不够，本地居民退出街区，影响了历史街区的文化价值。一些商业街区的更新，对老城的历史文脉研究深度不够，与当地社会文化、生活习俗的有效衔接和协调不足；在其发展中忽略了商业行为及人们生活模式的自发性和规律性，这样的街区更新的人文气息已经变味, 已经无法满足人们的使用需求和体验需求。丢掉了文化及社会的根基, 繁荣就更是无从谈起。

"重庆天地"地处于重庆市渝中区的化龙桥片区, 与主城辖区其他组团联系便利, 历史上, 化龙桥是和朝天门、磁器口齐名的水运码头, 是中药材、陶瓷、水果等的批发集散地。在 20 世纪 90 年代以前, 化龙桥是重庆重要的老工业区, 其中建造了大量工人新村, 辖区内部的企事业单位曾达到 80 多家。"重庆天地"由香港瑞安房地产开发有限公司投资建设, 2004 年开始拆迁, 2010 年正式营业。这一文化项目"通过打造精致奢华的装修风格, 来营建一种引领时尚并且具有高雅文化品位的氛围。符号化的消费空间不讲求效率, 目的是吸引顾客停留购物, 为顾客提供舒适的体验和感受, 并且传达某些时尚观念和高品质的生活方式"。大城市中不断扩张的、复制的、缺乏地方特色的像新天地这种文化项目, 利用了当地元素却破坏了多样化的社会生活及地方传统文化, 助推了社会精英们消费文化观的发展, 体现出其对空间生产全方位的操控。因此资本和权力共谋下的历史建成遗产已然似是而非了。

2.6 消费的叙事——城镇建成遗产的日常生活异化

2.6.1 消费的狂欢

20 世纪 80 年代开始, 我国经济快速增长 (2011 年我国 GDP 总量已在全球排名第二), 迅速迈进一个大众消费时代, 人们的消费理念和生活方式发生了极大的转变。我国已进入高速发展的城市化阶段, 原本的工业大生产被市场化、迅速积累和灵活多变的方式取代。城市的第二产业逐渐向第三产业转变。城市的经济转型是最主要的催化剂, 促进了产业转型和置换。"退二进三"的城市开发策略使得城市中心的工业往郊区迁移, 城市中心逐渐发展为高科技产业、商业和商务中心。2015 年的消费支出就占国内生产总值的66.4%, 同比增长 15.4%, 消费和内在需求不断被释放。土地及住房政策的放开使得住房与区位成为消费关注重点, 城市空间因此转变为一种供消费的商品。与西方成熟的消费社会相比较, 立足于中国的经济实力与发展阶段, 中国社会的消费方式还应该处在生产型社会的阶段。但因受消费文化的深刻影响, 我国大城市居民的消费观念趋向于消费社会, 具有典型的消费主义特征。不管我们是否愿意承认消费主义在中国的存在, 其都必然在影响着我们的生活方式, 改变着我们的城市空间 (杨海, 2006)。

消费文化是属于消费社会的文化, 它以消费社会为存在前提, 通过大众消费和日常体验、实践、符号生产紧密组合, 从而驱动消费社会的正常运行。传统社会理论强调社会的基础在于生产, 消费文化则认为在于消费, 整个社会的构造组成、人们的生活方式都是以消费来定义的。情境主义国际创始人居伊·德波尖锐地指出现代社会已经成为一个以影像物品的生产制造和消费为主的景观社会, 景观已经成为一种物化的世界观, 但是其本质只不过是"以景象为中介的人与人之间的社会关系"而已, "景观就是商品完全成功的殖民化社会生活的时刻", 是一种役人于无形的更加异化的社会。景观就是一台用来制造及粉饰异化的崭新机器, 也是新的异化世界的一张导引图, 景观的最主要的社会功能是异化的具体生产。"资本先是成为一个影像, 当其不断积累达到一定程度时候, 景观就会变成资本。"（居伊·德波，2006）这个理论逻辑上的深入直接点出了现代城市景观的资本制造与人的异化。

让·鲍德里亚（Jean Baudrillard）认为现代的社会消费已由物质的实用性逐渐过渡到符号性消费，使用价值被符号价值所取代，这一更迭转换意味着社会消费产生了根本性的转变（鲍德里亚，2008）。消费文化学者认识到，人们消费是因为人的需求，现代社会的大多数需求是虚构和构建而来的，格局情调、知名品牌、阶层以及身份地位等都能够用消费来定义。商品的实用价值进而向商品符号价值转换（周向频等，2009）。在转换过渡的过程中，文化起到中介的作用，通过各种各样的创造性"对位编码"将商品符号价值和实用价值相对应并建立联系，消费从此获得了丰富的含义与暗示，开拓了人们的精神欲望领域。因为符号价值是根据其受关注程度来实现的，为了避免相同的特性会削弱其影响力，现如今的设计和营销都是尽量去表现符号的差异特点，消费从原来只强调使用性转变为差异化。经过文化媒介精准的匹配对位以及编码，各种差异化的形式将物的各种属性如色彩、形式、质地、品位等指向了生活方式、社会地位、公众认同以及个人的价值。这种消费文化机制及其产生的效应已经渗透到社会的各个阶层和角落，并对城市的建筑、街道等空间产生重大的影响。

空间想象的概念最早是由迪士尼工作室提出的，它被用来描述他们创造的主题公园，其将想象空间与工程设计的空间相融合，把梦想打造成为现实（薛威，2011）。现在这种设计手法被用来生产历史文化遗产的文化消费空间，通过设计带有地方风情的建筑和景观，创造一种可意象性的城市景象，在文化方面形成老城市的象征性意象，具备文化的宣示作用的同时，传达出文化消费的价值和目标。最终，在完成了符号拼贴与空间想象化工程之后，建成遗产消费空间完成全面塑造。后现代消费文化对遗产空间的影响可进一步总结为：1）符号化，历史街区中符号的契合性代替了本应有的原真性。街区只是被当做昭示消费者前来消费的符号，改造后的街区表征与人们印象中符号系统的契合性是其追求的目标，因此就更加剧了将古建筑拆掉，新建仿古街以发展商业旅游的现象。2）平面化，视觉表面效果代替了保护的深度价值。消费文化追求短暂审美趣味的目的造成了对有深度、有意义、具有永恒价值和理性蕴涵等的舍弃，重视的只是视觉效果和能够进行消费的历史表皮，因而衍生出用混凝土仿造古建筑的肤浅做法。3）文化商品化与商品文化化。在后现代消费社会的背景下，文化和商品紧密相连形成得力的同盟。历史街区中的文化成了一系列的消费符号而失去了它原本的历史意义；同时，历史文化也给商品赋予了相应的文化价值，使人们能够在颇具文化氛围的环境中消费（兰峥，2007）。由此可见消费文化主导的建成遗产开发，其目的就是制造独特的消费体验与商品，这样就同时迎合大众的怀旧心情和猎奇心理。无怪乎像黄山屯溪老街的改造最终演变为一种另类卖场（薛威，2011）。

让·鲍德里亚指出，"人们在进行商品消费时已经不只看重消费商品本身的内涵，而更关注消费商品所能代表的社会身份地位的符号价值。"商品消费不仅限于是物的实用性，而是还包含其本身以外的附加价值。商品所展现的符号化特点与对应的身份象征都成为中产阶级消费的重要诉求。物的价值出现分异，致使资本弃置场所性的自然环境和文化特色，进行针对消费者喜好的开发建设，并且开发资本进行"生产—消费—增值—再生产"循环的速度不断加快。开发商无暇深入研究建成遗产的文化属性，符号化的方式必然成为最主要的方式。文化和历史只是一种供人选择的元素，最终目的就是为了创造出时尚的商业场所来迎合中产阶层的消费偏好。这种经复制生产的有典型"文化内涵"的建成遗产空间成为城市中最受欢迎的消费区域。

2.6.2 日常的异化

福柯从微观政治学视角阐释了权力空间化的机制，与显性权力的强制作用不同，空间符号进行潜在的隐形控制（何森，2012）。资本用符号来构建民众空间意识的同时，也将其消费意识形态全面灌输在由空间符号创造的狂欢中，进而逐渐渗透到民众的日常生活世界。对于建成遗产的原住民来说，建成遗产空间不仅承载着历史记忆，也是其日常生活的场所；对于从未体验过当地生活的外地游客来说，建成遗产空间是一个新鲜的符号空间，当地独特的居住以及景点体验是这个空间内的典型活动。原来充满生活气息的文化空间演变为被商业资本掌控的、为了游客镜头捕捉和体验的消费场所。资本主导的消费和生活固有的本土特色两者的矛盾已经成为建成遗产更新改造的主要矛盾。功能置换后的旧城历史空间为全球化的商品提供了地方性的空间载体。旧瓶装新酒的功能替换将遗产空间与日常生活拆解开来。资本将"有用"的历史空壳吸纳进生产增殖的消费网络中，而原住民文化生活少部分被抽离为干瘪的展示，大部分被资本舍弃而无处可寻。在现代消费文化的强大鼓动下，通过一系列媒体宣传文本，把"格调"、"品位"等消费文化植入建成遗产内部，原本应深层次的生活存续逐渐演变为建筑风貌展示的表面功夫，试图引发消费群体共同的记忆，重新建构人们的认同感。像凤凰古城的边城生活已被贩卖缺乏地域性的商品、喧嚣酒吧等所异化。

综上，城镇建成遗产的文化叙事已经在消费主义的控制之下走向异化。异化这一概念源自拉丁文，本身包含有转让、疏远、脱离的意思，被用于阐明主体的人和客体之间的分裂和相互对立的关系。作为现代性的一种表现方式的异化现象，在资本主义诞生的时候就已经存在了。消费时代也面临着大量的生产过剩，因此大量的消费刺激被不断制造，传统价值体系逐渐瓦解，人的异化程度随之加深，进而引发社会意识形态的更深层次危机。在异化的生产、生活、消费中，人的行为最终会反作用成为统治人的力量，人们会因失去和客观世界的真实关联，对自身存在意义产生严重的质疑。从哲学角度的三个方面来说就包括人和物的关系异化、人和人的关系异化、人和类本质关系的异化（人商品化）。就城镇建成遗产而言，过度商业化使城镇建成遗产从日常生活的活动图式来看走向异化，绅士化使城镇建成遗产从日常生活的实践主体来看走向异化，标准化使城镇建成遗产

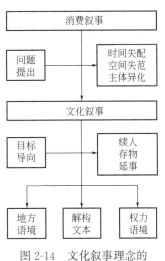

图 2-14 文化叙事理念的
逻辑关系
资料来源：作者自绘

从日常生活的空间载体来看走向异化。城镇建成遗产的时间结构失配，空间组织失范，主体构成异化，人时空割裂，导致城镇建成遗产的日常生活走向了全面异化，而下文笔者将从文化叙事的角度建构回应消费叙事异化的途径（图 2-14）。

2.7　本章小结

　　本章采用先向外看再向内看的研究逻辑，首先向外看是梳理国际遗产保护重要理论，特别是近十几年来国际遗产保护的理论发展成果，把握理论进展方向。国际上针对遗产保护发展出了一系列保护理论话语，理论脉络通过相关文化遗产保护的国际组织通过正式文件的形式逐一显现，日益丰富与多样化。通过对国际遗产话语叙事流变的梳理，笔者总结出精英化叙事、功能化叙事、环境化叙事以及文化化叙事四个遗产保护阶段，保护的内涵逐步深入到人类学的文化概念中来，主要体现在对活态遗产以及对历史性城市景观认识的不断深化等，从而有效指引我国的建成遗产保护前进方向。其次向内看是辨析我国建成遗产保护中存在的各种问题，改革开放后急切的现代化进程和西方文化的进入给我国的传统文化形成了严重的挑战，很多历史文化遗产遭到破坏。笔者加以梳理整合总结，概括为空间衰败、拟像市场、复制空间、置换主体等几个方面，并分别分析了问题的内在逻辑，提出消费的叙事已经融入了建成遗产保护更新的实践当中，并影响着建成遗产的保护更新方向，也带来了建成遗产日常生活的异化，从而文化叙事异化为完全的消费叙事。

3 理"叙"：基于"人时空"关联的遗产文化叙事

3.1 城镇建成遗产的"人时空"关联

3.1.1 城镇建成遗产是"人时空"复合体

城镇建成遗产往往遗产要素集中成片、格局风貌完整，并且仍然在城镇中被使用着，而不是已经被弃置不用。因此城镇建成遗产不仅是建筑学意义的研究对象，同时城镇建成遗产自身是一个人时空复合系统，它不仅包括历史建筑与物质空间，也包括生活在那里的人、那里的社会组织、那里的生活形态等。

（1）城镇建成遗产的人文社会性特征

城镇建成遗产不仅是城市历史文化的物质载体，也承载着城镇居民日常生活、生产活动的城市职能，而因其职能性产生的人文社会性特征是其区别于纯自然遗产的主要特征。城镇建成遗产承载着城镇居民的功能需要与社会网络、文化认同，并作为城镇中的活力区域，在社区生活中存续着传统文化。即使随着时间演进，作为社区最初的建造者的那些历经几代的原住民流失严重，并且在其中生活并真正使用空间的是数年来的所谓外来户，这部分人在长时间社区交往中学习、接受，也使遗产社区的人文社会性更加显现。例如重庆湖广会馆与东水门历史街区承载着丰富的社区内部生活，并且通过节日庆典如禹王庙会等人文活动与城镇其他区域居民产生紧密的互动关系，共同构成了多样的人文景观；杭州小河直街仍保持着居住功能为主，老字号、传统菜馆等生活服务渗透其中的传统街市状态（图 3-1）；北京雍和宫街区中因为其中雍和宫的藏传佛教文化影响，街区在历史上形成了宗教经书店、传统医馆、香火店、素食店等宗教特色文化人文氛围，并且一直延续至今；北京南锣鼓巷也作为市民重要的文化娱乐场所，大大丰富了市民的日常生活与文化体验诉求。

重庆湖广会馆街区的庙会及宗教功能

杭州小河直街的生活及日常商业服务功能

图 3-1　城镇建成遗产的人文社会功能
资料来源：网络图片

（2）城镇建成遗产的要素多元性特征

城镇建成遗产要素类型丰富多样，呈现要素多元性特征。建成遗产要素包括有形遗产要素和无形遗产要素，其中有形遗产既包括了大量的历史建构筑物，也包括与人工建构筑物密切联系的农田水系、绿地植被等；而无形遗产要素则更加丰富多样，包括节庆、习俗等公认的所谓非物质文化遗产，另外还包括原住民之间社会网络联系及其传统生活方式等，虽然受重视程度不够，但也是城镇建成遗产中不可或缺的遗产要素类型。因此也引出了遗产的所谓高低等级之分。按照目前的遗产等级分类，可以分为官方承认的文保单位（各级政府认定）、历史建筑（登录制度）以及非物质文化遗产，这部分遗产被认为文化等综合价值较高，应重点保护，而另外部分遗产则是诸如传统民居、文化空间以及上文提到的尚待加深认知的社区生活场所等。建成遗产要素数量庞大，种类多样，体量不一，新旧夹杂，这就决定了仅仅单一强调重点要素的保护而忽略其他多元性要素的做法对建成遗产保护是不可取的，而必须对这些遗存要素进行逻辑完整、全面系统的整合梳理，并以此为基础来形成多元复合的建成遗产保护控制、整合衔接等的技术手段。

（3）城镇建成遗产的时间演进性特征

城镇建成遗产形成于时间的演进过程，并且这一过程将跟随着人们的生活不断演进下去。城镇在经济社会作用下不断发展演变，这构成了建成遗产存在的动态背景。可以说城镇建成遗产中每一座建筑只要还在承载着城镇功能，还在被使用，其自建成至今都经历着后来人们的修缮改建，而不完全是原初的真实，因此才有可能适应城镇的发展要求得以存续至今。城镇建成遗产是一个连续发展变化的动态过程，其经过长时期演进后，呈现在当下的所谓现状也就是未来演进的起点。那种人为冻结建成遗产的时间演进过程，切断其与城镇环境的发展演进关系的做法只能使建成遗产变为供参观游览的历史旅游区，而非承载文化生活的建成遗产，遗产社区的生活形态也将无法稳定维持而致使文化价值丧失。如北京琉璃厂过于看重回到某一历史时期的传统风貌，并根据历史曾有过的职能状态植入文房四宝的业态类型，打造主题文化街区，然而对当代社会发展的现实需求以及居民日常生活需要考虑欠全面，导致了街区活力丧失；而南锣鼓巷则更多地从顺应时代演进趋势，采用有限改造的方式进行修景，并在考虑社区居民日常生活的基础上引入文创业态，反而促进了街区活力复兴。

3.1.2 建成遗产保护需要"人时空"关联

城镇建成遗产，特别是位于城市或者潜在城市化地区的建成遗产区域，其演化过程受到经济、文化、社会在时间进程中的交织影响，文化演进是常态，各个时期社会以及新旧文化必然发生动态变迁与发展，更替必然发生，这是事物发展的基本规律。在这种动态演进的背景下，传统的静态保护方法无法应对发展中的问题。城镇建成遗产需要从人文-时间-空间三者互动关联的角度重新审视遗产要素及其之间的动态交织关系，才能避免就物质要素来谈物质要素的解构化研究，才能深刻理解遗产个性中的文化意义而不是宏大叙事中对遗产个性造成的漠视，进而才能全面地理解遗产价值，因此建构人时空关联的动态保护理念是应对目前遗产保护问题的关键所在。

（1）人时空关联是打破类型研究局限的保障

上文中已述，建成遗产要素与类别多样，而学术研究面对复杂的研究对象往往分门别类地开展研究，在保护管理层面又被按照一定的高低等级进行管理，主观地把遗产要素分解为重要遗产和附属部分，重要遗产往往受到众多部门的重复管理并划定保护范围，制定严格的保护技术要求，而附属部分虽然也规定了相应的保护控制方法，但因受重视程度不足，缺乏有效管理而逐渐破败。这种在分类保护与管理的基础上的所谓整体保护忽视了各类型要素之间的固有结构关联，而主观地通过划分空间保护圈层来生硬地组合各种遗产要素的结构关系。这种看似针对性强、兼顾全面的遗产保护做法虽然易于保护实践的操作开展，但在保护过程中往往会造成遗产要素固有结构关联断裂而变为简单的并置与堆砌。张兵提出过去30多年对历史遗产保护的认识是以"分"为主导，如物质和非物质的分类区分以及不同等级遗产保护方法的区分等（张兵，2015），而如何对遗产进行整体认识和保护还需要进一步探究，这种类型化研究需要更加具有整体和关联性的认知方式。而建立人时空关联的遗产认知背景则是打破类型研究局限的重要观念保障。城镇建成遗产中承载着或多或少历史信息的各要素之间并不是孤立的点，而是空间、文化、社会交汇演进的结果，并不是单纯的堆积，而是经过内外在因素的作用形成有结构和系统的一个整体进行延续传承，抑或是更替再生。人们需要针对特定建成遗产地区，开展各类遗产要素之间的历史-时间关系、区域-空间关系、文化-行为关系，以及遗产要素与周边城镇环境和自然环境关系的分析研究，在分散的遗产要素之间建立起系统和整体的关系，通过这种分层次的系统关联分析，真正实现整体性保护的原则内涵。

（2）人时空关联是深入理解遗产个性的保障

谭其骧先生曾言："中国文化有其具体的时代性，不能笼统地、简单地谈论中国文化；而在任何时代，都不存在一种全国共同的文化，文化的地区差异应予以足够的重视（谭其骧，1986）"。而我们在进行城镇建成遗产保护工作中，常常以大的地域特征甚至是国家民族文化特色来囊括一个特定地方的建成遗产特征，如重庆及周边地区一些历史街区及名镇保护更新中直接概括街区风貌为川东穿斗建筑风格，进而不顾现存历史建筑的个性特征，在更新改造时统一按照既定的川东传统建筑模块复制拼贴。这种做法没有考虑到建成遗产在长期人时空互动作用下，形成的建成遗产要素之间的文化差异性，而是用所谓地域文化特色加以提炼概括，原本随曲合方地精巧利用地形，大小体块相得益彰的组合方式被取代，而长时期逐步巧妙搭接形成高低错落的多层坡屋面景观也无法重现。这种抽象化了的建成遗产保护使遗产要素间的微差带来的个性特色丧失，从而无法建立对遗产地方文化价值的正确认知。再如皖南地区的历史城镇都展示着城镇空间和自然山水之间的和谐共生，被作为中国传统"天人合一"人居营造思想的优秀范例，然而这种"天人合一"典范的普遍性价值认知往往掩盖了具体特定城镇丰富的个性价值。其实在特定城镇的建造形成过程中，都存在着建造它的人根据实际自然与社会条件进行个体自由的发挥，而不应该完全用普遍意义上的风水学说来解释全部。只有把建成遗产关联到具体人的行为活动中去，而不是只满足于一个抽象的理论概念，才能真正理解特定建成遗产的个性特征与历史文化价值。

（3）人时空关联是全面解读遗产价值的保障

正如上文中所述，人时空关联的认知视角能够打破类型研究局限，深入理解遗产个性，也因此才能全面整体地解读遗产价值。城镇建成遗产不是孤立存在的，其作为城镇时空发展中的一个部分，是在城市的运行系统之内的，对其的价值认识也应该以整个区域功能运作系统为关联背景。建成遗产的本身和环境也并不是一直不变的，随着城市活跃的经济与社会需求的动态发展，城镇建成遗产也会有新的价值特性被孕育出来，需要我们不断地认知深化才能适应建成遗产价值叠加的发展变迁。建成遗产的价值也不是内部要素价值的简单堆砌，而是依靠空间、时间、文化的相互关联等结构关系来获得更加整体的价值，这也是单个要素无法获得的意义更深远的价值类型。当然，对要素个性价值或者是建成遗产地个性的认知也不能被共性的价值所掩盖。当我们能够准确理解共性个性的辩证关系时，把城镇建成遗产属性中的共通和独特之处加以针对性分析，自觉地意识到特定建成遗产在宏大的文明体系中占据的独特地位和特殊意义，才能够对建成遗产的历史价值做出全面、准确、深刻的评判，也只有以此为基础，才能够制定正确有效的建成遗产保护策略。

3.2 回归文化叙事：建立遗产"人时空"关联

3.2.1 传统物质空间规划的理论缺陷

经过 30 余年的不断探索和发展，我国已经形成了一整套的历史文化名城、名镇保护理论和管理体系，形成了以文物古迹、历史街区、历史文化名城三级名城保护层次，具体操作层面以综合价值评价为基础，以划定保护区、控制区、协调区三区为保护控制核心，并根据建筑质量、风貌、高度、建设年代等一系列指标确定建筑分级分类更新方法，在实践中也已经由过去对单个文物点或者街区保护的重视拓展到对历史城市整体格局保护上来。但是，现有保护体系和方法的关注焦点仍旧在物质空间规划层面，仍集中在对城镇遗产物质要素的挖掘、梳理、保护、更新、管控上，而忽视了对于建成遗产整体价值息息相关的人时空关联的认知，在保护实践中仍然存在着对时间作用下遗产范畴的认知模糊、表述不当，以及对主体作用下遗产意义的持续生成缺乏关注。没有确立人时空关联的遗产认知就不能对文化这一建成遗产附着的抽象资源进行准确的保护存续（图 3-2）。因此，建成遗产在所谓更新改造实践中常常丧失在时间叙事下产生的历史真实性以及在日常行为互动中生成的文化活态性，成为人时空关联断裂之下后现代消费叙事基于符号拼贴的遗产"制造"。

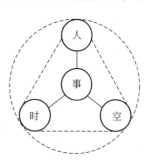

图 3-2 遗产人时空关联的文化叙事的认知途径
资料来源：作者自绘

3.2.2 建成遗产文化叙事的思想引入

（1）时间关联植入遗产空间叙事

针对城镇建成遗产保护中对时间作用下遗产范畴的认知模糊、表述不当的问题，引入叙事学的时间线索，在遗产空间主体的基础上通过时间信息的附着与穿插，能够有效组织建成遗产物质与非物质要素，形成时间逻辑清晰的文化意义链条，构成建成遗产丰富的文化叙事文本。德塞图曾言"叙事结构具有空间句法的特质，每一个故事都是一种空间的实践"，凯斯特纳（Joseph Kestner）更加明确地表示，"就像建筑空间一样，一部小说可以说就是一座大厦、一幢房屋，小说里的字句、段落组成这些房屋的各部分"。可见文学叙事与空间营造存在显著的相似结构，而借鉴文学叙事的时间线索纳入到建成遗产的空间叙事，梳理与组织遗产时空要素，也就有了理论上的可行性。

如前文所述，城镇建成遗产不仅仅是承载遗产要素的空间文本，也是能够记录世事变迁过程的时间文本。空间文本具有形象直观、方便感知的特点，而时间文本则具有完整的逻辑性和便于记忆的特点。传统艺术形式的不足往往在于只选择某单一维度作为表现的主要维度。文学叙事中常常过分依赖时间维度而造成叙事的苍白乏味。因此近年来叙事学领域不断兴起空间叙事研究的高潮，在叙事中强调空间在故事推进和情节营造中的关键作用，从而将时间和空间线索相结合，形成完整的"时空体"叙事（肖竞，2013）。其实，其他学科对于时空关系也有类似探讨，爱因斯坦（Albert Einstein）曾经用"时空连续统"的概念来描述物理学中的时空四维空间，而伯特兰·罗素（Bertrand Russell）从哲学视角将其解读为静态的共时物质结构和动态的历时事件结构两者的统一体。因此，这里从叙事学的角度出发，在城镇建成遗产保护更新中，也应重新重视起时间文本的重要作用，将那些由于城市迅速发展而被打破的不同时代的遗产要素碎片以时空关联为线索有效整合，建立更为清晰的遗产空间叙事表意结构，形成更具有感染力的时空情境体验。

（2）文化关联植入遗产空间叙事

城镇建成遗产因为承载着世代人的日常生活而累积了大量的人文事件，这些人文事件有的来自于历史名人参与的重大事件，更多的是传统生活中行为方式的累积。上述所有的事件类型与物质实体要素一起都是城镇历史资源的有机组成部分，是城镇文化发展的宝贵财富。然而作为城镇历史文化遗产体系的无形内容，这些内容往往在遗产保护实践中得不到人们的重视。面对这样的保护现实，1979年国际古迹遗址理事会（ICOMOS）澳大利亚国家委员会发布了《保护具有文化特征的场所的巴拉宪章》，从文化叙事的视角理解建成遗产环境，提出了三个新的保护概念，即"场所"、"结构"、"文化意义"，取代了原来较为狭隘的"古迹遗址"概念。但是文化叙事的思想在我国保护实践中仍然未得到足够重视，以至于产生了如前文所述的诸多现实问题。1992年世界遗产委员会将遗产对象扩大到文化景观领域，文化景观作为"一种人化自然过程的文化性展示"，是对遗产更为全面的文化解读，并进一步强调了人的作用对遗产价值的深刻影响。因此，可以看出世界遗产保护目前表现出显著的文化叙事性倾向，试图通过时空与文化的人时空关联互动的研究，把历史信息与人文传统保留到具体的时空体文本中，有利于人们更加深刻、准确、生动地去理解人的行为方式在遗产时空中划过的痕迹和延伸的文化关联。

综上所述，随着遗产保护范畴不断扩大以及人们对遗产文化意义生成的认知不断深化，我国的城镇建成遗产保护应充分从人时空关联的文化叙事思想出发，对现有实践中经常出现的遗产保护方法论进行优化和补充，以空间规划为基础，加强时间、空间及人文之间关联演进分析，并传承物质遗产背后的历时文化信息。

植入遗产存续之中文化叙事，是建立在对遗产的人时空复合体存在的根基之上，通过集成传统遗产保护物质空间轴的保护基础，植入叙事学的时间演进轴与文化研究的人文发展进程，进一步充分认识空间的城镇地域、地方以及更贴近日常的场所等不同空间层积对遗产存续的共性个性特征；挖掘长时段、短时段以及日常时段的遗产叙事的时间内涵拓展；理解文明文化、记忆、惯习等不同的人类学意义的遗产叙事的文化概念，以改变过去遗产保护在空间上只强调地域共性，忽视地方营造的个性，在时间与文化层面上只强调长时段的遗产价值，不注意短时段与日常时段的地方记忆与场所惯习存续的现实。文化叙事的认知体系在"人时空"一体的层面进一步系统地扩展了城镇建成遗产的价值内涵。

　　这里需要对时间轴的"时段"加以详细的说明，年鉴学派的代表人物布罗代尔将历史分为三个时段，分别为短时段、中时段、长时段，从而依靠时段来认识历史发展过程的复杂层次、结构以及节奏。Simonsen 把时间轴分为日常生活时段、短时段和长时段三个时间层次，不同时间段所对应的城镇空间和文化内涵各不相同。其中，"日常生活时段"是日常的、身边的生活空间，是我们身边承载日常生活的场所，这个时间段内的物质空间变化较小，在内涵文化上主要是时间周期中较为稳定的行为规律特性，以及行为活动和物质空间互动的过程，承载着场域中一定群体人们生活的惯习，虽然还没有沉淀为一种特殊的城市历史文化，但惯习的存在却承载着地方场所的现时生活精神。"短时段"主要对应承载特定时代中家庭、社会、环境变迁的地方空间，本书定义的地方空间是具有一定空间范围、容纳一定规模人群生活活动的城市区域，包含了众多场所性空间，注重在一段时间内物质空间和社会生活表现出的阶段性特征，涉及地方特征的形成与发展过程，而这个阶段的空间已经成为包含生活变迁和情感记忆的生命历程空间。因为在短时段内孕育了地方空间特征，形成了独特的地方记忆，这种记忆随着时代的沉淀，会逐渐丰富其内涵，成为一个城镇区域的独特文化类型。"长时段"主要对应承载从古至今城镇发展历史的空间，侧重于物质空间的历时性发展过程，以及社会、经济、文化、制度等与空间的相互关联作用，这里对应的空间是经过漫长的时间逐渐积累的结果，可以反应出人类社会的发展与文明的进步。需要说明的是这里的文化是狭义的文化，本书所强调的文化叙事是广义的文化概念，即是包括了惯习、记忆在内的文化概念（图 3-3）。

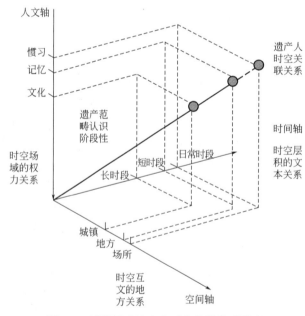

图 3-3　城镇建成遗产人时空关联关系示意
资料来源：作者自绘

（3）叙事文本与语境的研究范式
　　本书采用文化叙事研究中"文本-语境"研究范式展开研究。文本-语境范式中的文本可以采用经典叙事学的文本结构分析方法来分析。根据后经典叙事学的定义，文化以及它的所有形式，都是一个可阅读的文本。作为本书研究对象的城镇建成遗产，其遗产文本作为一个符号的集合体，涵盖了各种各样的语义系统，比如建筑、自然环境、人等等。同时在这个范式中，孤立存在的文本其意义是模糊或者是多义并存的，文本的意义必须在文本语境中才能最终确立。引入到建成遗产的意义建构中来看，遗产文本语境在建构城镇建成遗产文本意义的作用因此应引起高度关注。遗产这种承载独特历史信息的空间文本，其价值意义的生成与逐渐丰富都不能脱离其所处的语境去理解，语境的演变也会对其价值意义的理解产生重大的影响。本书通过建立文本与语境研究的系统交叉的框架，充分说明时-空、人-地、人-人之间的有机关联，实现人时空关联的叙事性重建。

对于遗产文本的意义构成而言，地方语境与权力语境是本书重点考虑的两个语境，这是因为遗产文本的意义的形成离不开在地性的解读，否则会使遗产变为无根之木，在全球化的背景下地方的遗产意义将会瓦解；同时权力语境则是遗产意义延续的根本保障，不同的权力背景下的街区发展虽然外观和空间结构可能有相似之处，但是其场所价值与叙事话语将不可持续。在目前城镇开发建设中，地方政府与资本主体往往主导着空间建设。然而由于对经济发展的诉求以及对地方文化的肤浅认知，很多建成遗产环境的地方特色消失殆尽，从传统的社会生活场所转变为失忆的空间，居民的生活惯习被打破，而新的社会结构又无法短时期内建构完善。对于如今的历史建成环境，回归日常生活的地方与建成遗产存续的权力场域重新审视历史建成环境及其存续状态，已变得异常迫切。因此把城镇建成遗产作为文本，用经典叙事学的论述体系解读遗产文本的同时，更需要强调的是借助后经典叙事学关注语境在意义编织作用的思维方式，认识到只有在地方的语境中城镇建成遗产才有存在的价值，同时只有在权力语境中探讨城镇建成遗产延续才有可能（图3-4）。

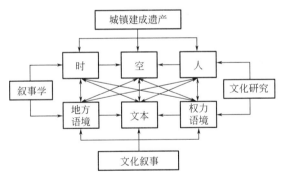

图3-4 遗产人时空关联的文化叙事的理论构成

资料来源：作者自绘

在通常的保护观念中，遗产范畴似乎只有那些特定的文物古迹或者微乎其微的近现代历史建筑。而在历史生活中某个时段里曾作为地方的标志、象征的地方、地点会在城镇现代化建设中被无情抹去。但只有历史层积的断代痕迹才能标明历史连续性和演进过程的复杂性，在此生活的人们才能感受到地方历史的厚度，而文化也因这一复杂的层积过程得以丰富和发展。只有在人时空关联的认知语境下，考察不同时段的遗产要素碎片，不仅仅包含官方话语的文化遗产要素，还包括作为"在地"（local）化的文化场所，大量与当代人集体记忆相关的实体遗存和文化事件空间，进而针对不同遗产要素采取相应的保护措施，建成遗产才能在文化叙事中不断存续。

3.2.3 城镇建成遗产文化叙事的理念

文化叙事的理念是对过去以来的遗产保护理论，特别是近几年来相关遗产理论的综合性、集成性运用，是应对城镇建成遗产现实状况的具体举措，其对建成遗产文化的认知建立在文化的整体性、多样性、发展性理念基础上，并进而开展建成遗产的文化叙事。

（1）文化整体性理念

人们过去理解遗产保护往往从历史保护的角度先入为主，然而这也恰恰导致了遗产保护的范畴狭隘化，即只重视在久远历史中形成的遗产要素，且把这些遗产要素画地为牢，使之与城镇整体环境相隔离。实际上任何遗产在形成和发展过程中都不是独善其身，特别是与城镇发展进程融为一体的城镇建成遗产（戴彦，2013）。首先，文化整体性理念要求遗产保护扩大保护对象的范畴。关注历史文化的物质存留，只是局部的、碎片化、单独的保护方法。文化整体性理念吸收文化景观的遗产认知方式，打破传统的孤立、碎片化的保护手段，而要把建成遗产中的自然和人文、物质和非物质、遗产要素和关联背景、过去和当代、文物古迹和普通民居等全部可以纳入遗产范畴，进行整体的保护及必要控制。其次，文化整体性理念关注遗产叙事的关联性。上文已有所述，这里强调这种叙事的关联涵盖了认知方式和保护手段两个层面。在认知层面的文化整体性理念强调把与遗产关联的要素纳入考虑范畴的同时，更强调把要素之间的相互关联作为重点研究内容。具体的叙事关联线索将在后文中进行展开，这里不再赘述。总之，建成遗产并非历史景观风貌的展现，其更作为各种关系的集合，只有以文化整体性的原则进行深入剖析，才能制定出合理的保护措施。

（2）文化多样性理念

联合国教科文组织在1994—1995年的《我们具有创造力的多样性》的报告中首先采用了"文化多样性"的概念，并于2001年发布的《文化多样性宣言》中如此表述："文化在不同时代或不同地方具有不同的表现形式。这种多样性的具体表现是构成人类各群体具有的独特性、多样化特征。文化多样性是交流、革新以及创造的源泉，对人类来讲如同生物多样性对维护生态平衡那样必不可少。""文化多样性"有丰富的文化人类学与文化哲学意蕴。早期的人类学者走向田野来开展被工业化打扰之前"土著"的文化叙事。但是受到线性史观以及西方中心论的认知局限，当时的田野调查叙事有着很强的达尔文主义色彩。后在后现代主义影响下人们就开始以复线进化论代替原有的片面认识，反思调查者和被调查者之间的关系，赋予本土居民更多的话语权，强调主体间性，重视来自居民自身的自我文化阐释。近年来在"全球化"的影响下，地方独特传统文化消退现象明显，如果得不到重视和保护，文化多样性的表现形式就可能不断消失。遗产保护正面临从人文主义文化观念的"不可移动文物"向人类学的"文化遗产"概念转变的过程。遗产保护的地方性特征在保护"文化多样性"的背景下日益凸显，地方对"传统文化"或"传统习惯"的坚持与重视也会变得更为激烈。地方文化经历了原住民漫长生活经验、自然生态、文化社会等因素积淀下来，而遗产保护的最终目的就是延续文化的多样性，就要尊重理解、肯定包容这种地方的文化表现形式（林志宏，2010）。

（3）文化发展性理念

可持续发展最早是针对如何解决世界能源与资源危机而提出的。但后来，随着文化的危机感愈来愈强，人们逐渐认识到要换一种长远的眼光来对待文化这种隐性资源。因此可持续发展理念进入文化领域而形成文化可持续发展的理念（张卫等，2005）。城镇建成遗产是城镇文化资源的重要构成，并且由于其作为一个历史和传统历时累积并通过偶然和必然因素共同作用的结果，具有不可逆性与长期性，因此更加具有文化资源的价值。正是由于这种长期性使得遗产与人们之间能够形成极为亲密的触觉认知关系。本雅明把人和建筑之间的感知关系总结为触觉和视觉感知关系。与视觉感知用视觉观看建筑不同，触觉感知是经过长时期的日常行为，在人与建筑之间生成的一种唇齿相依的关系，这是一种超越形式表层的更加深刻的感知印象，会由此产生情绪的关联与依附感，感受到建筑精神与自己联系在一起，从而建立起一种以文化为纽带的文化关系。正是因为这样一种文化关系的存在，人们才建立起对城镇的归属感。然而由于其隐形的作用机制，往往被人们所忽略。一旦采用不可持续的更新方式，文化关系断裂后那种熟悉的归属和依附感也就消失了。因此我们在应对时代发展时不应该对过去的文化关系推倒重置，而是在原有文化关系的框架下保持开放包容的发展理念。近年来国际保护领域兴起的城市历史景观保护理念，把城镇文化看做是层层历史的价值叠加。层积这个考古学概念的词汇把当下的文化层也一并纳入了文化叠加的范畴，也可作为文化可持续发展理念的具体表现。

3.3　文化叙事视角下的城镇建成遗产价值存续

3.3.1　城镇建成遗产的价值构成

历史遗产的价值可以从多个层面得到体现，根据视角的不同，可以有不同的价值分类方式。《中国文物古迹保护准则》根据功能将遗产价值划分为历史、艺术、科学、社会、文化价值等。近几年来，人们逐渐增加了对历史遗产的利用程度，历史遗产所携带的实用价值和情感价值逐渐成为遗产价值中最主要的两个方面。本书通过遗产的内在价值和从物质与精神两个层面对现代生活的影响，将遗产价值分解成本体价值和衍生价值。建成遗产的本体价值包含了历史、艺术、科学的价值，衍生价值又可分为人化价值以及物化的价值，物化价值即功用价值，为关联城市发展现实的经济、功能使用价值，人化价值即包含对文化和社会的归属感和对身份的价值认同。历史遗产的本体价值以及物化的和人化的价值具有不同的特征，其差异主要是以价值的存在形式来体现的。

（1）本体价值是遗产价值的核心部分

本体价值是建成遗产价值最核心的部分。本体的价值通常在遗产本体中以静态的方式凝固而来，所表现出来的历史信息总量是相对稳定的，并且处在被不断的挖掘整理之中。建成遗产的历史价值附加于遗产物质实体之上，与历史事件、人物对象和所处时代相互关联，遗产本身只是作为一个历史信息的承载载体，除非在现下发生了重大的历史事件才能够使它的历史价值发生改变。对于历史建成遗产来说，随过去时代不断增加的历史信息不会抹杀掉更早更原有的信息，只会以相对静态的方式随着历史的变迁逐步叠加。对于建成遗产的本体价值，最重要的是对其进行充分的认识和保护，利用只是在不妨碍前者价值的基础上才能进行，防止因为利用方式的错误对历史信息造成不必要的损害。

根据《中国文物古迹保护准则（2015 版）》的定义，历史价值意为建成遗产作为历史见证所拥有的价值，也就是作为史料的价值。对历史价值的评价并不是完全依据遗产建设过程中所产生的信息，而应该是依据其建设完成后各个时间历程中相互关联的历史背景、事件、人物等全部信息，这种信息已经超越了单纯的物质层面，而被赋予了文化人类学层面的意义，成为后人研究特定时期的社会文化以及时代兴衰变迁的重要依据。历史价值应该从相关历史事件、历史人物的重要程度，以及相关历史时期是否典型、稀缺、久远等特点来进行相应的评判。艺术价值主要是由于建成遗产具有艺术创造、审美情趣、典型时代风格等美学艺术个性的特点，作为这些美学艺术特征的实物展现，建成遗产因此也就有了一定的艺术价值。科学价值则是由于建成遗产能够反映人类的创造性，其实体本身能够展现出一定的科学技术成果或者见证了技术发明的创造过程。

（2）衍生价值是遗产价值的可变部分

衍生价值属于遗产价值的增减变化部分。衍生价值不停地动态发展和演化，是一种以动态性为基本特征的活态价值。相比于建成遗产本体价值，本体之外的相关社会文化环境以及使用功能的变迁是客观存在的，反映出历史演变的基本规律。在历史传承中，社会结构和文化样态彼此关联着持续演变。历史上西南地区经历的"湖广填四川"就是典型实例。经历多次的"湖广填四川"之后，西南地区的社会构成发生了很大变化，形成了湖南、湖北、广东和广西等八个省份移民相互融合、复杂多样的社会构成。同时不同的社会群体组成也伴随着文化的交融与更迭。

遗产的人化价值部分包含文化、社会情感归属与身份认同价值等。在各种建成遗产叙事空间中发生了不尽相同的事件，每个人对各个遗产空间赋予的情感也就自然不同。通过地方场所资源以及社会网络的延续来述说记忆故事，能够增加叙事空间之于体验者的情感归属价值，使人得到重要的心理依赖感，而这种关于人的社会情感因素的体验价值是国内遗产价值中重视不够的一个重要价值类型。具体来看社会价值是指建成遗产在记录传承地方文化、凝聚社会共识等方面所产生的社会效益。这种社会价值不单单与原住民有着紧密的作用关系，还能使遗产社区外的其他人群建立起同宗同源的象征性认识以及认同与归属、感怀、自豪感等多方面的感情价值。因此，社会价值应从广泛的社会情感、社会构成、交往关系等层面来认识和把握。

根据《中国文物古迹保护准则（2015 版)》的定义，文化价值主要包含三种类型的价值内容。第一，建成遗产因为能够反映民族、地区、宗教等显著文化特征而获得的文化价值；第二，建成遗产相关自然环境、景观要素所体现的文化价值内涵；第三是与建成遗产相对应的非物质文化遗产的价值。在现代社会中传统和特色文化仍然能够发挥人文关怀的价值，同时作为现当代文化的源头，在和现代社会的互动过程中，传统文化也在不断地演进和创新，为新文化的出现提供基础素材。可见，文化价值应该从地域、民族、宗教等特色文化表征、精神内涵以及生发出的具体非物质文化遗产等角度出发来认识和把握。

遗产的物化价值是功用价值部分，是指遗产由于能够作为物质载体，承载和容纳不同的人类行为活动，从而体现出的器物价值。从功用价值的角度分析遗产与所处城镇的功能关系，既囊括了开展文化消费活动所取得的经济价值，又涵盖了作为社会公益的教育展示价值，还包含着承载城市居民多种生活需求如购物、休闲旅游、居住办公等的功能性价值。功用价值落实到建成遗产相关价值的判断就是对遗产对功能的适应性判断。功用价值同时也是一种动态演变的过程，由于这种有实用意义的价值能够把遗产具有的文化资本转换为经济资本，因此这种实用性的价值在目前越来越凸显，造成了遗产过度物化的现实。

（3）文化叙事对遗产价值构成的梳理

遗产理论家李格尔认为历史学家推动遗产生产的主要动因是从遗产生产的过程中得到理性知识，证明着在这个地方某个历史时刻发生的宏大故事，起到史料价值的作用。但这种知识性的价值对民众的日常生活来说是比较遥远和生疏的，没有办法获得相应的共鸣，这里的史料价值与本书所述的叙事本体价值较为接近。而普通民众需要的不是专业知识的灌输，而是一种有别于知识性语言的、真切生动的体验和感悟。这种具有个体主观的感性以及非专业性的艺术属性普遍适用于所有人。正是因为这样，在公民权利日渐提高的当下，公民的需求发展成为促使建筑得到保护的强大推动力量。李格尔提出，民众所欣赏的艺术性最明显的表现，就是所谓的"年岁价值"在建筑保护领域得到不断认可和重视，这种价值的形成仅仅依靠时间流逝的作用在历史遗产上留下"时间"的印记，李格尔预测这种价值会成为接下来一段时期内建筑保护追求的主导领域（陆地，2013）。

李格尔所言的年岁价值与本书强调的叙事衍生价值类似，都具有随时空演进的多样延续传承可能性，只是随着人们对遗产价值的追求层次不同，对物化的功用价值与对人化的体验价值常常厚此薄彼，少能尽善尽美。对于建成遗产的保护的原因，考古学家和历史学家认为建成遗产可以承载历史信息并且能够支撑科学研究，对于当地原住民来说建成遗产是链接邻里关系的枢纽，政治家将文化遗产看作是城市形象和文化的代表，艺术家把建成遗产视若珍宝，开发商则利用建成遗产作为"文化资本"赚取利润。不一样的诉求会导致保护结果的完全相异，如果单纯地聚焦历史性就将成为静态的历史遗址；单纯地重视艺术性就会失去历时形成的古朴的真实性，成为艺术家堆砌华丽炫目符号的秀场；单纯地侧重经济性就会使建成遗产遭遇过分商业化的困境。因此从文化叙事的视角出发，平衡动态变化中遗产的衍生价值的物化与人化的关系，才能保证遗产价值的充分科学的体现。建成遗产中并不是所有的传统要素都拥有保护的价值，为避免"泛遗产化"就不能把老旧要素一概而论，全部都当做是历史遗产。遗产保护更新应该以人时空关联的角度入手，既反映特有的历史、美学、科学信息，又能认识到在文化、社会等主体层面的重要意义，同时还要兼顾一定的功用价值。

联合国教科文组织从1972年开始要求把"突出的普遍价值"作为历史遗产判定标准。这里所说的"突出的普遍价值"就是指通常所谓的艺术价值、历史价值和科学价值，这一价值认识也被我国的《文物保护法》所认可。而多年来过分追求对历史、艺术和科学等基本价值的保护，使得对历史文化遗产的保护变为一种静态的保护，而难以得到存续发展。我们需要认识到随着时空演进与时代发展的背景，人们对遗产价值的认知趋于多样性，也即衍生价值日渐显现。随着后现代特征在社会中的作用越来越明显，历史文化遗产外溢出的经济价值也更加引起人们的重视。这就要求我们加强关于遗产价值的认知深度，从多个角度开展全面的价值评判，引入多个相关学科知识，联合利益相关的各个社会组织，充分挖掘多样的遗产价值，在此基础上创新应对不同遗产价值保护所采取的技术策略，本书从文化叙事的角度理解和梳理城镇建成遗产的价值构成，可以体现本体价值与衍生价值的构成关系，并且明确提出衍生价值的两个方向即物化方向和人化方向，两者都需要我们在遗产价值认识中加以观照（图 3-5）。

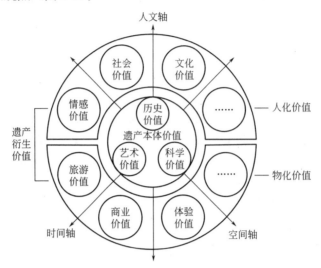

图 3-5　城镇建成遗产价值构成

资料来源：作者自绘

以重庆十八梯风貌街区为例，十八梯位于重庆渝中区较场口处，老重庆城分为上、下半城，十八梯恰好是连接上半城和下半城的一条重要街道。明清时期，受储奇门兵营、湖广会馆与长江码头等多个因素的带动而异常繁荣。十八梯的老街，连着上半城和下半城，也连接着无数老重庆人情感（图 3-6）。十八梯两边居住着普通老百姓，掏耳朵的、修脚的、做木工的、做裁缝的、卖烧饼的、卖针线、打麻将的，不加掩饰地呈现在眼前。现有十八梯、厚慈街等 7 条主街和瞿家沟、善果巷等 6 条巷道组成的山地街巷肌理和众多特色院落，占地面积约 19 公顷。有 286 处建（构）筑物，包括 1 处全国重点文物保护单位、1处市级文物保护单位、1 处区级文物保护单位、2 处文物点、11 处优秀历史建筑和 52 处传统风貌建筑。片区老重庆风貌和整体格局犹存，是一处典型的近代城市遗产片区。由于城市发展不断加快，大规模的城区建设层出不穷，重庆城市的中心也逐渐在此背景下发生转移，作为老的城市繁华中心的十八梯反而成为紧贴重庆较场口-解放碑商圈的贫民窟。

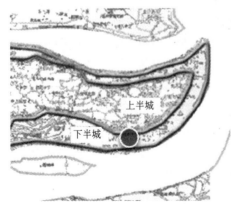

图 3-6　重庆渝中区上下半城与十八梯区位

资料来源：网络图片

十八梯作为重庆城重要的历史片区，具有显著的建成遗产价值。其中本体价值也包括历史价值、艺术价值与科学价值。明清时期，十八梯片区，是供应整个重庆府的菜码头以及排污的粪码头，是下层劳动人民繁衍生息的地方，规模逐渐发展壮大。因此十八梯成为明清两代重庆的真实写照。十八梯片区街道名称丰富多样，蕴含着众多的历史信息。例如，"大观平"、"厚慈街"等地名揭示十八梯街区与佛教有所关联。十八梯内承载着众多具有老重庆特色的商业业态，例如，剃头匠、茶馆、街头拔火罐等。经过时间的推移，十八梯的民居建筑体现出不同时期的多样混合性特点，这些都是我们解读老重庆历史难得的活化石。这些都反映了十八梯的历史价值。其艺术价值主要表现在建筑和街巷体系两个层面。由于特殊的地形地貌，十八梯历史街区具有独特的建筑组合形式，层叠丰富、错落有致的屋顶组合可以从较场口对面的城市阳台一览无余，而走进街巷与建筑内部又能观赏到川东民居的建筑风貌与民居细节。十八梯的街巷空间不仅具有传统街巷的尺度、风貌等特征，更具有鲜明山城特色的台阶梯道，展现出独特的艺术价值。十八梯街巷的空间形态是文化价值表达的重点，衍生出厚重的十八梯特有的形态特点。其所形成的生活方式、商业形式表达了浓厚的市井生活文化。街区内的历史建筑及人们相传的民俗民风衍生出巴渝文化的民俗文化。十八梯的科学价值体现为十八梯整体布局和修建因地制宜，体现了人与自然的和谐共生。建筑使用木、砖木、砖石结构，尊重当地地形、气候特征，表现出鲜活的地方性营造方式。其典型空间和建筑结构的灵活运用，反映出重庆十八梯在历史上的发展过程，对研究重庆传统建筑及空间形态都具有指导意义，值得借鉴和学习。

以上反映了十八梯的本体价值。十八梯还具有重要的物化衍生价值，分别为商业价值与体验价值。十八梯的商业价值由自从其建成之日，就地处城市公共活动中心区这一特有区位因素带来，并直接影响着历史街区的保护和更新的方向，因而十八梯的历史文化内涵最直接反映也是其商业经济的价值特征。由于时代的发展，城市交通方式发生了重大变化，而十八梯也丧失了原来的区位优势。原有的经济和商业价值逐渐减少，但新时期的体验价值逐步显露出来，并越来越成为重要物化衍生价值类型。体验价值使得十八梯历史街区从其地方文化内涵的展示中吸引体验消费者，从而衍生出文化体验性消费，获得相应经济效益。随着时代的变迁，一些新的物化价值类型会逐步被人们所发掘与认识。衍生价值中的人化部分包括情感价值与社会价值。情感是形成城市空间完整性不可忽视的部分。十八梯的形成源于人们在这里进行的特有的活动，形成了与人的行为相适应的城市空间的表达。如今，十八梯仍旧散发着浓郁的市井气息，是老重庆市民生活的真实写照。电视剧《山城棒棒军》曾把十八梯作为重要外景地，另外民国期间在这里发生了震惊世人的"较场口大惨案"，因此十八梯饱含着重庆市民强烈的集体记忆，能够引发市民的情感共鸣。此外，十八梯的社会价值也日益突出。传统街区的文脉和场所精神的体现不可能离开地方的功能、空间特点以及居民在地方中的日常生活。随着重庆城市的进一步发展，十八梯片区的历史曾经拥有的码头职能已经不复存在，但是片区内部仍旧住着大量的城市居民，市井氛围非常浓厚，能够反映出重庆的传统生活情境。对于十八梯的保护最重要的是延续其地方语境下的社会记忆载体，并通过人性化的环境品质提升，尊重地方公共领域的价值，保持多样性的社会话语表达，并且结合自然与人的体验，从而实现对城市公共记忆的叙事（表3-1）。

十八梯街区价值梳理 表 3-1

价值类型		价值依据
本体价值	历史价值	明清时期城市发展的鲜活标本;街道名称隐含着城市发展线索;民居建筑等能够反应出不同时期的多样混合性;保存了传统的商业业态
	艺术价值	建筑群依山地地形布局,因地制宜,第五立面,别具风味的川东民居细节,山地城市特有的台阶梯段
	科学价值	十八梯整体布局和修建与自然的和谐共生,建筑结合地形、气候,反应出宝贵的地方营建经验
衍生价值	物化价值	
	商业价值	地处城市中心地段,商业、经济作为对街区保护更新的重要影响因素尤为重要
	体验价值	采用文化贩售的精神消费模式,从十八梯街区建成遗产的展示和体验中来间接地取得经济效益
	……	随着时代发展,会出现一些新的价值类型
	人化价值	
	情感价值	十八梯承载着强烈的市民集体记忆,能够引发市民的情感共鸣
	社会价值	十八梯历史街区仍旧居住着大量的普通市民,体现出浓厚的市井生活气息,能够真实有效地反映老重庆的日常生活
	……	随着时代的发展,新的价值类型会逐步显现

资料来源:作者自绘

3.3.2 城镇建成遗产的价值评估

遗产价值的评估是一切遗产保护工作的基础,对遗产保护更新工作起着决定性作用。认识到遗产具有多样性价值特征后才能够为遗产保护采用何种手段提供根据。首先,在严守建成遗产保护底线之前我们必须要清楚遗产保护的底线在何处,明确能够改变和不能够改变的地方;其次,针对不同本体、人化与物化价值的遗产类型来制定不同的保护方针,使遗产的丰富价值类型得以最大化地展现。不仅要关注建成遗产所谓综合价值的发挥,更要认识到深化对建成遗产不同类型价值的分析、评价也特别重要。通过借助关联性特征理解不同价值类型的差别,梳理不同价值类型对要素载体的保护要求等方面,实现载体要素的构建、保护目标确定、保护策略制定等具体内容。

（1）借助关联性特征理解不同价值类型的差别

遗产要素的价值评价需要充分认识到建成遗产不同价值类型的重要性,并区分不同价值类型的主次差别,有些价值在要素载体之上体现并不充分,而这个要素载体可能承载着另一种重要的遗产价值。在选择相应规划技术手段前,必须通过"人时空"关联性视角对遗产的不同价值类型有所认识,包括不同类型价值的总结、不同类型价值重要性分析以及针对个别价值类型的脆弱性评估等。在保护实践中经常出现一个要素载体集中了多种价值,如果只是用整体价值评判来决定采用何种方式进行保护更新,而放弃了对单个价值在历时动态的发展中,通过行为主体来与物质空间不断发生互动关系的把握和认识,以及对此价值类型与共同存在的其他价值类型的关系研究,那么这种整体化价值保护必将要使保护的科学性受损。例如我国的圆明园遗址当下一直作为历史遗迹进行保护,但是圆明园从历史上看本身是一个供皇家居住、休闲娱乐以及管理国家的地方,多年来复建圆明园的提议被屡次提出，其实质就是要恢复其当时作为上述功能的价值。然而我们一旦有意识地理解不同价值的重要性，就是发现圆明园的当下状态体现的是我国近代史屈辱的历史价值，这种历史价值比其原貌拥有艺术和科学价值更居于核心地位。这种价值评估过程决定了圆明园应该是一个遗址公园，而不是一个恢复居住功能、展现艺术和科学价值的原址复原，这便是基于多样遗产价值的精细评估所起的作用。

（2）梳理不同价值类别对相应载体的保护要求

建成遗产保护需要针对建成遗产本体价值的静态性特征以及人化及物化价值的动态性特征，来深入梳理不同价值的承载要素，并根据承载要素的不同价值来寻求具有针对性的保护策略。对于本体价值而言，来自久远历史的信息不可再生，只存在于未来某个时候当下变成历史的层层叠加，因此对于本体历史价值的要素载体就要采用以真实性为主导的保护方法。所以对于保护更新工作而言，明确相应价值类型的要素载体非常重要，可以指导具体规划策略的制定。以建成遗产的街巷及围合街巷的民居建筑为例，街巷空间主要价值包括承载社区情感记忆的社会价值、用于交通和公共空间的功用价值，以及传统街巷空间格局、尺度、界面等形态要素反应的艺术价值等，因此对街巷空间的更新需要对街巷承载的生活场所、街巷的建筑细部表情以及独特空间形式进行重点保护。与街巷空间相比，两侧建筑内部空间格局的艺术价值等并不大，而功用价值却是居民最为关注的。因此一般居民可以不用过多受艺术、社会等价值的限制，来修缮自己的房屋，建筑的内部格局可以随着建筑功能的改变做出相应的调整。这样基于不同价值的保护方式能够合理利用遗产要素价值潜力，而且也不会对遗产要素的主要价值造成破坏。

3.3.3 建成遗产价值真实性存续

遗产的本体是建成遗产的重要价值组成部分，包括有古建筑、园林、古井、石碑、古树等，大部分以有形状态存在，因此对其遗产保护的真实性影响相当关键，在价值层面主要体现建成遗产的历史、科学、艺术等方面的价值，也对其他衍生的价值起着重要影响。在建成遗产保护过程中首先要强调对遗产本体的保护，并且要注重保留其承载历史信息的完整性，在确保本体价值不受损坏的前提下，采用合理的方式将历史信息传递给城市市民。

（1）文化叙事下的遗产价值真实性

遗产的真实性是遗产存在的关键因素，但是人类对遗产保护思考与实践的认识程度有一个由浅入深的过程，尤其是对遗产真实性的认识更是如此。《关于真实性的奈良文件》是目前保护领域里对真实性概念达成共识且最具权威的解释文件，该文件重视遗产的真实性和文化之间的关系，并且将真实性理解为外形、设计、材料，以及实体、用途和功能，甚至包括管理机制、区位、背景、语言、精神与感受等非物质遗产层面的共同表现。该文件对原西方中心主义的真实性概念增加了东方的解释，可以增加亚太遗产保护工作的可操作性和可实施性，同时也让我们感受到遗产真实性综合多元的构成。

文化叙事下的遗产价值真实性强调文化发展中的人时空关联性。具体而言，一方面体现在人时空的文化内涵关联性，即强调人与时空的内生性关系，一方面体现在人时空的系统结构关联性，即强调人、时间与空间的结构性关系。我们必须认识到随着时代不断进步居民的生活方式也有所改变，随之引发遗产的物质要素和空间环境发生连续和有意义的演变，这种"活态"的不断前进依靠遗产具有地方特色的物质要素，这些变化中的要素也成为建成遗产的重要价值载体。因此所谓的"活态"其实是指地方特色的物质要素和人的日常生活之间的不断传承和丰富的文化联系，这种文化联系包括生产方式、宗教活动、生活习惯等，其重要性不尽相同。街边聊天、纳凉、打麻将等一些普通的日常行为活动可以是不太重要的文化联系，而重要的文化联系则可能成为遗产社区的重要价值保护对象，呈现出与其他区域相比的特色性和遗产本体区域的普遍性（霍晓卫，2014）。比如重庆龙兴古镇历史上湖广填四川而来的移民人群就影响了龙兴古镇的建筑布局方式、宗族祠堂的传统以及为防御匪患而修筑的寨堡建筑群，甚至至今还影响着社区内的风情民俗活动，可见对移民文化的理解和尊重是保持古镇活态传统的重要一环。因此我们应基于对人时空关联性的认识来辨别遗产"活态"变化的过程，引导变化过程向着社区历史形成的人时空关联精神内核的方向发展，而不是脱离了这种关联性，承认一切的遗产变化，只有如此才能对遗产的真实性做出合理的活态引导。

首先，有人居住的遗产社区并不必然含有活态的价值，遗产价值的真实性应该体现在人与时空物质要素的文化性关联叙事层面。如果一个社区的物质要素和人不具有文化上的联系性，那么该物质实体的活态价值也很难体现。历史建成遗产的"真实"就体现在物质和人动态的文化关联之中。譬如，若龙兴古镇没有了移民会馆每年的祭祖活动，重庆十八梯街区没有了传统山城"天街"繁闹生动的生活情境，就算住着人，也不具备真实的"活态性"。事实上，大多数建成遗产都具有这种物质与人之间的文化关联，这些文化关联性与建成遗产最开始的形成机制有关。当下，有些历史建成遗产的文化关联性不仅被弱化，甚至受到威胁，因此保护建成遗产的文化关联性就是保护建成遗产的核心工作。

其次，针对我国遗产保护面临的遗产环境碎片化的主要问题，遗产价值真实性存续更应该体现在空间的系统结构性关联叙事层面。真实性和完整性是遗产保护的基本原则。但是，我国大规模的城市建设已经导致历史遗产遭到不可挽救的破坏，大多数所谓历史名城中的建成遗产都成碎片化分布于现代城市之中。在充分理解我国文化和发展背景的前提下，来尊重历史遗产的真实性和完整性，并在此基础上加以保护已经成为不得不去面对的主要问题。近年来我国少数历史城市掀起了古城整体复建、回到最辉煌过去的运动，但站在正确的保护价值观基础上，这种模式是不可取的，丧失真实性的完整性追求毫无价值，并且企图对全部保护的理想追求也肯定行不通。所以针对目前碎片化状态的历史名城存在状态，我们重点应该通过空间关联性的认知逻辑，来推动对遗产系统结构的真实性保护。系统结构的真实是指基于自然和人文环境，经过长期实践演变确立的历史城市结构以及稳定的空间肌理，各个遗产碎片之间仍然被这些内在的历史结构关系所关联，应该充分挖掘和珍视这些历史关联线索。仍旧承担着日常职能的历史城市需要结合现代生活方式进行持续更新，但所有的更新活动都要延续、加强城市原有的系统结构，而不能够异化、割裂古城特有的系统组织。

（2）遗产本体价值真实性的存续

联合国教科文组织在《会安草案》中提出的真实性的各个方面包括了保护区域位置与环境、形状和设计、用途与功能以及本质特征等多角度的真实信息（表3-2）。对于建成遗产的功能用途以及非物质层面的信息，不一定非要恢复到它们最开始存在的传统状态，而是要保留这种经过时间打磨后的经济、社会和文化痕迹，体现尊重文化多样性的原则要求。那些主流或特别，正面或者负面的时间痕迹都具有一定的保护价值。例如海口老街的修复中有部分历史建筑的某些残垣断壁并未拆除重建而是作为戏台的前后景，并且建筑墙体上保留下了不同历史时期留下的标语，使很多过去发生过的事件得到记录。对于建成遗产内部的自然生态环境要素更应进行妥善保护，例如古树、水井等，这些都不是孤立存在的，是组成建成遗产周边大的自然生态环境的重要部分；同时地形地貌也常常携带着深刻的文化信息。可见，自然生态环境要素的保护应该从区域系统层面进行梳理的基础上来考察其文化意义。

会安草案提出的真实性的各个方面　　　　　　　　　　表 3-2

位置与环境	形式与设计	用途与功能	本质特性
场所	空间规划	用途	艺术表达
环境	设计	使用者	价值
"地方感"	材质	联系	精神
生境	工艺	因时而变的用途	感性影响
地形与景致	建筑技术	空间布局	宗教背景
周边环境	工程	使用影响	历史联系
生活要素	地层学	因地制宜的用途	声音、气味、味道
对场所的依赖程度	与其他项目或遗产地的联系	历史用途	创造性过程

资料来源：UNESCO《会安草案——亚洲最佳保护范例》。

《奈良真实性文件》要求遗产本体价值的保护需要对遗产的全部形式以及历史阶段的所有信息都进行保护。本体价值保护最重要的是历史信息的保存及能够发掘出更多信息的能力。遗产信息来源是否真实和可信决定着理解遗产价值的能力。这就要求既要维护现有物质遗存的安全，又要在证据充分的依据之下对遗存本体进行修复以维护本体价值的完整，并且要确保新建部分与原有部分之间易于识别，新建部分也应具有可逆的技术特点。对于有形的建成遗产来说，要特别关注对遗产信息源的保护、挖掘以及整理。《会安草案》中详细梳理了六种信息来源途径，其中包括历史、社会、科学、艺术、类推以及语境等来源，而每一种信息来源又可分为一手来源和二手来源两种信息类型，形成了较为全面的信息来源清单。

（3）遗产本体周边区域控制引导

遗产本体的周边环境是能够保证遗产本体真实性的重要区域，对其的控制与引导能够有效避免新的城市建设对遗产本体的影响。控制引导的途径主要是划定保护范围、建设控制地带以及必要时可划出一定的环境协调区域，同时对建设控制地带和协调区域提出具有针对性和可行性的控制协调要求。确定的建成遗产保护范围可以起到保障遗产物质环境本身安全的作用，而外围划定一定的建设控制地带，也使得遗产本体有了紧密关联的外部存在环境，并且这种周边环境也能够得到一定的建设引导和控制，这里需要保护控制的本体周边环境既包括人工建筑环境也包括自然生态环境。只有在确保遗产的外部要素完整的情况下，建成遗产价值才能够完整地体现出来。并且明确了保护的范围与要求的同时，也为周边城镇建设和土地开发提供了依据，起到了既可以满足遗产保护的要求，又明确了街区及周边关联区域的发展权的作用。此制度已经成为我国文物、历史文化街区、名镇保护的基本要求，但是对其他具有一定价值的文化资源，特别是与保护对象密切关联的自然环境因素来说，这种控制方法应需要进一步推广应用。遗产本体周边区域环境的保护与控制协调应该从遗产的基本视觉感知出发，寻求与周边环境及景观相协调，尊重已有的自然界限、产权界限等空间限定因素来合理确定，控制引导区域内部的建筑高度、体量、密度以及建筑风貌、自然环境等。如重庆庙宇古镇保护规划中，由于古镇居于浅丘围绕的平坝，整体地势形成了七个山丘伴着庙宇古镇，即"七星伴月"的绝妙形态意向，因此庙宇古镇保护必须把古镇周边山丘全部纳入保护范围，这些环境因素构成了遗产的背景条件，对其保护能够保证古镇结构空间的完整性，以及文化价值的完整性。

3.4 文化叙事视角下的城镇建成遗产叙事线索

3.4.1 建成遗产的多重关联线索

城镇建成遗产往往形成时间较长，因此内部环境较新建区域繁杂，蕴含着多样的传统文化，同时也容纳着不同程度的现当代建设改造，因此其保护规划工作的前提是全面而深刻地认知历史与现状。建成遗产的整体性理念为这种认知提供了思路与手段。文化叙事的认知方式探究的是遗产中人时空叙事线索的相互关系，而不是把遗产当作是独立出现的产物。因此保护范畴应该从叙事线索角度来认知。挖掘与诠释叙事线索是理清保护内容、选择恰当的保护手段的重要环节。具体而言，叙事线索可从四个方面来体现：时间线索、空间线索、文化社会线索、当代发展线索。

3.4.2 时间线索

时间线索即遗产的发展脉络及演进过程。我国有着浓厚的历史发展底蕴，积淀出了层次多样的文化类型，厘清建成遗产演进过程需要探索与揭示其丰富的历史层积特质。逐一研究各个历史层来确定在历朝历代遗产街区中发生的过往、存在的人群乃至街区在整个城市中的作用和价值等，才能使全时域的叙事得以完整展现。

以重庆磁器口古镇为例，其西临歌乐山，东接嘉陵江，凤凰山、金碧山在其南北两侧护佑，古镇就靠在中部的马鞍山上。古镇在宋代初年就作为附近闻名的乡村市场和贸易码头，聚集周边的乡民来此从事贸易，当时名为"白崖场"。受战乱影响，宋元时期发展缓慢。明初以后，在若干恢复经济的措施带动下，古镇的农业、手工业以及商业贸易又得以迅速扩展。临近码头区域逐渐聚集起大量贸易棚户，另外一些船工生活聚集形成居民点，且宝轮寺作为佛教寺院也吸引着附近的村民开展宗教拜祭活动。商业贸易的日益兴旺加之宗教活动的吸引促使古镇聚集起更多的人口，古镇的用地逐步拓展，从而奠定了以码头、商贸市场以及寺院为核心要素的城镇空间结构。

明朝中期以后，因地处川北和川东水道的咽喉位置，地理位置优越的磁器口古镇逐渐发挥出它的区位优势，成为嘉陵江、渠江、涪江流域农产品的集散地。明末年间，战乱使得四川人口急剧下降，古镇经受了诸多破坏。清初时政府从湖南、湖北、广东、福建等地征召大量百姓入川，也就是"湖广填四川"。移民带来了先进的生产技术和手工工艺。这当中有三个祖籍福建的江氏兄弟移民至磁器口后发挥自身的制瓷技术，开办窑场，生产民间所需的各种陶瓷用品，因此磁器口迅速发展成川东民间用瓷的重要生产地和出口地。随着场镇商铺、货栈、民居数量的逐步增加，街道拓宽，磁器口一跃成为初具规模的商贸集镇。从码头向嘉陵江边延伸出互相垂直的两条繁华商街，一条与嘉陵江垂直从而连接磁器口码头的叫磁器口正街，街上汇集了大量的农副产品贸易和手工业铺面；另一条与嘉陵江岸平行，垂直于金蓉正街的叫磁器口横街，是正街空间发展饱和后商贸活动拓展的产物。至清朝中期，古镇建设已具一定规模。

清朝中期以后，磁器口的农产品贸易和手工业发展迅猛，特别是瓷器生产及转运更成为古镇的主导产业形式。依托农副产品集散、瓷器的生产与转运，磁器口古镇快速发展，于是城镇规模扩大，功能更完善，各种商铺大规模兴起。到1891年重庆开埠以后，磁器口吸引了许多当时的资本家、洋人买办新开商号。这一时期的码头贸易繁荣兴盛，"白日里千人拱手，入夜后万盏明灯"是磁器口繁荣景象的写照（徐娜，2013）。晚清至民国，原来手工作坊式的沙坪窑开始转变为新兴的机器生产。金融业也开始盛行，到民国时古镇已经有多家钱庄票号从事金融业务。到了抗日战争前期，国民党迁都重庆，众多商户及其他民众涌入磁器口，更推动了金融业的发展，古镇开办了多家银行。随着商户的不断涌入，原有古镇空间无法满足需求，因此拓展到古镇北侧的金碧山脚下，形成了金碧正街，另外在南部新建了金沙正街。至此，磁器口古镇的成熟格局已然确立，表现为以码头为交通集散中心，以四条商业街巷为骨架的城镇空间结构。数千家货栈、手工作坊、商贸金融企业沿街罗列集合，共同形成了磁器口古镇的建成形态格局（图3-7）。

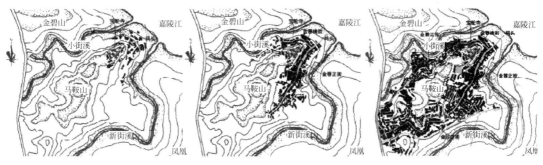

图3-7　磁器口古镇形态格局的时间演变

资料来源：徐娜. 西南山地传统商贸城镇文化景观演进研究［D］.重庆：重庆大学，2013.

通过对磁器口历史的梳理，可以发现其完整的街区发展脉络过程。形成期以商品经济的萌芽和区域性商品流通的出现为标志，古镇建设历史过程是从设置码头到建成一定规模的商贸集镇的阶段。古镇发展成熟时期的主要标志是商品经济的兴旺发达带动商业贸易等需求不断增长，形成以码头、市场、庙宇等多个"触媒点"联动发展的多中心结构，且逐渐以线型街巷的形式增长，从而形成以码头为原点，以商贸为基础，融合移民文化、宗教文化，最终形成相当规模的古镇区域。对遗产街区的历史演进时间脉络进行整理，才能确定其蕴含的文化价值，进而采取合理可持续手段来保留建成遗产的全部历史价值。

3.4.3　空间线索

空间线索承载着建成遗产的特色，通过各种空间要素彰显遗产价值。城镇建成遗产既包括区域历史文化的节点又包括历史城区、历史街区以及其内部组织要素、遗产周边的环境等。空间线索需要梳理建成遗产和所处自然生态环境的关系、和周边区域其他遗产之间的关联关系、遗产空间构成要素之间的关系等。以空间关联的视角来认知城镇建成遗产的整体价值，就是将城镇遗产放在范围更广阔的区域内进行信息确认与内涵认知。例如把拉萨八廓街放置到大的文化线路的空间梳理之上，八廓街区是历代唐蕃古道、茶马古道、清朝驿路等三条文化线路上的重要节点。同时街区大小清真寺的出现，也印证拉萨曾经是古时生活在中国西北的穆斯林前往麦加的朝拜路线上的一个重要的节点，八廓街区从而具有了多元功能的价值特征。

场镇的产生发展离不开周边区域空间的关联关系，如某些场镇本是周边区域的交通节点，发挥自身陆上交通的区位条件或水运的便利，最终逐渐发展成为了物资集散地。龙兴场镇的选址与发展壮大成型就是由于它与周边农村地区及场镇联系的优势。巴渝地区自古就是我国闻名的农业地区，因为水运是古代最为便捷的交通方式之一，所以整个巴渝地区一片商品经济繁荣之象。河滨城镇会在物资运转和经济发展的过程中与腹地的农村紧密联系。研究发现，许多古镇的选址都是靠近水源地，因为这样不仅可以满足人们生活用水需求，而且有利于古镇的交通运输，所以说水源成为古镇选址的最为关键的因素。但是龙兴古镇区域内并无河流，究其原因发现，龙兴古镇的区位在古代江北县域经济体系上发挥着关键作用。在元末明初时期，龙兴古镇就已经出现了小型集市，从而逐渐形成了古镇作为其周边地区物资转运中心和商贸集市的职能，随着清代商品经济逐渐发展，清朝乾隆年间的龙兴古镇就成为了江北厅设立的十六个场镇之一，名为隆兴场。

龙兴古镇西靠铁山山脉支脉石壁山，东面俯视御临河，坐落于御临、天堡、石船、复盛、关兴五个场镇的环绕之中。因为古代运输方式受限，货物的陆路运输不可能太远，龙兴场镇的区位正好便于连接这五个场镇，理所当然的成为江北县的物流运转中心，变成整个江北县的旱码头。研究发现，龙兴古镇不光把古代江北厅的内陆区域货运连接到一起，而且也能有效地与长江的洛碛、鱼嘴等水运码头联系起来，而从有效连接了内陆资源与对外出口。由于这个优越的区位条件，龙兴古镇成为古代江北县域乃至巴渝区域商贸流通网络中的重要节点，为区域经济发展发挥了非常关键的作用。在场镇的丘陵之间形成了五条跑马大道，以龙兴古镇为中心，连接其与周边五个场镇，这样的形胜在风水学上称为"五马归巢"（图 3-8）。

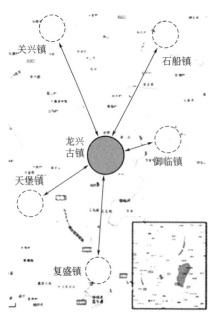

图 3-8　龙兴古镇与周边空间要素的关联
资料来源：作者自绘

五马归巢意为五匹骏马由五条大道从各自方向共同汇聚到一个目标即"巢"，古人把这种意向的地方视为有福的宝地。龙兴古镇的五条大道也衬托出龙兴古镇在古代发挥着区域经济核心的作用。北部大道为石龙路，始于石船镇，南北大道是复龙路，连接复盛场与龙兴镇，东北大道称作御龙路，始自御临场，西南大道是天龙路，连接龙兴镇与天宝场，西北大道称兴龙路，始于关兴场，每条大道都能够到达龙兴古镇中心。虽然有大道相连，但并不是一马平川地指向龙兴古镇。古镇也特意选址于山麓之间，充分利用山形地势，除场口处较为开阔外，其余都竭力应用风水观念，追求藏风纳气，这也表达了古人对古镇周边地势的深刻把握与有效利用。通过对龙兴古镇的空间线索研究，才得以明确其传统场镇的商业经济地位，龙兴古镇与周边场镇及大农业区域的商业联系最终塑造了场镇的空间格局意向，同时场镇的选址也与自然和谐相处，巧妙地运用了区域山水格局的围合关系。相反，如果遗产保护范围仅局限于街区内部，就会只保护建筑文物价值，忽视了社会文化、自然及经济等的相关价值。这些价值遗产的保护都应从宏观视角对空间要素相关线索进行相应地梳理。

3.4.4 人文社会线索

人文社会线索在遗产演进过程中发挥着关键作用，是遗产不断演变和发展的内在动力。对人文社会线索的关注能够让我们更加理解遗产演进的深刻逻辑。城镇建成遗产往往是当地不断交织的各种社会人文线索在城市物质空间的反映。从而城市遗产的物质空间积淀出深厚的场所精神内涵而不单单作为一种客观物质性存在。厘清人文社会线索既要全面地探究遗产的文化要素构成以及要素之间的文化逻辑，又要理解相对应的社会群体特征对文化演进的影响，同时更需要把握不同文化类型与其对应的遗产载体之间的关联关系，从而保证建成遗产社会文化特色的准确继承与全面发展。

例如，梳理清楚龙兴古镇的遗产演进历程离不开对移民这一重要人文社会线索的梳理，可以说移民对于空间的建造起到了异常关键的作用，潜移默化地烙刻在古镇的空间构成之中。龙兴古镇虽然在元朝就有所记载，但是在明清时期社会经济快速发展后才得以繁荣兴盛。正是由于明清时期的大规模移民现象的出现，推动了古镇的繁荣发展。明朝初年，洪武年间湖广、江西人民入川；明末清初一直到乾隆中叶都有湖广入川的政策（图 3-9）。龙兴古镇经历了两次大规模移民，

图 3-9　湖广填四川路线示意图
资料来源：网络资源

结果是古镇中的移民超过全部古镇居民的 80%。移民需要寄托乡思，因此逐渐兴建了祠堂，到今天我们仍能看到数个祠堂遍布于龙兴古镇。而祠堂的选址造势又因循着传统风水学说。风水是古代人们在选址时，对水文气候条件、地形地貌、生态景观等诸多自然要素进行的考量，还包括在建筑建造过程中一些技术和禁忌等的经验总结。龙兴古镇中的所有祠堂朝向都是东南向，其目的是将东南侧的龙脑山作为朝山、案山，并且可以聚纳东侧的御临河之气。祠堂街的所有祠堂位于古镇的西边，主要原因是为了将整个龙兴古镇背靠西北向的铁山山脉作为主山。坐西北朝东南，祠堂所在位置的地势为东低西高，从祠堂入口处越进入内院高程越有所增加，这样能够顺应古镇主导风向，建筑物内部具有较好的通风效果。除此之外，坐西向东的方位对于龙兴这样的移民场镇有着更广的寓意，坐西预示着在他乡干出成绩；向东代表东方是心灵的归乡，以此传达对家乡的思念之情以及敬意之情（图 3-10）。

移民不断增多带来了宗族活动，宗族文化在龙兴古镇蓬勃发展，这种宗族文化和思想

图 3-10　龙兴古镇祠堂建筑的
位置及朝向
资料来源：作者自绘

在当地得以传承并发展。从现存的祠堂街的建成环境中可以发现，不单是政府在推动发扬这种祠堂宗族文化，普通民众也十分推崇，自发兴建祠堂。因此应该采取妥善措施延续这种祠堂文化，这既能够促进社会的和谐发展，同时也有助于传承我们优秀的传统文化。通过对龙兴古镇人文线索的梳理，才明确了其特有的文化载体，因此在规划设计中按照这一线索进行相应的保护和修复，只有通过这种途径才能够理解古镇物质遗产要素的形成原因和文化价值，并且能够准确确定古镇物质遗产保护的对象以及应该采取的针对性保护方法。在具体实践中因为忽视了古镇发展演变过程中的人文线索，在规划保护过程中想当然地套用其他城镇遗产的保护模式，必然造成当地的宝贵人文线索断裂，而物质性保护也就此丧失了最重要的文化价值。

风水不仅反映了古人的空间观，同时也包含着古人对营建场镇的文化观。风水也被古人叫作相地之术，其以自然环境为对象，对场地及周边气候环境、水文和地景等进行综合性的深入探究。归根结底，风水就是通过研究水陆环境确定如何影响建筑物的选址问题。《风水辨》中所说的"所谓风者，取其山势之藏纳，不冲冒四面之风；所谓水者，取其地势之高燥，无使水近夫亲夫而已，若水势屈曲而又环向之，又其二义也。"指出风水主要就是根据水源和陆地两大环境来进行选址判断，核心思想就是将不利的山形水势化解为"天人合一"主导思想。从风水学角度分析，我们会发现龙兴古镇地处浅丘盆地中心，它依山就势，利用山势形成稳定的屏障，最终营造出符合风水意向的风水吉地。当人们从远处走向龙兴古镇时，因为周边山势遮掩，若不借以小山丘而俯视就不能看到场镇。但是如若爬上不足百米的周边山坡，整个场镇的景致就会尽收眼底。古镇东南边的龙脑山作为案山，古镇西侧依靠的铁山山脉与石壁山也就是风水中讲的祖山与少祖山（何淼，2013）。除此之外，水在风水学说中起着重要作用，但是龙兴古镇作为一个旱码头，本身内部没有水，因此龙兴古镇必须从其东侧的御临河纳气（图 3-11）。

另外，从风水文化中喝形的文化因素分析，龙兴古镇的得名不仅来自于建文帝的有关传说，也是因为整个古镇的街道形态就像一条条龙。回龙街就像龙头一般张嘴吐纳，弯曲有力的藏龙街就像龙的躯干，祠堂街伸展自如就像龙的尾巴，那些与主街相垂直的支巷神似龙爪，整个古镇就像是龙一样在空中翻腾。这种富有彩头的喝形恰如其分地描绘了龙兴古镇弯弯曲曲的街道。曲折街道的界面会使体验更加丰富多样，如果人工拉直反而会对原始地形造成破坏。巴蜀地区的场镇街道有史以来大都是以曲线、弯曲转折或者回环旋绕的形态存在的，这更有利于街道界面的控制，同时促进街道内人气的聚集，是广大农村地区的地域性的乡土情感的表现（图 3-12）。可见在传统城镇的营造中，文化因素起着至关重要的作用，只有对空间背后的文化因子进行深入的挖掘和叙事，才能从保护手段和策略层面不出偏差和遗漏。

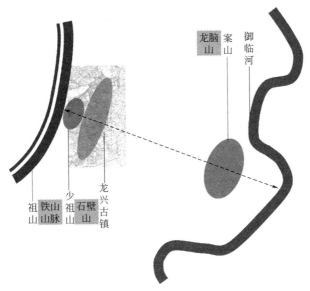

图 3-11　龙兴古镇与山水的风水关系
资料来源：作者自绘

图 3-12　龙兴古镇龙形布局体现风水理念
资料来源：作者自绘

3.4.5　当代发展线索

　　厘清时间线索从纵向维度确定了建成遗产的变化发展主线；整理空间线索能够从横向的角度认清遗产在城镇体系的作用，找寻各空间要素的关联关系；探究社会文化线索能够让我们进一步理解遗产形成的因果关系与特质意义；而理顺当代发展线索是建成遗产延续发展的基本条件。只有对历史遗产本身的时间线索、空间线索、社会人文线索以及当代发展线索进行充分而全面的认识，保护规划才能总结出建成遗产的整体价值和意义，在此基础上梳理各类物质及非物质的遗产保护要素并确定针对性的保护技术与方法体系。

建成遗产的整体价值的层积演进历程不能只着眼于已有文化价值，更要兼顾到现代和未来的文化叙事的过程，在现代的环境中，为建成遗产植入新的价值，才能够使其得到更好的保护与发展。由此可见梳理和探究建成遗产当代发展线索的必要性。在此基础上，根据街区当前状况发挥自身优势，避开短板劣势，面对外部因素有效趋利避害，并且对现代因素进行合理控制与引导，这是建成遗产保护成功与否的基础。保护措施的制定应该把梳理当代发展线索作为重要考虑因素，从而在具体指导建成遗产街区的整体保护与复兴的过程中保证措施的可操作性。建成遗产不仅要保护遗产历史信息，也要使遗产的存续发展成为当代的发展的组成部分。当代发展线索构成了建成遗产的保护和发展条件，又可分为区域层面的发展线索和遗产层面的发展线索。

（1）区域层面的发展线索

首先，经济发展进程特点构成了城镇建成遗产发展的区域基础条件，往往决定着建成遗产的存续方式。区域消费层次与需求对建成遗产发展方向起到重要的影响。例如身处北京皇城根下的南锣鼓巷凸显中产休闲服务的定位，成都的宽窄巷子也是满足了休闲消费需求，积极将传统文化融入现代活动，产生了丰富的文化项目才得以动态发展。而重庆木洞镇位于城市边缘，于是仍然保留了居住为主的主要功能，同时，考虑到经济进程的发展，应对休闲旅游功能进行适度的引导。其次应考虑城镇建成遗产的当代区位变迁。经过长时期的发展，建成遗产外部环境发生了较大的变化，也引起了建成遗产的区位条件发生着很大的变化，如果想让建成遗产融入到城市中，就要结合当前区域的功能定位与发展方向特点制定相应的规划策略。比如明清时期北京的前门大街只不过是北京内城限制汉人居住又经由商贸的带动，自发聚集形成了一定规模的聚居区域。虽然也有一定的商业氛围，但仍然是京城的边缘区域。而现在其已经成为中国向世界展示我国传统文化的窗口，与北部天安门广场遥相呼应，一定程度上赋予了新的政治色彩。重庆磁器口古镇原来只是远离渝中半岛核心的一个商贸小城镇，除了镇区几条成型的街巷外，外围都是农田林地。而今，磁器口古镇不再是瓷器以及商贸的物流集散地，成为被城市居住高楼和文体娱乐设施所包围的城市核心区域，并成为市民日常生活中的休闲游憩目的地。

（2）遗产层面的发展线索

建成遗产发展必须面临解决公共及市政基础设施配套的问题。建成遗产的正常合理有序的运转也需要城市基础设施的支撑，随着时代的发展，基础设施的种类与供应技术也在迭代，因此这就需要建成遗产在面对人的需求时体现出足够的适应性。从大量的城镇建成遗产案例来看，建成遗产的消失往往伴随着公共及市政基础设施的老旧，建成遗产基础设施的好坏往往关系到遗产街区能否存续。近年来，国内木结构城镇遗产由于供电系统老化问题，失火沦为一片灰烬的就有不少，如2016年磁器口古镇发生火灾，造成3处房屋烧毁，10余户受灾，其原因还是由于电力设施老化，消防管网设施不完善。还是磁器口古镇，因为地势过于低洼，防洪措施不足，年年遭受洪涝灾害的影响，这些极端突发的事件如自然灾害等恰恰反映了磁器口古镇的基础设施不完善的后果。另外，城镇建成遗产中的开敞空间不足也是遗产发展中面临的重要问题。遗产街区建设至今，街区内的公共空间被不断挤压，很多街区近几十年来不断插入了手工作坊和小型厂房以及仓库等，部分公共空间变成垃圾回收点等用地，导致周边环境恶劣。寺庙和祠堂也经常被作为民居或学校来使用,导致街区原有的开放空间格局和公共服务设施系统被打破。然而对街区功能发展而言,必要的开敞空间必须得到保障。在尊重既有建成遗存的前提下,梳理开敞空间体系,重新开辟利用开敞空间是优化建成遗产环境品质和完善功能的重要举措。

3.5 本章小结

经济的快速发展和大规模建设造成城镇建成遗产的破坏越发严重,城市失去了自己的特色,"千城一面"的现象随处可见。因此人们更加关注建成遗产保护的重要性,遗产保护的范畴也从单独保护文物演变为城镇人居聚落。即便如此,我国历史城镇的保护原则和方法仍处在不断探索和加深阶段。这其中最基础的是对建成遗产的认知,即如何在时代变迁的大背景下理解建成遗产的问题。本章从"人时空"关联的视角,提出对建成遗产的正确认知必须建立在明确其作为人时空复合体的本质上来,同时对建成遗产进行保护也必须在不断寻求其人时空的关联线索,梳理关联要素,建立起文化叙事的基本认知理念,真正从消费叙事回归到文化叙事中来。进而在文化叙事的认知理念之下,解读城镇建成遗产的价值构成与价值的评价要点以及遗产真实性存续等。

4 解"叙"：时空层积的文本结构叙事策略

4.1 遗产文本的结构性叙事逻辑

4.1.1 线性叙事的结构局限

我们生活的世界本是高度复杂的，这种复杂性不仅来自于世界本身存在的复杂性，也是我们本身有限的认知能力和时间所决定的（龙迪勇，2012）。但是人们经常把现实世界误解为只是被几条简单规则所限定的简单世界，而实际上我们如此谬误的根源并不是现实世界复杂性的减弱，而是我们主观地简单化理解和应对现实世界而已。建筑界对世界复杂性的认识由来已久，罗伯特·文丘里早在 20 世纪 60 年代出版的《建筑的复杂性和矛盾性》中就提出："我爱建筑的复杂和矛盾……这是一种包含艺术固有经验在内、丰富而不定的现代经验为基础的。"在文学叙事领域，现实世界的复杂性现象及其应对方式也是每一个叙事者必须要面对的问题。这是因为叙事者在开始叙事时首先面对的就是海量且杂乱的"事件"世界，这里既有个人日常生活中亲身经历的直接事件也包括同时发生的其他间接事件。我们应该认识到，世界的复杂和事件的多样已经超过了我们平时习惯养成的叙述能力。这个自从叙事发端开始就一直存在的叙事学难题也使得所谓的历史记述无法是绝对完整和客观真实的历史，因为完全客观的历史涉及到特定时期的所有史实细节，哪怕是一点看似微不足道的细节缺失都是一种对客观完整历史的无法预计的损坏。

因此，我们养成了剔除和选择的叙事策略，优秀的画家或历史学家要做的核心工作就是选择典型的事件，赋予作品以看似整体的效果呈现，"绘画以及著作都无法呈现所谓完全的真理。但是那些最能制造出真理整体效果的著作或绘画，则是最优秀的作品。而那些不善于选择典型事件的人，就算其叙述的全部是真相，最终呈现效果却最虚假"。长期以来，人们在选择、编织事件，并使其成为具有整体效果的叙事作品时，习惯于按照时间线性推进线索和因果关联线索来进行，而那些与时间和因果线索关联有限的事件，常常会被排除在叙事文本的情节之外。而实际上，有很多事件是同时发生的事件群组而不是一个时间线性的演化序列。面对众多复杂的"事件"世界做出选择，然后对其进行情节化的编排组织，这是所有叙事活动的必然路径。但在编排组织阶段的手段上，叙事者按照线性时间和因果关联来组织故事情节的叙事方式，显然无法适应现实世界的复杂程度。所以我们需要以更加具有复杂性意义的叙事方式，不断弥补线性思维的叙事局限，而针对城镇建成遗产时代层积的复杂性，同样需要尝试更新或者弥补我们的叙事观。

在当代的建成遗产叙事中，遗产空间要素常常作为一种信息传播媒介，而那些最能够快速建立美好、完整的体验，最能够满足当代人功能与审美需求，同时又在经济政治层面最容易操作和实现的空间要素往往被充分发掘利用，而其他遗产要素则正好相反，常常处境堪忧。这种叙事手法的缺陷就在于所谓的"去粗取精",然而在掐枝去叶之后,建成遗产只剩下符合时间单一线性推进而粗略记录了一小部分,而只叙述一部分的同时,大部分的事件物质要素载体被统统舍弃。这种叙事方式遮蔽了事件的真实性,给建成遗产留下了人为主观干预的难以消除的印记。线性组织的理想化叙事线索虽然可以将目光所及的复杂事物以清晰的逻辑方式反映到人的观念世界里,增强空间的叙事表现能力,但是这种被主题化了的浓缩历史不可能完整细腻地展现真实的遗产时空体,只会通过信息传递的语汇选择、组织方式、呈现顺序以及叙述聚焦等等各个叙事方面影响遗产的再现效果,甚至会扭曲历史的演进轨迹(肖竞,2013)。

4.1.2 从简单线性到复杂结构叙事

我们的思维常常以"简化原则"把握复杂世界,在前文分析时间线性造成的叙事缺陷基础上,我们还要认识到因果关联关系中的简单线性同样存在问题。人们理解世界通常是一对一的线性因果关系,然而现实世界大部分的因果关系是原因或结果都不是唯一确定的一对多和多对一关系,只不过我们日常中习惯以简化的一因生一果的线性对应模式去思考、应对我们遇到的问题。事实上,在大部分叙事活动中叙事者都清楚一对一的线性序列几乎不存在,然而他们主观上常常只会选取符合简单线性关系的事件。例如历史学家在进行历史叙事时,首先会针对一个事件结果来寻找几个原因,然后把这些原因归类并排序,并决定某一种原因作为主要原因。然而就像安德烈·莫洛亚说的那样:"事实上没有所谓特权的过去,只有无限多并全部一样真实的过去。在哪怕再短的时间里,事情之线也会像树枝一样分岔。"

例如,就原因而言,每一个结果背后都存在着许多原因,如果我们只挖掘出一个原因,那么就是不可信的,"在寻求真理的航行里每一股驱动水流前进的水源都是不能被忽略的。"另外,所谓绝对合理的解释也是不存在的,如不同历史叙事对同一个历史事件会做出不同的解释,甚至同一历史学家在不同时空条件下也可能会有不一样的理解。人们逐渐认识到基于线性因果关系的传统叙事方式存在武断片面甚至是虚假的问题,开始主动探索一对多和多对一的非线性因果关联模式,如引入分形的非线性思维来解释复杂的叙事组织现象。针对时空层积之下复杂的遗产现实,也同样需要寻求一种相应的叙事路径,改变以往简单的线性思维方式。

借鉴叙事学研究中关于非线性叙事如分形叙事的理念,可以更清晰地表达其与简单线性思维叙事的异同。"分形"的理念由数学家曼德布罗特(Benoit B. Mandelbrot)提出,其在对英国海岸线长度的测量中,发现海岸线具有典型的不规则、无限分形和自相似的特点,也就是用不同长度精度的尺子来测量海岸线,其长度数据可以差距极大,进而这个概念被推广到其他自然与社会中的复杂现象的描述和解释中,并且在此基础上建立了分形几何学说(图4-1)。在这种非线性系统中,初始状态发生变化后不一定会像在线性系

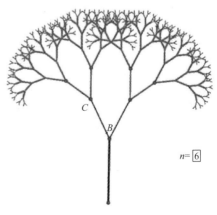

图 4-1 分形树示意
资料来源:网络资源

统中那样引发成比例的系列变化，数学家用"分形树"形象描述这一特征："树的树枝上会不断生长相似重复的细节分叉。分形模型可以通过改变分形系数来产生不同形态的树"。运用类似分形模型等非线性思想建立的叙事文本也同样呈现出分形树的结构特征，一个节点事件可能导致多个后果，而一个后果又可能对应于许多原因事件。城镇建成遗产历经岁月积淀下来了无数的历史事件和生活事象等无形要素，还有大量的建构筑物、景观格局等物质性要素集合，两者交织关联使得其本身蕴含的文化意义已经让简单线性的叙事方式无法应对，而新的事件和意义还在遗产时空体中以指数式增长，建成遗产的文化表达和再现的复杂程度可见一斑。

4.1.3 时空层积关联的复杂叙事路径

以上对线性、复杂性叙事等叙事理论体系的引介，其目的是让我们能够越来越清晰地认识到现实世界的复杂性，并使这种复杂世界变得有序以能够被理解。卡尔·波普尔（Karl Popper）曾经说："理论就是人们撒开来用以抓住'世界'的一张网，它使世界合理化，解释它，然后支配它。人们想方设法让网的网眼越来越小。"因为理论的网眼越小，人们所能打捞的事实就越多。与线性简单叙事相比，非线性的复杂结构叙事显然网眼更小，这样一来它抓住的事实就会更多。复杂叙事理念是一种与现实世界复杂性本质更为切合的理论，是一种能更好地体现事件世界复杂性的叙事模式。但是我们一定要认识到，无论网眼多么密集的理论之网，其打捞出来的事件及经验都不是事件世界本身，那些漏掉的事实始终都多于留在网中的理论化事实。一个叙事作品虽然组织建构了一个事件世界，但同时一个更大的经验以及记忆世界则在作品完成的过程中大打折扣或者失去。因此，诸如卡尔维诺这种不满足于传统叙事模式的作家，总在尝试创造出一部包括着全部可能性的叙事文本。

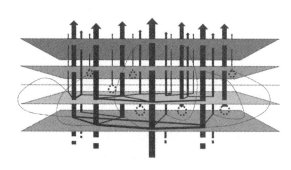

图 4-2 城镇建成遗产文化叙事的复杂分形示意
资料来源：作者自绘

虽然如"分形叙事"之类的复杂性叙事也不可能完全描绘出这个高度复杂性世界，空间叙事与历史真实之间经常存在意义上的鸿沟，但至少可以走出线性世界的单调和机械，提供一个超越单一功利世界的多重意义世界，为我们应对复杂的遗产存续环境提供重要的理念支撑（图 4-2）。如卡尔维诺的文本理想在建成遗产的存续叙事中不可能实现，也没必要实现。然而，这种复杂性叙事的思考对建成遗产意义文本复杂性意义的认识有很大的启发价值，同时启迪人们努力拓展更宽阔的理论视角，来识别、梳理、传承、表达遗产空间文本的意义内涵。这种向着遗产时空层积复杂性不断前行和开拓的努力，将终究能够打破对建成遗产保护传统惯常的认知定式，这种认知的努力将在下文中予以尝试。这种复杂性思维的最终目的就是越来越准确把握遗产时空层积关联的特征，既准确全面地传承遗产的历史信息，又安详包容地叙述人们多样、市井的日常生活，以诗意的存续状态回应生活意义与历史真实的悖论，构建更丰富多样的建成遗产存续的实践世界。

4.2 遗产文本的结构叙事内涵

4.2.1 叙事主题：单一主题和意蕴层积

在当前的建成遗产保护更新中，虚华主题语境下的狭义表达影响着众多的建成遗产改造项目。忽略日常生活中社会互动的交往空间而只倾心于功能置换的体验空间，致使相较于传统社会改造过后的遗产环境往往无法建立场所情感共识。除了使用功能之外很难准确表达历史文化与社会价值意义，群体或者个人的情感或个性更无从谈起，难以体现集体经验与共同记忆的累积，也不易形成共同情感投射与依附感因而缺乏清晰可辨的地方感。建成环境只是输出刺激的表象符号（sign），而没有社会沟通的意义象征（symbol）作用。建成遗产主题化改造手段用凸显特殊性和视觉体验以吸引大众目光，进行传统建筑、风情元素的移植与拼贴。然而这些被刻意主题化的建成遗产实质却变成了传统日常生活遥不可及的异地所在。靠包装而成的观光地点与其衍生的活动场域引发雷同的观感与行为，往往压缩了社会生活多样性及差异性的存在空间，消灭了真实的传统社会互动，限缩了身体经验。总之，主题化生产之下的遗产观光经由游客与在地的资本实践使公共领域日益病态化。

西方传统的叙事或者诠释学都经常认为文本或作品自身是理解的中心，它有先于理解而凝固在作品文字和语言结构当中的意蕴，该意蕴也与作者意图以及历史演变无关。西方叙事学也长久以来拒文本作者和文化背景于叙事研究以外，这样就无法真正深入到全面的文本意蕴层面。建成遗产中充斥着各种各样的历史故事与文化事件，能很好地引起建成遗产文本的作者——社区居民在情感归属上的共鸣，这种情感归属的美学意蕴往往超出了景观"物境"的层次，而涉及"情境"乃至"意境"的层面，是一种"天道"与"人道"并重的天人合一观念的审美实践。许多历史主题空间刺激游客以过去经验记忆为基础进行一般性的诠释，而忽略了建成遗产背后的故事与文化价值。经过改造后建成遗产的历史意义常常漂浮不定，甚至可能与地方长年实际经验累积脱节。在传统的文学叙事中，叙事主题就像是一块磁铁，会有效地汲取与其关联的素材来构建叙述文本，一部文学作品往往主题只有一个以免喧宾夺主。与文学叙事不同的是，因为建成遗产历时共时的特征，遗产发展过程中文化和社会生活的融入等，通常会呈现不同时代不同文化线索的多个主题交错杂糅，相互叠加影响而产生多重意义层积的现象，导致遗产表达的多元化，这种结果甚至不能用主题来涵盖，只能用意蕴来体现其复杂性。

4.2.2 叙事内容：宏大仪式和日常事象

不管是宏大仪式还是日常事象，关于事件的探讨在城市以及建筑文化的经典研究中总是被反复提及。亚历山大在其专著《建筑的永恒之道》中建立了事件模式概念，他提出地方的生活体验等不仅仅因为地方的物质环境而存在，还与事件体验模式相关；阿尔多·罗西的《城市建筑学》中最为关注的是城市空间发生的事件，罗西明确地提出城市空间作为事件表演的剧场，其中充盈着时代积攒下来的事件和情感，而新发生事件又连接着历史的记忆以及潜在的未来记忆，特定的事件发生场所构建了空间的独特性。近年来，文化空间概念在遗产保护领域中日益受到重视，文化部于 2005 年发布的《关于申报第一批国家级非物质文化遗产代表作的通知》中对文化空间的界定为庙会、传统节庆等在传统认定的时间与场所举行的各类传统民间活动。这个解释容易造成对文化空间概念范畴的认识缩小化，认为文化空间就是固定场所、时间、几乎固定不变的规模性事件，从而忽视了文化空间的传承性和持续演进的特征。文化空间随着其创造者、持有者的意识、行为变化而发生变化，可能表现在传统节日庆典等大规模、仪式性事件上，也可能体现在日常生活中的行为事件体系中，两者兼顾的文化空间系统才是完整地反应全部的文化体系。

亚历山大列举了诸如电闪雷鸣、夫妻争吵、婴儿降生等各种事件来说明人们的生活是由各种事情所组成。持续发生的事件决定了建筑和城市的根本特征，每一个空间都有它特有的事件模式。因此，我们理解事件得以用更开阔和包容的思维及界定方式——不管宏大的还是微小的，只要与人们日常生活密切相关，经过代代相传，成为日常生活中社区情感认同和精神传承的内容。可见，不断累积形成的事件模式具有多样丰富的内容。在城镇建成遗产存续中，只重视一些所谓重要的建筑、文物、历史遗址、节庆典礼等宏大的仪式，仅仅只是城镇建成遗产体系里面一个很小部分。只有既对宏大的事件进行保护，又对日常生活的文化事象进行合理化存续，才算是对城镇建成遗产进行真正意义上的保护，才能真正提升建成遗产的文化品质，存续建成遗产的空间特色。建筑遗产以及周边环境承载着居民大部分的日常行为事象，这也是文化信息的重要载体。城镇建成遗产的历史信息和大小事件除了被书面记录下来外，还通过遗产空间、建筑、景观等的不断层积与附着，无意识地记录和表达着地方的文化氛围和精神特质。因此，我们应该在宏大仪式与日常事象两方面构成全面的叙事内容基础上，展开充分挖掘和全面梳理建成遗产的物质要素的工作。

4.2.3　叙事层次：表层描述和深度描绘

受诠释学和社会学的影响，人类学从早期描述性的表层浅描逐渐向解释性的深描发展（吴宗杰，2012）。借鉴人类学的话语体系，遗产叙事的深度与层次也应从表层描述向更强调深度描绘发展。格尔茨提出"深描"的概念，认为人类学是一门描述和解释的科学，他提出解释人类学并不是要为具体事实寻求一个具有普遍解释力的相应逻辑规则，而是通过解释文化这一过程来优化与增加解释的厚度，其目的在于解释特定文化脉络下事实的意义体系。对文化这张人类为自己织就的意义之网的分析，不该被看做是以寻找所谓客观规律为目的的实验科学，而应该是一种探寻文化意义的解释性科学。"深度绘描"（deep mapping）让深度挖掘和理解建成遗产意义成为可能，能够促进建成遗产话语的多样性存续。20 世纪 70 年代以来各个人文学科开始空间转向，地理学领域更是从普世宏大叙事转变为对文化、经验、地方的空间表达，原来单纯线性时间的历史理解更是转变为在空间演进中历史意义存续与不断新生的空间叙事，形成了遗产话语构成中的崭新世界观。

深度绘描并不是故弄玄虚般地简单意义复杂化，而是充分吸取人文社科空间转向的研究成果，更丰富全面地彰显一个特定空间地方的人文历史意义，通过一系列的空间要素梳理方法，把那些社区文化中的细枝末节或记忆碎片进行多视角、多层面的展现，而这些在过去又常常被忽略。深度描绘不抛弃如国家民族历史之类的宏大叙事，但它更强调在特定场所中的具体而微的文化感悟。这种多样、即时、复杂和主观的感悟时刻传达着历史或者当下、高雅或者通俗、名人雅士或者普通百姓的多重叙述的声音。附着着多样历史话语的场所空间，得以多层次地开展微观叙事，提供给我们一种寻找多元文化意义的途径。因此，格尔茨倡导的"深度绘描"反对忽视背景的宏大叙事和抽象了的文化意义，而重视文化意义在特定地方（local）的特殊性。建成遗产的"深度绘描"需要尊重多声部杂糅且历时演进着的遗产文本，挖掘整理已然不连贯的、不同时代的碎片化遗产要素，编织成一个能够被现代人阅读和理解并发生情感关联的文化叙事。建成遗产中的古迹、店铺、民居建筑等相关历史记忆载体就像不同历史时期积攒而来的厚厚的陶片层，展示着丰厚的文化底蕴，而每一碎片又可以与更加先前的叙事对接。深描的作用就在于从生活现象入手，发现这些碎片要素然后赋予其关联对话的文化意义。

4.2.4　叙事语境：去语境化和语境回归

联合国教科文组织在越南会安通过的《会安草案——亚洲最佳保护范例》（2005）中提出亚洲的遗产保护存在着与欧洲不同的一些显著问题，因而东方的遗产保护语境被更加重视。人口过快增长导致环境需求紧张，快速的城镇化带来的城镇移民以及工业化的影响等都对文化遗产的存续环境带来压力，这构成了独特的社会经济背景。另外独特的文化背景也造成了针对真实性概念解读的模糊，而基于大众旅游的所谓"保护修复"反而破坏了遗产的真实性，造成遗产地的碎片化、原始建筑材料的仿制和替换、遗产地同质化与地方感丧失、遗产分离于社区生活传统之外。草案明确提出了亚洲历史城市的去语境化现象对遗产真实性和完整性存续带来的紧迫威胁。旅游业往往不重视遗产保护者的意见，一味地满足旅游业内部群体的利益要求，对建成遗产的包装和展示太过于经常和随意，满足于对文化进行简单的"复制粘贴"，就像同样的舞蹈反复表演给不同的游客一样，这往往造成文化传承的中断和文化内涵的萎缩。当真正的建成遗产被冷落，而一旁新建起热闹的主题公园时，实质上却是文化脱离了其产生与存续的语境，去语境化之后的文化再也无法真实性表达与传承。而我们真正应该做的是把文化回归到原本的遗产社区环境中去，并以此作为社区发展的重要立足点，回归到正确的叙事语境中来。

从奈良关于遗产真实性的讨论到会安草案，体现了世界遗产理论从西方中心论回归到东西方不同语境的认知上来。亚太地区遗产文化具有显著的多样性和整体性特征，多样性仍然在社区日常生活中起着活力延续的作用（吕舟，2016）。而整体性则让遗产所有者、传承者以及社区，物质和非物质文化遗产，遗产和人们的日常生活等互为一体，也因此表现出活态遗产的特性。不同于文物古迹能够通过技术干预与行政命令来实现有效保护，活态遗产的保护只能首先依靠遗产社区成员的文化自觉与自信，并与当地发展相互协调。只有这样，活态遗产才能在其本真的语境中不断发展。

4.3　"层积机制"的时间结构

4.3.1　历时共时的空间状态

伊塔洛·卡尔维诺曾言建成环境中不同时期和类型的建筑以及相关要素都会传递出那个时候的历史精神。故每个城市都是可以体现多种历史积淀的文本。城市历史建成环境以生动的形式展现了城市的历史变迁过程。如果说城市是本史书，那么历史文脉就是贯穿空间的叙事方式，历史要素的相互关联使建成环境有了被阅读与理解的能力（何依，李锦生，2012）。前文已经就时段进行了一定的介绍，日常生活的时段、短、长时段下对应的三种城镇空间也具有不同的文化内涵。其中日常生活时段下的城镇空间就是日常性接触的生活空间，体现着当下人们的日常生活状态。短时段对应的城镇空间承载着特定地方在一定时期内生活变迁历程以及情感记忆，在短时段期间的城镇空间中地方性被逐渐建立，呈现出特定时期内城镇物质实体与市民生活的阶段性特征。长时段对应的是承载城镇从古至今历史演变的空间，从中我们可以清晰地了解城镇从诞生之日到当下的结构形态与物质实体的历时演进过程。梳理城镇空间和社会文化、经济制度等的关联影响关系，城镇空间在长时段的发展演变过程中，大量的历史信息积累叠加，厚重的历史积淀恰恰展现着人类社会的发展以及持续进步的文明成果。

本节将按照历史保护领域常规的长时段认识方法讨论层积机制的时间结构，而短时段和日常生活时段将在第5章中结合地方语境进行探讨。语言学家索绪尔运用共时性和历时性分析方法作为结构语言学的重要研究工具，其中共时性指在同一历史时段内各要素存在的相互关系，历时性指在时间持续演进过程中一个要素逐渐取代另一个要素的过程。将语言学的共时历时研究方法运用到城镇建成遗产空间研究中，不同遗产空间要素在时间结构层面就有了逻辑性的内在联系。

（1）共时的空间状态

共时语言学是用静态的视角，由某一个时间断面入手，研究语言在特定断面的状态特征。共时性所呈现的叙事样式也可以用电影叙事中的"蒙太奇"技术来说明，其通过构成和装配等技术手段，将单独的画面要素进行集合处理，成为一个比个别要素更高效的艺术形式。蒙太奇虽然来自于电影编辑手法，但如同普多夫金指出的，蒙太奇实际上是艺术表现过程中本来就存在的东西，更是我们日常生活中各种要素关联的总和。以共时性视角分析城镇建成遗产的物质要素，可以发现在相同的某个遗产空间单元中共时存在着形成年代不同的遗产要素，呈现出遗产空间的时间断裂与要素拼贴的异质氛围。

如山西太原南华门历史街区的空间发展过程可读取不同空间元素的共时存在特征（何依，2012）。南华门曾是晋王宫的南门，修建在宋城外杏花岭上的晋王府是明代太原城的统治象征。清朝顺治年间晋王府被大火烧尽，从而引发了街区空间环境发生了重大转变，王府旧址变成清兵精骑营驻扎的营地，用来镇压汉族人，慢慢的"精营"一词就成了清代太原古城的一种城市符号。清朝末年精骑营被废，街区被重新改造利用，于是街区空间特征再次发生改变，转换为上层社会的官府宅邸。民国时期，德国人和日本人在该地区建造了数栋别墅，阎锡山等政府官员也在此修建宅院。新中国成立后，新生政权仍在这个地方安排行政中心职能。之后随着城市现代化建设的逐步推进，街巷空间也在不断植入新的城市功能的过程中更迭变化，大片的院落式民宅被单位宿舍取代。南华门街在明朝、清朝、民国、新中国成立后到近年来的不同历史时期，伴随着城市政权的更替，街区主要的物质构成要素与空间结构持续发生着重构演变，并不断积淀下不同时期发生的"历史事件"。

以上各个时期建成遗存在当下的南华门历史街区这一特定区域中都共时性地发挥着作用，这里的共时性不仅包括物质性遗存的直接显现，还包括地名等已经内化为文化线索的非物质遗存的彰显。我们可以发现，南华门街区的地名传承于明时的晋王宫城门；街巷格局以清代兵营的空间结构为基础，又把遗存下来的一些明代宫城巷道纳入其中，命名方式也是延续清代和明代两代的内容；历史建筑以民国风格占主体；街巷肌理也是由传统院落和现代单元住宅楼的交织并置。我们可以从南华门遗产要素的共时性组合上理解遗产空间的存在状态，即多时期、碎片化的遗产要素构成了南华门历史街区的空间整体，这种辩证的整体与部分的关系反应出建成遗产的多样和复杂性特征。

（2）历时的空间状态

历时语言学是用动态演化的视角，从一定长度的时间周期入手，分析语言在这一时间进程中的变化历程。建成遗产的具体物质要素在一个较长时段内表现出的形态演变如空间轴线的生长、功能中心、空间范围的变动等都可以作为历时性的空间体现，这种以时间轴为明显关联的空间演变具有显著的叙事功用。以位于山西南部的新绛古城为例，古城建于汾河北岸，古城基地为显著的二级台地，地形中就带有立体空间塑造的优势。新绛自隋唐开始建城，到清末民国，历史上逾千年的不同朝代建设都体现了对基本地形的尊重和利用，建筑随山形地势布局，形成了良好的空间感受。在地势最高的凤凰岭区域各个时期都出现过城市标志性建构筑物，如隋开皇三年于西北高崖建造的宴节楼；唐朝龙兴寺43米高的龙兴塔，作为当时最高的建构筑物，也是当时古城空间叙事中的最高潮；元时有鼓楼，明朝有钟楼，清代时在龙兴寺原址上建有两层的老佛楼，民国34年由传教士修建的新绛天主教堂，教堂西边是传统四合院式的修道院，体现出民国时期中西合璧的建筑文化特点。

空间不断地历时性演进，时至今日古城城市天际线仍然具有鲜明丰富的特色。远眺古城从西至东依次展开绛州三楼、绛州大堂、哥特天主堂、唐朝"宝塔"等，巧妙利用地形高台，形成变化生动的城市天际轮廓线，成为古绛州的重要文化景观。各种历时性的空间经过选择和植入，形成了整体空间的历时结果，恰似时间的艺术而展现出来。在《城市发展史》中芒福德提出城市空间等同于一个具有独特构造形式的容器，能够用来存储并且传承人类文明的成果。在建成遗产产生发展的过程中，物质要素随着城市的发展，沿着空间叙事主线不断地发展和丰富。不同历史时期有着不同的要素特征和相互关联，各种历时性要素组合形成遗产空间的意义载体，我们就可以从新绛古城天际轮廓线的演变过程窥测历史发展的文化意义。重庆十八梯历史风貌区主要街巷包括十八梯街、下回水沟、后池街、守备街、凤凰台和响水路等街道。虽然各个时期都有细微调整和变动，但大的格局传承了1940年的街巷空间结构，较为完整地体现了重庆陪都时期的地域文化特点，体现出历时性空间的特点（图4-3）。

站在历时共时的视角来重新审视建成遗产空间的构成，可以摆脱传统建筑学视角只关注传统建筑风貌统一塑造或者形式和谐控制等的片面性，而换之以更系统整体的认知方式来理解建成遗产的构成。对历时性的关注让我们更容易理解建成遗产作为一个系统的动态演进过程，构成要素之间的先后层叠关系（图4-4），以及在时间作用下具体要素生长变化所留下的痕迹。对共时性的关注让我们更加珍视各个时期、不同特点与文化内涵的构成要素汇聚所产生的多样复杂甚至是矛盾冲突的状态，而不是一味地追求某一特定时期的模样。共时性与历时性统一于建成遗产大的框架之下，才能够真正实现遗产区域的文化整体性与遗产要素的鲜活和丰富性，不能忽视其中的任一方面。共时性所带给建成遗产叙事的横向线索与历时性带给建成遗产叙事的纵向线索的相互协作，才能够真正传达出建成遗产叙事中的文化性。

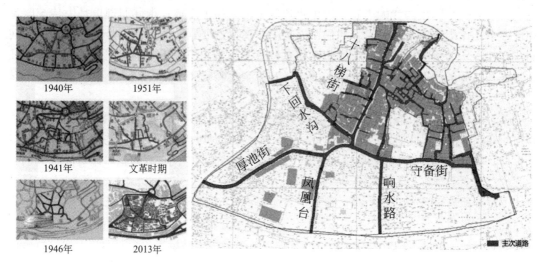

图 4-3　重庆十八梯街巷历时过程演进

资料来源：重庆大学规划院《重庆渝中区十八梯传统风貌区保护性建筑初步测绘》

图 4-4　渝中区下半城天际线的层积性

资料来源：作者自摄

4.3.2　层积结构的演化特征

　　针对历史层积的研究起源于 20 世纪中叶康泽恩学派的城市形态学相关理论认知（刘垚，2014）。城市形态学专注于对城市景观历史演变的认识与规律识别研究。康恩泽提出城镇景观是由各个历史时期文化遗存的不断积淀形成的。康泽恩以城镇景观区域为核心研究领域，从地块划分、街道系统、建筑肌理、功能类型等层面展开了分层发展过程的探讨。他以安尼克历史城镇的历史形态变迁为案例，深入梳理了分层发展的作用要素，并将其作为城镇历史保护的基础（田银生，2010）。与以往对城镇景观的认识不同，历史层积的观点从一开始就基于动态发展的视角对城镇景观展开讨论，认为城镇的景观实质上来自于城镇由于经济兴起、衰落和重新复兴的连续循环累积的过程，这个过程中逐渐积累下来

的有形印记和无形的文化资源都是城镇景观的重
要组成部分（图 4-5）。

　　在 2011 年联合国教科文组织发布的《关于城
市历史景观的建议书》中，吸收了城市形态学中
的历史层积概念。建议书把城市历史景观看做是
由各种有价值的信息历史层积而来。这种时空层
积的认知方式应用到建成遗产保护中，使我们拥
有了一种近似考古学的认知视角，来重新认识建
成遗产的结构构成。同时也为更好地保护建成遗
产并促进遗产可持续的存续发展提供了可能性和
开放性。我们只有把那些不断层积引起的变化当
做进化中的遗产景观，把它们作为城市文化传统
和历史发展的一部分，才能够真正地开始欣赏适
度变化的价值。落实在建成遗产保护更新实践层
面，第一，我们应该承认历史上各个时期遗产景
观的平等地位，所有历史层次的本身价值并没有

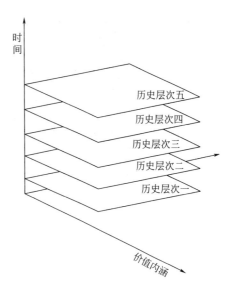

图 4-5　历史层积理念示意图
图片来源：作者自绘

高低分别。作为不同历史时期的共时混合体，应尊重每个时代的遗产，而不是选择遗存占
多少的年代以及最繁华、影响力最大的历史年代作为保护改造目标。这样不但会造成大量
珍贵历史信息的丧失，更会漠视街区价值的现世创造。第二，我们更应该看到当代价值应
该与传统共存，在当代基本价值保存的基础上更强调当代价值的创新性实践（刘祎绯，
2014）。高线公园就在涵盖历史各时段价值的同时，也保障了当代城市需求，使其具备持
续沉积新形成价值的能力，维护各个历史层积的价值，保障其文化意义得以持续彰显。

　　城镇建成遗产的价值内涵跟其经历的历史进程关联紧密，是不断复杂演进的一种意义
层积体系，城镇建设实践实质上是一种文化建设和创造的过程。我们要在历史层积的基础
上保持继续的层积过程，才能够避免城镇建成遗产的"景区化"倾向，城镇建成遗产才能
在发展的过程达到"人与人"、"人与物"、"人与历史"三个组成部分的和谐相处。面对城
镇建成遗产这种体现一个城市文化深度的地方，复杂的层积关系应该被详细记录和研究、
理解和展现，应该选择不同时段的"时间切片"，通过仔细的层层剥开式的空间分析，来
显化文化层积的价值沉淀过程（图 4-6）。建成遗产本身的空间文本承载了大量该时期的历
史信息，生动的记载着建成遗产的演进过程。刘易斯·芒福德曾经说如果要更加深入的了
解城市当下的景观，就首先需要掠过城市历史的天际线去寻找依稀可分辨的痕迹，去弄明
白城市更古老的结构与功能。城镇建成遗产是历史与当前发展构成的动态层积的结构，建
成遗产的历史与当前的空间变动信息会在时间的历程中经由续、调、融等方式手段存入层
积结构之中，形成遗产空间层积结构的演化特征。

　　（1）续

　　即建成遗产在演进过程中各时空层物质要素呈现的结构特征未出现显著变动，按照上
一个层积过程的基本属性继续进行叠加积淀的方式。这种层积方式一般在传统社会中较为
常见。因为传统社会较之现代社会，生产力水平相对受限，生产关系也较为单一，所以整
个建成遗产的外部环境变化不大，城镇建成遗产在不同历史阶段呈现出量的增长、减弱或

图 4-6　湖广会馆及东水门历史街区的时间切片

资料来源：作者自摄

者扩展、收缩，在层积关系上呈现出同质性的逐层叠加，以及叠加信息的重复性特征。但从发展演进的结构视角看，层积并没有发生结构性的变异，建筑肌理、街巷体系以及建筑尺度与风貌特色等都未发生结构性改变，呈现出一种历时稳定的存续态势。城镇遗产空间的基本结构特征不发生结构性变化的同时，历史遗产的各级文本却会通过不断在数量上累积变化，逐渐组成建成遗产的变迁历程。对这类建成遗产空间景观文本的剖析可以让我们了解传统社会或者外部环境稳定背景下城镇历史环境的自主层积状态。

（2）调

即建成遗产演进过程中随着周边环境的变化，某些时空层的物质要素和结构构成特征出现与原来层积现象不同的调整和改变。层积的调整演化强调出现从量变到质变的跃升，突出结构性要素与功能性要素都发生调整性的演替现象。历史城镇的物质形态始终处于动态变化的过程之中，其中在一些当地生产力水平以及外部环境出现突出变化的时期会出现层积的异质性调整。其中结构性要素包括建成遗产空间的空间格局、肌理构成、新的标志物系统对原标志性空间的重构、建筑功能的增加与适应、建筑物的形态和风貌特征的变异等内容；功能性要素作为构成新的层积结构的个体要素，主要体现在个体要素在建筑簇群中的不断生长，使原有建筑簇群密度显著增加，甚至于簇群空间要素日益立体叠加引起对原建筑遗产三维结构的紧张。城镇建成遗产的这些调整都是为适应周边环境变化，对维持自身发展做出的空间响应。建造技术的跃升、区域经济发展的影响以及外来文化的涵化等都会引起新的空间要素和组织的生成，也引发对旧要素组织方式的替代。而这种调整性的空间结构要素同样会不断层积，成为遗产文本中针对重点内容的提示符，清晰地提醒着人们特定时代的空间要素曾经进行调整演化的层积叙事（肖竞，2016）。

（3）融

即建成遗产演进过程中出现新的遗产要素和旧有遗产要素之间相融相生的层积现象。这种层积方式不同于要素与结构的简单与被动的调整，而是强调新遗产空间要素的生成来源于旧有遗产体系中的要素形态特色与结构组织方式。新遗产空间要素主动地吸收和继承旧有遗产的存储的历史信息，如以上所述的空间格局、肌理构成、标志物系统、建筑功能、形态和风貌特征等内容。或者新植入的空间要素通过相应的整合与关联策略，把原来被动调整而出现的异质性元素不断融入到遗产整体空间中来，成为真正的有机整体，并实现对地方文化线索的织补和存续。

以大同古城为例，其发展过程并不是简单的单一状态的无限延续（王军，2016）。它从秦汉开始，历经北魏，直至辽、金，其城址都是由东向西发展。而在明清时期时又恢复到最初建城的位置，形成一种错位层积的演变历程，也因此造就了古城错综复杂的结构空间形式和丰富多元的文化意义（图 4-7）。但是几年前大同开始对古城整体进行恢复性重建，快速复制重建必然面对选择新建建筑风格的问题，因此就出现了主观臆断地制造大量所谓辽金风格的四合院。这种仿古建筑在工业化施工管理之下，必然出现风貌特色失真的问题，粗放的批量化生产消解了古城历史层积的深厚记忆，对古城物质空间层积漠视也带来了古城多元文化的丧失，完全有悖于古城经过长时期历史演化过程的真实状态。通过对文献和考古成果的梳理，我们可以对大同城建的历史脉络进行梳理，针对不同历史时期进行相应分层剖析，以还原整个历史空间演化的真实过程，并对具体历史信息加以提炼出不同阶段历史要素的存在状态和特色，成为可资关联整合的空间语言，在此基础上才能寻求进一步修补古城复合历史空间网络的手段。

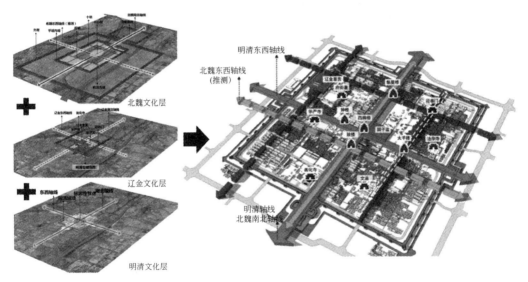

图 4-7 三个古代文化层叠合还原大同古城历史空间网络

资料来源：中国城市规划设计研究院编《大同古城更新及建设指引》，2014 年

从历史层积的视角来分析大同古城的历史遗产资源，可分为四个文化层积（王军等，2016）。第一个文化层为秦汉到北魏文化层，这一时期大同从边塞城邑发展为都城，北魏在大同建都后兴建了平城。经过近百年的营建，确立了城市发展的基本格局序列，如轴线以及里坊制度等。此时的形态要素主要为宫城、外城、外郭分置已基本形成，九经九纬，九衢十坊，南北中轴对称，大南街-大北街为此时内城轴线。第二个文化层为隋唐到辽金文化层，这一时期大同的军事防御职能成为主导功能，延续北魏平城布局和里坊制度。辽时设西京道大同府，为辽五京之一西京。辽沿用儒家礼制文化，在唐城的基础上营建，位于北魏平城宫南面，基本与北魏平城故址重叠，城中基本空间构成延续了唐代的里坊单元模式，西边为皇宫宫殿，东南方向是国子监所在。金代则继续延续城址，此时的形态要素主要为辽皇家寺院华严寺位于拱极-朝阳轴线，开元寺改建为善化寺。第三个文化层为明

清文化层。明时大同为九边重镇之一，布局遵循礼制，代王驻地，构建了固若金汤的城防体系，建大同府城奠定现代大同老城基本框架，外建三座子城；清时城市职能与空间全盘继承明制，此时的形态要素为方形府城，十字街轴线，鼓楼、钟楼、四牌楼、魁星楼、太平楼构成了丰富的景观序列。华严寺、善化寺、文庙、府衙署组成了古城的公共活动空间，也是古城文化的富集地。目前古城内仍然有大量传承自明清的传统历史街巷以及两个较好保持着明清民居风貌的历史文化街区。第四个文化层为近现代文化层，这一时期主要表现为工业、新型居住等新功能空间加入（表4-1）。

大同自北魏以来各文化层层积的重要空间要素　　　　　　　　　　表 4-1

文化层	类型	古城内现存的要素
北魏	空间轴线	武定街-永奉街南北中轴、鼓楼东-鼓楼西东西中轴线（推测）
隋唐-辽金	庙宇	华严寺、善化寺
明清	历史地段、街巷、建筑	历史街区、风貌区、公共建筑、历史街巷、传统老字号
近现代	片区、节点	现代居住区、学校、大体量建筑、中高层建筑

资料来源：中国城市规划设计研究院编《大同古城更新及建设指引》，2014 年

　　在中国城市规划设计研究院《大同古城更新及建设指引》编制中，项目组根据文献和考古资料对大同古城的历史脉络进行了逐层分析，试图从研究层面剥开并理清古城深厚丰富的历史空间要素及其相互关联，在此基础上才能真正发现现状遗存在整个层积体系中的重要价值，从而对古城遗产保护和环境更新采取合理的保护措施（图4-8）。这种工作方法就是来源于国际遗产保护领域对城镇建成遗产的层积性认知不断深化，是把历史城镇作为不同历史时期留存印迹层层积淀结果的具体实践。强调发掘并合理展示各个时期的历史痕迹，才能让人们真正直观地感受到大同城市厚重的历史文化氛围。因此在对历史层积要素和现状空间类型梳理的基础上，才能正确选择古城各遗产特色空间功能及景观提升的不同方式方法。这种区别于前几年简单粗暴的拆除、主观片面的诠释以及巨大财政压力的新技术路线，建立在对不同时期遗产要素延续、调整与融合的层积研究，才能真正地建立对古城现存状态客观认知，再根据现实发展的功能需求，推演确定古城的空间网络格局。

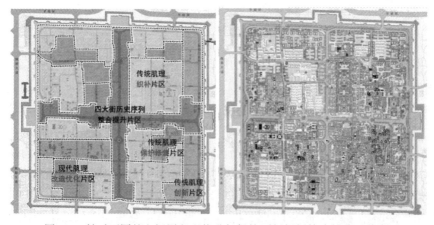

图 4-8　针对不同的空间层积现状进行保护更新规划策略的分区分类
资料来源：中国城市规划设计研究院编《大同古城更新及建设指引》，2014 年

4.3.3　时间次序的叙事表现

城镇建成遗产空间的复杂特性不仅表现在遗产要素静态组合所展现出的多样形态构成之中，也表现在遗产空间区别于其他艺术形式，具有承载人们活动的特点，从而通过人的行为如行走、穿越、观看等，在动态的时间中历经不同遗产要素的复杂变化。这也是使建成遗产能够从叙事学角度来理解遗产叙事结构的最基础和直接的因素。同时，建成遗产又与一般由人的相对运动性产生的建筑内部空间动态体验不同，那就是建成遗产本身又携带着历时时间信息，这也是叙事表现的重要内容。因此城镇建成遗产的时间叙事是一种双重复合的表现结构，各种带着时间标签的建成遗产要素根据多样的语法编织成现下的遗产空间形态。城镇建成遗产的保护更新就是在如此复杂的时空叙事体系下，通过对旧有空间的保护更新，以及对新空间的功能性介入，最终形成既"合理"又"合情"的新叙事表现状态。其中合理就是在保护更新中充分体现遗产要素附着的时间信息，并通过审美体验传达到每一个行为主体；而合情则是通过功能空间的拼接组合以及对片段素材的合理加工，在功能上满足体验需求。

如上文所述，当人们沿一条路线动态移动时，或者是相对静态地观看某建筑空间形态时，其实是一种空间序列叙事性编排过程。一个完整的故事由一系列小的事件线索构成，其叙事表现就是按照一定的事件发生次序来进行符合逻辑的组织编排，从而使新的故事话语更具有吸引和感染力。建成遗产空间一般由大量的场景元素构成，其相互的空间关系与逻辑次序有的是无心插柳柳成荫，而有的是在原初经过精心的空间组织，经过长时期的层积演替过程，形成了更丰富的空间秩序系统。我们只有在充分认识到其中的彼此叙事表现关系的基础上才能更好地理解这些富有魅力的空间叙事意蕴，感受这种视觉或者其他非视觉（如文学叙事）的叙事体验（图4-9）。就像丹·凯利说的那样，"自然中存在着演变、多样的秩序，才使得每一个事物都和谐地连接在一起，我一直在找寻这种自然界中的神秘连接力量。生活不停充斥着出乎意料的事情而变得有趣，只有善于发现就会时时刻刻充满着热情。"电影编剧罗伯特·麦基认为结构就是对人们大量生活事件的选择和组合，形成一个具有意义的序列并激发具体的情感回应。这足见事件构成的意义序列的重要价值。借助文学、电影理论中一些对叙事时间序列的描述手法，对建成遗产叙事中常见的叙事时间结构开展相应分析，归纳为：顺叙、并叙、插叙三种时间结构模式。

（1）顺叙

顺叙就是按照故事发生的先后顺序来表达故事意义，表达的是一种时间的自然流动。顺叙所依据的是空间层面的连接关系以及时间层面的推进线索，运用平铺直叙的手段展现历史演化的时间面貌。在这一时空顺序里体验者能够了解原真的历史信息，使读者能够通过自然清晰的脉络感受到历史过程中的故事场景，体验连续的情节事件。可见，顺叙迎合了人们最简单的认知心理，前后场景联系紧密，不需要体验者重组分析相关历史信息的跳入跳出，便于理解故事。

顺叙按一条主线索即事件发展的时间先后顺序，连贯有致地进行叙事，从而显得自然流畅。这种做法反映到建成遗产的物质更新手段来讲，常常变为对历史建筑风貌的直接模仿与复制，还原那个曾经存在过的历史。然而这种做法常常因为太过浅薄而被批评，认为这种表面化的复制削弱那些保护建筑的价值，模糊了历史真实与虚假的判断标准，让人们沉迷在被

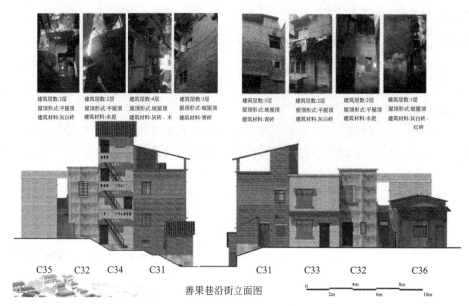

建筑层数:2层	建筑层数:2层	建筑层数:4层	建筑层数:3层	建筑层数:3层	建筑层数:2层	建筑层数:2层	建筑层数:1层
屋顶形式:平屋顶	屋顶形式:平屋顶	屋顶形式:坡屋顶	屋顶形式:坡屋顶	屋顶形式:坡屋顶	屋顶形式:平屋顶	屋顶形式:坡屋顶	屋顶形式:坡屋顶
建筑材料:灰白砖	建筑材料:水泥	建筑材料:灰砖、木	建筑材料:青砖	建筑材料:灰白砖	建筑材料:灰砖	建筑材料:水泥	建筑材料:灰白砖、红砖

图 4-9　重庆十八梯沿街立面的场景展开富有故事性

资料来源：重庆大学规划院《重庆渝中区十八梯传统风貌区保护性建筑初步测绘》

歪曲了的文脉里欣赏真实。如 19 世纪初的西方城市，包括巴黎、莫斯科等的历史区域里，为体现重要历史建筑的风貌特色，在几百年的城市发展历程中，新修的建筑仍然模仿着老建筑的风貌特点，既有与建造年代一致的古典主义、巴洛克等风格，还有仿造原来建筑风貌的折中主义风格建筑，形成了风貌和谐统一的城市特色历史地区，也体现着古典建筑文化的延续与兴盛。当前我国大多数历史街区所谓保护更新中都运用这一手法——"仿古一条街"的模式。学术界对其的批评主要立足于当下的城市文化与原初的城市文化环境之间已然存在难以弥合的现实差别，而这种模式恰恰忽视了建筑文化的时代创造精神，在层积的过程中并没有留下当代文化的丰富信息，只是留下了容易引起误解的虚假线索（吴涛，梅洪元，2008）。生硬的模仿和隐喻的表现手法越来越不被大众接受，因为传统的历史文脉适合用来诠释，而不是模仿，我们应该更提倡用一种更加积极的态度看待不同时代之间的关联关系。

（2）插叙

插叙常常体现在城镇建成遗产随着历史变迁个别异质性建筑在某一时间点的偶然插入，体现着一个异质事件插入到整体同质的事件场景之中。这种突然性的空间插入不仅能使原来稳定单调的空间体系变得活泼生动，也能够获得具有偶然性的情感体验感受（图 4-10）。在叙事学研究层面是指在叙述主旨事件期间，为了情节描述更为顺利和更全面地刻画人物，会采取中断主旨线索而穿插进一个和主旨线索密切相关的一个事件或者事件的片段，待插叙之后仍旧又回到主旨线索的演进中。这种叙事方式在城市空间中给人的偶然与突变体验能够增加整个叙事空间体系的曲折错落变化，同时在情感上营造出波澜起伏的感情特征。插叙方式使用"点"的形式，通过异质性要素与基础要素巧妙的相对关系，给原有平淡的空间中注入了活力，并营造了更深刻的环境意蕴。反映在遗产空间中，同一个地点呈现在人们眼前的是具有时代差异的两种建筑风貌，空间情节的趣味性油然而生，因此对强化历史城镇各层积空间的关联以及展现建筑空间文脉与个性都很有裨益。

图 4-10 重庆十八梯异质建筑示意

资料来源：重庆大学规划院《重庆渝中区十八梯传统风貌区保护性建筑初步测绘》

倒叙是插叙的一种特殊形式。叙事学中倒叙是事件后续的重要部分或者干脆是结局被安排到文本前面部分的叙事方式。热纳特曾描述为"对故事发展到现阶段之前事件的一切事后追述"，可见倒叙是在当前呈现过去的某一段时间或者在当前呈现未来的某一段时间，补充情节进程中可能缺失的内容，以助于读者更准确地把握事件的因果关系或者事件发生背景。倒叙类似于修辞手法中的逆转方式，能够减少叙事结构的单调，增加叙事情节的曲折性和悬念感，使文本笼罩在难得的神秘色彩中，更加能够引人入胜，使读者感受到一种特别的认知体验。倒叙的叙事时间结构体现在遗产空间序列中，不但能够铺陈空间场所的整体氛围，强化不同空间场所单元的体验张力，而且可以产生新鲜感与好奇，或者同一时间内表达出出乎意料的悬念和冲突矛盾。通过场景的交叉来丰富场景的情感体验，引导空间文本读者的心理感知，给人留下深刻印象。这种叙事方式看似结构混乱，时空叙事的逻辑关系必须交代清楚，这样才能使观众得到正确的信息感知。

Eldiag Oscarsoa 事务所在兰斯克鲁纳设计的 Stark-White 别墅坐落于一条狭窄的古老街道中，两侧全部是保存完好的优秀历史建筑（母少辉，2014）。设计师并没有用传统建筑手法来制造一个假的历史建筑，而是突破传统设计手法，在这样古老的历史街区内部植入了一个白色的简约体块。这个建筑面宽仅 5 米，建筑面积只有 75 平方米，这么小的体块在体量关系上能够更好地融入到小尺度历史街区当中。然而，设计师选择简约的白色体块来和历史街区的整体年代感之间形成强烈对比。不过这种现代建筑并无张扬之感，简洁低调的立面处理在传统街区内反而显得谦逊平和。这种对插叙的巧妙运用起到了调整叙事时间结构的作用，通过新建筑的时态彰显以及空间场景的生动切换带给体验者惊喜的情感体验，并且如同画龙点睛一般，亮化了整个传统街区的空间氛围（图 4-11）。

图 4-11 Stark-White 别墅与街区的关系

资料来源：网络图片

（3）并叙

并叙常常体现在城镇建成遗产中的街区新建建筑与历史建筑并置层积的姿态，是指原本在两个时空出现的场景出现在同一时空中，表现为嵌套、左右、上下的线索并置。并叙与插叙在空间体验上有某些同工之妙，只是并叙更强调两条或两条以上不分伯仲的并行线索，而不是类似插叙以单点插入整体的主次线索。并叙通过上文已论的"共时性"方式，将故事的时间线性次序削平后放置于同一空间中，从而强调事件的空间效果。罗杰斯使用圣马可广场来说明这种并置的作用，认为人们的远见让他们决定在一个完美的建筑旁，放置一座新的高品质建筑，从而再次赋予本就完美的空间文脉以新的内容。在遗产空间叙事过程中，原本属于两个或多个时空的事件线索在同一时空中展现，这种相互反衬又互相独立的复杂性状态，使遗产空间拥有了一种显著的叙事张力，对凸显事件场景的艺术感染力、更加深刻地塑造叙事情节有积极的作用（图4-12）。

图 4-12　东水门历史街区中的空间并叙
资料来源：作者自摄

并叙发生的两条或者几条故事线索在同一空间内采用分头叙述的手法，可以更加深刻完整的展现故事情节。这些线索之间的平行关系也使它们相互之间更容易形成对比效果（李福金，2013）。这种两条或者以上的线索串联的场景空间在时空并构的帮助下，能够加快空间节奏，更加快速地显现遗产空间信息，并且空间体验者也可在这个过程中集中地获取遗产信息。如20世纪20～40年代的哈尔滨，犹太风格和伊斯兰风格建筑在道里通江街上展开并叙；中国传统、欧陆风以及早期现代主义风格建筑在东大直街上展开并叙。对并叙的认识应该建立在对建成遗产所在区域环境及文化背景的深刻理解之上，找到其中的关联线索，而不是孤立地看待各个遗产要素。只有这样才能明确各个遗产要素在各自发展脉络中的地位和作用，并可以在与其他线索的对比基础上得到更好协调统一的途径。

以王澍主导的杭州南宋御街改造为例（王澍，2016），此街在南宋时就是都城临安城的御街，是临安城的中轴线。改革开放后随着杭州城市建设的快速推进，城市商业中心转移到西湖方向，而原来的城市中心上城区老城逐渐衰落。项目开始前南宋御街的存在状态并不是一个纯粹的历史遗存，而是一直在变动发展，一半是有历史元素的建筑，一半则是近年来的新建建筑，王澍认为这种状态在中国当前城镇建成环境中很有代表性。留存下来的其实并不是历史上最好的东西，甚至有地方领导说这就是一堆破烂（图4-13）。南宋御街历史建筑中一部分是自清末至民国时期建造的民居与商铺建筑，另一部分产生于20世纪20年代为迎接孙中山进行的大改造，沿街商铺按照政府统一要求改造为欧陆建筑风格，除了这两条主要线索之外没有任何南宋或者清末之前的遗存。在项目开始，大家都在争论到底按照上述哪一条线索产生的风貌进行修复。两条线索的重要程度与遗产建筑数量都不相上下，如果按照传统的更新方式即选择一条线索去修复改造，实现风貌统一，那么另外的主次线索就会被破坏。因此，怎样在兼顾多重线索叙事的目标之下完成修复更新是项目寻求突破的重点所在。并且根据当时的街区人群调查来看，大量的老人和儿童、外来民工混合居住在里面，居住质量较差。

图4-13　改造前的杭州中山路街区环境不佳

资料来源：南宋御街 ｜ 王澍谈城市复兴 2017-01-17 凤凰空间

　　根据充分的调查研判，项目团队确立了几个观点以试图寻找到一套适宜的解决方案。第一，虽然街区现存状态被认为是一堆"破烂"，但它也是杭州历史城市所剩无几的破烂，是历史遗留下来的最后一点东西，因此确立了能保全保的理念。第二，针对街区目前的生活状况，人们不能仅看到消极的一面。街区日常生活中容纳着很多积极的内容，包括在新城区无法感受的历史文化与生活氛围。这显示出街区承载的日常生活文化内核仍然存在，老人、儿童在街区中悠闲自得地生活着，这也说明了街区空间结构与建筑体系有一种难得的宜居品质。

　　在具体建筑保护与更新设计层面，南宋御街改造项目在建筑处理上强调新旧夹杂，和而不同。第一，对全部的旧建筑都进行保护，在保护中强调摒弃传统的风格化的改造方式，而是按照当下所见的真实状态，反映出在承载日常生活过程中的真实演进来进行保护。这样就避免了以简单的风格定位拆掉原本存在的东西，比如打造明清一条街就把其他时代的建筑都拆除，打造欧陆西洋街就把本土的建筑都彻底拆除。王澍强调街区一切的活态资源都是杭州的历史见证，要把这些真实的东西保下来，而不是粗劣的风格粉饰，历史和生活留下的真实痕迹决不能被单薄的风格概念简化掉。王澍甚至跳出了传统建筑师身份，认为一些违章建筑也值得细细品味，思考其背后的价值，因此也应该对其进行保护。

　　第二，在新建筑的植入上，王澍提出基于中国本土文化来进行新建筑原创，加入到街区空间中，作为激活街区空间的兴奋剂。坚决摒弃西洋和中国式假古董，而是以街区历史为背景，进行因"时空"制宜的创作。在南宋御街项目组进行了一系列新的小建筑创作。比如高台植树的茶室，是南宋建筑园林绘画里一个非常经典的形象。再如街道内水系的设置，借鉴南宋的御街两侧太平沟的做法，又结合了这一带水乡河埠的特点，利用自然地势引中河水，不靠机械动力。另外，街道的景观小品亦是从宋画叠石的形象中提取出来的（图4-14）。王澍调动杭州很多的综合经验如吴山、中河水系、南宋绘画以及其他本土文化意识跟地方乡土材料和现代建筑结合的元素。这些创新都是用片断回忆的方式从南宋御街的历史元素当中运用过来，所有东西都是用高度创造性的做法。南宋御街没有绝对遵守"修旧如旧"的保护原则，通过对各种本土文化元素的创造性运用，进而形成了个人符号色彩浓厚的街区更新模式，最后形成了一个多条线索综合保护的创造性并叙模式。

图 4-14　改造后的南宋御街坊墙及街头特色景观

资料来源：作者自摄

4.4　"叙事语法"的文本结构

4.4.1　遗产叙事的语汇构成

城镇建成遗产作为一个空间文本，记录着城镇兴衰荣辱的历史文化，而遗产的区域、簇群、街巷、建筑和景观等要素就是记录这些内容具体的文字、词语及语句、段落、篇章等等。建成遗产的空间要素因而摆脱了散乱堆砌而成的误解，而获得了一种类文本的内在结构逻辑性。建成遗产叙事的目的就是用遗产空间要素作为表述手段，对体验主体传播遗产的历史信息和文化内涵，因此这些文化信息必然需要体现在空间文本之中，构成完整的"时空体"形式，才最终实现"读者"借助遗产空间来完成对建成遗产的认知和理解。如此，借助结构叙事学的文本结构分析，梳理建成遗产承载历史信息的各种构成要素，了解最基础的语汇组成与最高级的文本结构形式等与建成遗产空间的对应关系，是接下来必须要开展的研究。这里先对各种语汇构成进行具体分析。

（1）主宾语：建构筑物

城镇建成遗产中的各种建、构筑物以及其他历史遗存是最为基本的遗产构成要素，它们构成了城镇建成遗产这一独特文本句法要素的"主语"或者"宾语"，它们本身具有的组织结构与风貌特点发挥着传达遗产街区特色文化内涵的重要作用，承载着地域的建筑文化、历史事件与人物事象，可以给人最直观的遗产体验。建成遗产多元的历史文化内涵造就了其中丰富多彩的建构筑物，其中常以民居作为主要的建筑种类，其他也有种类多样的公共建构筑物，如寺庙、道观、礼拜堂等宗教建筑，牌坊、戏楼、寨堡、衙署等世俗功能建构筑物，不同的建构筑物是由不同的文化催生下出现的，展现着遗产街区丰富多样的文化现象（图 4-15）。巴蜀地区在历史上经历了多次的大规模移民活动，有湖广填四川之说。祖籍各异的移民给巴蜀地区带来了丰富多彩的文化，建筑风貌的表现上也展现出融合南北的风貌特色。以重庆的龙兴古镇为例，其因移民而兴，在多元文化的熏陶下产生了各式各样的建构筑物类型，包括大量的民居建筑，移民大户用于防御土匪流寇而修建的堡寨，另外还有种类多样的寺庙、祠堂、基督教堂、商铺等公共建筑和牌坊等其他构筑物（图 4-16）。

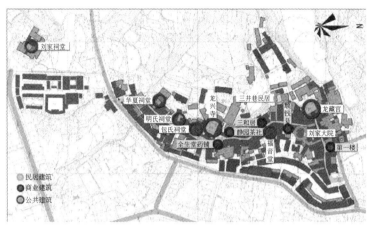

图 4-15 龙兴古镇建筑分布

资料来源：重庆大学编《重庆市龙兴古镇保护规划》，2012 年

| 三和居 | 顺钱号 | 静园茶社 |
| 全生堂药铺 | 第一楼 | 刘家大院 |

民居建筑		刘家大院、三井巷民居、 其他民居
商业建筑		客栈、茶楼、药铺等
公共建筑	宗教建筑	龙兴寺、龙藏宫、基督教堂
	宗祠建筑	华夏宗祠、齐家祠堂、包 氏祠堂、明氏祠堂
	会馆建筑	龙兴寺(原为湖广会馆)
堡寨		贺家寨、高峰寨、天堡寨、 杨洪安寨等
构筑物		古井、牌坊、凉亭、戏台、 栅子门、碑刻等

图 4-16 龙兴古镇建筑现状及建构筑物类型

资料来源：重庆大学编《重庆市龙兴古镇保护规划》，2012 年

　　民居是城镇建成遗产中的重要组成部分，也是与人们日常生活关系最为密切的物质载体。龙兴古镇中的民居多因地制宜，随坡地地形起伏变化，建筑布局呈现高低错落的山地建筑特色。建筑结构大部分都较为朴素实用，具有巴渝地区典型的两层穿斗建筑风貌，白灰粉墙，具有一定的巴渝民居艺术研究价值。作为一个典型的商贸古镇，其民居形式也多为前店后宅或上店下宅，把商业和居住功能充分结合起来，以便家人居住生活、生产使用（图4-17），从功能上为古镇居民提供了重要的空间支撑。每户的规模大小也反应出原家庭的人口数量、经济状况等，根据需要从沿街向外逐渐拓展。民居建筑在有效利用地形空间的同时沿街巷沿线紧密排列，形成了龙兴古镇的基底空间，决定着龙兴古镇的整体风貌塑造。如三井巷民居院落通过三井巷巷道和古镇的主街进行联系，其平面形成"品"字形的完整空间格局。院落中建筑的布局也是根据原始地形条件，高低灵活布置，形成错落有致的院落活动空间，并通过石梯道连接。院落组织也体现了打破形制、充分利用自然地形环境的山地人居营造特色（图4-18）。

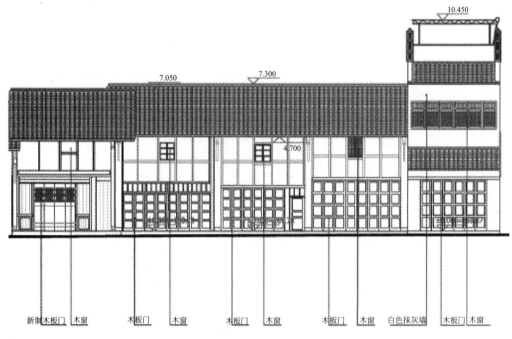

图 4-17　龙兴古镇建筑下店上宅的民居形式
资料来源：重庆大学编《重庆市龙兴古镇保护规划》，2012 年

　　龙兴古镇历史上一直是渝东北重要的商贸城镇，因此街道两旁两厢大量的商铺都是历史悠久的老字号，如第一楼客栈、静园茶社、全生堂药铺等，仍然给人们诉说着当年作为重要"旱码头"的商业地位。公共建筑中宗教建筑以龙兴寺为代表。龙兴寺原为禹王宫，相传在清乾隆时龙兴场频遭水患，后经一名算命先生测算，提出用八十四根石柱来修建一座禹王庙就可免受水患，后经过五年修建禹王庙终于建成。自从建成后善男信女就往来不绝，龙兴场也再没有遭受水灾，并且年年都是风调雨顺。另外禹王宫也作为外来移民会馆之用，主要用于接纳同乡、家族祭祀、慈善、集会以及移民其他社会事务等。因为四川川东多为湖广移民，而湖广地区历史上多水患，因此都信仰大禹。移民到西南之后对大禹的

信仰也一起带到了西南，因此其会馆也就是禹王宫，可见建筑背后都隐藏着大量的文化信息。龙兴寺为四合院形制，坐北朝南，规模较大，砖石结构的山门四柱三开。从中门进入便能看到戏台，戏台原边缘的人物浮雕现已被毁，不过前后还留有八根精美的石制檐柱，戏台的左右都建有耳楼。新中国成立前后风盛班以及各县城川剧剧团都在此演出过（图4-18）。

龙兴古镇作为移民城镇，刘家祠堂、包氏祠堂、明氏祠堂、华夏宗祠等祠堂建筑也成为移民文化的重要载体（图4-19）。古镇中随处可见的祠堂是维系血缘关系的重要场所，其建筑风貌、空间布局以及细节雕刻等都体现着故乡地域的文化传统，同时也融合了川东的地理环境特点和当地文化。位于龙兴古镇祠堂街32号的华夏宗祠原是贺家祠堂，是原来古镇的大户贺家的家族祠堂，总建筑面积有1500m²。现在的祠堂是在"文革"期间遭毁后又重新恢复而来，建筑整体以合院式布局，五开间，因为场地地形条件限制，建筑内部的门屋、拜殿、祭厅之间都是通过梯道联系，空间变化也更加丰富。华夏宗祠目前作为姓氏文化主题的祠堂，经常会有各地华人前来拜祭，体现出中华民族文化的延续性以及强大的民族凝聚力。

图4-18　龙兴古镇三井巷院落民居与龙兴寺乐楼
资料来源：作者自摄

图4-19　龙兴古镇福音堂与刘家祠堂
资料来源：重庆大学编《重庆市龙兴古镇保护规划》，2012年

堡寨是在古巴蜀地区较为普遍的防御性建筑。这是因为古巴蜀地区在隋唐之后作为进取中原的跳板，地位日益重要，至明清时重庆已经发展成为国家重要的政治和军事据点。这也使得重庆江北区域战事不断，另外川东地区也常匪盗盛行。在这种社会环境下一些移民为了保护家族财产，就开始建造了大量的防御堡寨。龙兴古镇周边就有天堡寨、贺家寨、杨洪庵寨等大量堡寨。贺家寨建于1911年，位于古镇西北寨子村的贺家岩山顶，为

图 4-20 贺家寨城墙
资料来源：重庆大学编
《重庆市龙兴古镇保护规划》，2012 年

当时镇上首富贺家兴建的城堡，兼做家族的宗祠之用。贺家寨城墙高约数仗，又临危岩，气势恢宏。椭圆形的堡寨平面布局结构严谨，城内房屋分上、下两厅，正中做坝子，坝子下面设花台，上下两排房屋有堂屋、客房、居室、戏台、密室、仓库、碾场等。考虑消防和被困的可能还设置了饮用水池、地下室以及可通城外的地道。可惜的是，贺家寨现仅存周边城墙与修城墙就地取材后形成的护城河，内部建筑已被破坏（图 4-20）。

龙兴古镇中的构筑物也很有代表性，主要包括井、牌坊、栅子门、凉亭等。其中井作为在传统社会人们生活中不可缺少的水源，是传统街区人居文化的代表，同时其物质形态也成为了古镇空间的典型构成要素。龙兴古镇中的三口古井和长春古井是两处历史悠久并且保存依然完好的古井。三井巷中三口古井排布成品字形，是周边居民生活用水水源。民间传说在古代兴建禹王庙时，一位李姓石匠在这里修建房屋时找到了这三口古井。据说三口井中有神龟庇护，以致于在旱季时井内仍然有泉水涌出，而平时喝井水生活的居民也都很长寿。可见由井这种看似普通的遗产要素，其背后却引出了一些很有意思的传说典故，而这些非物质的各种叙事也要通过井这种物质性的构筑物予以呈现。

另外，牌坊也是古镇遗产空间的重要标志性要素，常常设置在街道入口、广场等重要空间位置，作为空间的标识或对人物的表彰、相关事件的告示等文化作用。龙兴古镇中现存有三处牌坊，设置于古镇南侧、北侧入口以及龙兴寺东侧入口，各牌坊都刻有楹联，对古镇整体空间的标示性以及文化的展示性作用都较为显著（邢西玲，2014）。再者，栅子门是存在于古代巴蜀地区，专门作为防御外来危险因素而设置的门。此门开闭都由打更者专人控制，关闭时间一般是晚上二更，开门则在五更，很好地保障了匪患猖獗时代古镇夜间的安全。龙兴古镇中设置有大量的栅子门，虽然原始的功能现在已不复存在，但是作为一种独具特色的古镇构筑物遗存要素，传达着古镇的丰富历史信息。

凉亭作为巴蜀地区场镇较有特色的建筑物，是居民纳凉与社会交往的重要场所。龙兴古镇的凉亭很有特点，自南侧入口开始一直延伸到场镇内部，抬梁式的结构体系按照地形起伏而变化，呈现出空间的高低错落。另一处凉亭位于回龙街和藏龙街交汇处，共有 16 米长，横跨街道，是当地居民日常休闲、聊天的场所。凉亭的设置也再次限定了开敞的街道空间，提供了具有一定私密性的半开敞空间，使古镇的公共空间更有层次性，也有利于更好地营造出场镇的空间场所感。

（2）谓语：行为事件

城镇建成遗产中行为主体的活动以及相应的事件，把本来无关的建构筑物组织和串联成一个富有结构内涵的系统，给原本纯物质性的建构筑物赋予了重要文化属性，因此其在建成遗产空间文本的语法结构中起着连接主宾语之重要的"谓语"作用。这种特殊的遗产空间要素来源于长时期积淀之下的大量人文事件，并随着人们对非物质文化的挖掘，大量的历史事件被重新梳理和解读，获得新的意义的同时也与当代发生新的人物或事件的关联。这种不断循环往复的意义编织构成了文化存续的不竭动力，并通过传统风俗、庆典仪式、民俗表演以及日常生活的途径呈现给世人丰富的传统文化内涵。传统文化本就是人们习得并代代传承下来的总的习惯和观念，其发源自人们的传统生活的行为需求，并成为生活方式中的必要组成部分。因此建成遗产文本语法的谓语——行为事件，对建成遗产的传统文化内涵存续起着至关重要的作用。

传统文化行为活动作为建成遗产成形和存续的重要力量，包含着以非物质文化遗产为重点的各种文化活动形态，如传统口头文学、传统技艺、礼仪、体育游艺等，而非物质文化遗产又包含了传统文化行为中最有价值的部分。城镇建成遗产的地方特色往往也因为其中容纳的特有非物质文化而得以全面建立。通过这些非物质文化遗产，街区的物质遗产和街区居民之间建立起相互的文化关联，组成一个包括文化行为主体、文化传播对象以及文化发生场所的完整文化生态系统，从而也真正地实现了把"人和物质环境"共同保护的真谛。举例来说，重庆渝中区湖广会馆作为重庆移民文化和会馆文化的重要物质载体，在其中每年春节前后举行的禹王庙会也正是其非物质文化的重要活动载体，两者结合在一起，才能使湖广会馆的文化意义更加全面生动（图 4-21）。另外如陈麻花、赵氏雷火灸这些老字号的经营活动已经在其所在民居建筑中持续了数百年，通过老字号的产品制作与经营活动，物质环境与技艺传承人之间紧密联系在一起。因此这些行为活动所衍生出的非物质文化遗产需要在建立充分的物质要素关联的基础上进行妥善保护和延续。

图 4-21　湖广会馆与东水门历史街区文化活动——会馆川剧表演和禹王庙会
资料来源：网络图片

以重庆龙兴古镇为例，古镇中的原住民是古镇日常生活的主体，其行为活动是经过长时期积累基础上形成的社会心理、文化惯习等方面的直接表现。经过几百年的发展，龙兴古镇的人口数量逐渐增多，其中大多数是"湖广填四川"移民潮中迁来的湖广人民，并以此为根基逐渐发展成了大家族体系，并且出现了受湖广地区文化或者移民思乡情感影响下的各种物质产物，最典型的如上文提到的会馆建筑和家族宗祠等。移民也在其生活过程中，与当地本土文化相互影响和融合，从而形成了独具特色的文化行为活动，如古镇居民热爱川剧，喜爱在老茶馆里喝茶，节庆时跳腰身秧歌，清明的家族会，还有其他手工技艺的制作等文化活动。龙兴古镇中从事一定职业的人群行为也很有文化价值。如上文中提到的打更者，他们平常住在栅子门上方的过街楼内，负责按时开闭栅子门，保卫古镇安全，同时也要提醒民众小心火烛，间接地担负着古镇的消防预警工作，另外还涉及天气预报、环境保护等日常管理与服务。打更者的行为活动是场镇日常生活的重要补充和保障，今天

图 4-22　书画作品中的古代打更者

资料来源：东湖社区 http://bbs.cnhubei.com.

来看已经成为场镇中富有文化内涵的文化行为（图 4-22）。另外龙兴古镇还有身怀豆干制作、川剧坐唱等技艺的民间艺人，他们的生产活动同时也是最具特色的文化遗产，那些掌握技艺的师傅就是古镇文化活的载体。

渝中下半城的风云变迁记录着巴渝的时代印记，是重庆最具集体记忆与地方文化的场所。白象街位于重庆市渝中下半城。白象街距今已经有 800 年历史，从南宋的巴县衙门到清末的开埠码头再到陪都时期的"山城华尔街"，白象街经历着沧桑的风雨历程，是重庆历史的见证，也是重庆老居民重要记忆场所。然而近年来白象街面临着与国内诸多老街区类似的困境。历史建筑违规搭建，主要街道缺乏整治，旧有历史街道衰败，造成特色空间缺失；在地居民的日常生活与快速推进的渝中整体建设活动的矛盾构成了多方利益冲突；生活活力衰退：青年人口的迁出，片区老龄化严重。因此伴随着在地人口逐渐老龄化，在地人口不愿走向片区以外，而失落的内部环境又使得外部人群不愿走进区内，物质空间与人们的集体活动出现一定偏差，致使空间的认同感降低，场地内外割裂。❶

全国高等学校城乡规划学科 2016 年城市设计课程作业评优中获奖的重庆大学建筑学院作品《随忆而归》中，设计者将白象街片区事件划分 3 类：重要事件、集体记忆、个人事件。其中重大事件为白象街片区作为开埠时期的"重庆华尔街"，涌现了一系列代表性名人并承载了多样的历史事件，展现了重庆母城的特色；集体记忆为有些地段并未发生重大历史事件，依然为游客和在地居民所难忘，这些空间凭借独特环境提供了独特活动空间，并成为城市的地标；个人事件为在地居民对于日常记忆构成了对白象街的集体记忆，这些个人微观情感中的生活和节庆事件有着重要价值。通过对三类事件的梳理，依次寻找概括进而形成事件地图。在对场地事件地图进行事件的筛选后，从空间分时、活动体验等多个方面着手活动策划以期场地内事件的串联。如根据不同时期——非节日、传统节日、特色节日，通过时间轴线串联事件互动，形成遍及全年时间轴上的事件轴；根据一天中游客的游览线、老居民的生活线和新居民的生活线进行组织，串联并贯穿整个场地活动体验。然后根据以上各方面的筛选，对事件地图进行整理及重组，形成事件点、事件轴和事件群三类为一体的重组事件地图，对空间安排作出指导。最后在对事件整理重组后，便根据事件类型作出相应空间调整，以期在产业空间、文化空间、社会空间三个空间层次进行空间的回归（图 4-23）。

（3）定语：景观环境

景观环境作为建成遗产中对建构筑物进行修饰、烘托以及补充未完善的功能，与作为主体的建构筑物一起，形成良好的遗产整体环境氛围。因此相对于作为主语的历史建构筑

---

❶　参照：李旭，赵强，王正指导，钱天健，代光鑫. 随忆而归——白象街的空间叙事，全国高等学校城乡规划学科 2016 年课程作业评优三等奖.

物而言，景观环境就是建成遗产语法结构要素中的
"定语"。景观环境主要指建成遗产内部及周边与建成
遗产有一定文化关联的自然地形地貌、水文特征、林
田植被等景观要素。对景观环境的重视是遗产发展的
重要方向，这是因为景观思想把遗产视为人类文化和
自然环境共同作用的产物，包含着人类社会与栖居地
在自然环境影响与限制之下随时间推移的一系列进化。
可见，景观环境是建成遗产持续存在的重要基础，这
个思想在我国传统的风水营造观念中表达的十分充分，
体现出人与自然的和谐共生关系。例如我国传统营建
在选址过程就包括：关注地质条件的卜居、关注山脉
与地形的形局、关注水文水脉的水龙、关注景观优美
的构景等方面。

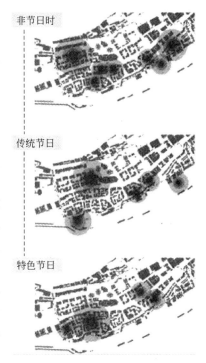

非节日时

传统节日

特色节日

图 4-23　白象街的节日空间分布
资料来源：李旭，赵强，王正指导，钱天健，
代光鑫。随忆而归——白象街的空间叙事

以西南山地为例，其独特的景观环境给城镇建成
遗产带来了难得的灵秀之气，同时也蕴藏着多种多样
的文化信息。西南地区特有的自然地理环境造就了城
镇大都孕育在自然山水的包围之中，环山面水的形制
不但可以利用自然环境来组织城镇防御，也能够以自
然山水作为城镇的宏伟景观背景，传达出历史城镇自
古以来追求人与自然和谐共存的人居精神。紧靠城镇
的林田、坑塘等是人类积极适应和改造自然环境的结
果，其中包含着人们长时期的劳作，是城镇文化景观的重要组成部分。城镇内部的绿化植
被以及水系等是城镇内部空间品质的重要保障，既通过景观美化的方式融入城镇景观中，
又通过承担一定的功能，来更加丰富和完善城镇的整体功能。首先，地形地貌作为承载着
建成遗产的物质基础，决定着整个建成遗产区域的水流方向、交通方式、建筑空间、绿化
植被等，甚至会影响遗产区域的微气候，进而影响当地的生产和生活习惯以及社会文化发
展。例如重庆地区多山地城市，街巷格局常因地制宜、高低起伏，建筑单体也多为吊脚
楼，这些都是受重庆地形条件影响的结果。其次，水文也常在西南山地场镇的景观环境中
扮演关键的角色，它既可以作为抵御外来入侵的天然阻隔，又可以满足场镇居民日常生产
生活中的灌溉、饮用和运输物资等需要，如重庆磁器口古镇借嘉陵江之利才有了码头水陆
枢纽的地位。另外，植被绿化是景观环境中展现生机活力的要素，因为大量植被都可以长
时期不断的生长，在人们长期与之互动的过程中，植被特别是古树名木经常成为人们生活
中的感情寄托，被赋予深厚的文化意义，具有了遗产的特性。

（4）状补语：场所空间

场所空间是指由建构筑物及自然环境进行限定或者围合的附着有文化意义的空间，在建
成遗产中主要包括院落空间、场坝空间、街巷空间等空间类型。之所以要强调文化意义，是
因为场所空间与一般空间不同，其与长期积淀形成的社会心理、生活理念、风俗习惯等人文
因素都密切相关。老子经典的"器用之无"之说富有哲理性地阐明了空间的功用。同理，空
间本身没有什么价值，但是空间和人的行为活动互动关联就赋予了空间以场所性。在城镇建

成遗产文本的语法构成中，场所空间可以看做是修饰"行为动词"的"状语"以及描述实体建筑"宾语"的"补语"。状补语作为语句构成中的附加成分，看似无关紧要，但在实际的意义表达上却异常重要，缺少任何一个都会使语句毫无意义或者意义不明确。

以龙兴古镇为例，历史上长期作为重庆东北区域的商业重镇，古镇中的场所空间起着承载场镇商业活动和公共生活的功能，常常聚集起热闹的人流。最开始的集市作为主要的场所空间，主要用于商品交易，便于人们赶场。随着城镇建设逐渐成熟，商业街道逐渐取代了集市这种开敞空间的商品交易功能，成为场镇中的主要商业场所。另外场镇中还有大量由于居民日常生活交往、休闲而形成的公共空间，如前文提到的凉亭等。古镇中的两个

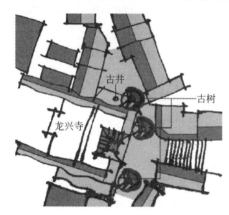

图 4-24　龙兴寺周边围合空间
资料来源：重庆大学编《重庆市龙兴古镇保护规划》，2012 年

凉亭限定了原完全开敞的广场和街道空间，加入了半开敞的空间层次。位于古镇入口的凉亭是场镇重要的场所标识物，两个凉亭的线性形态也很好地起到了空间引导的作用，并且承载着居民纳凉以及社会交往等活动。以龙兴寺入口广场为核心形成的开敞空间也是古镇一处重要的场所空间。该场所空间形成较早，历经了古镇的发展变迁而不断演化，目前是由龙兴寺入口梯道、广场，再加之寺院墙以及祠堂街、藏龙街围合而成，呈三角形。由于历时较久，开敞空间中的物质要素如古井、古树名木也较为丰富，功能也较为复合，是承载大量人们行为活动如日常生活、交往、宗教仪式、商业活动等的重要场所空间（图 4-24）。

龙兴古镇北入口场坝以戏台为核心，是居民开展民俗活动、进行川剧观演的场所空间，也是古镇居民喜爱川剧艺术的空间表征。这个戏台不同于寺庙或者祠堂中的戏台，而是公共空间的组成部分，增加了居民使用的便捷性，提升了场所认同感。此外，古镇中随着佛教寺院龙兴寺、道教庙宇藏龙宫、基督教福音堂以及大量的家族祠堂而出现的场所空间反映出古镇在不同历史时期，开放地容纳三教九流之人的历史情境，每一个建筑和伴生的场所背后都埋藏着传奇的故事，是古镇多元文化和百年兴衰的明证。

4.4.2　文本组织的结构构成

上文中已提到把城镇建成遗产作为一个空间文本，借助结构叙事学的文本结构分析，梳理建成遗产承载历史信息的各种构成要素，了解最基础的语汇组成与最高级的文本结构形式等与建成遗产空间的对应关系，上文中已从主谓宾定状补等语法构成要素的视角进行了对遗产空间文本最基础语汇组成的分析。结构主义大师列维·施特劳斯（Claude Levi Strauss）明确指出音素只有在音节系统中才产生意义，词只有在具体句子中才能展现准确的意思。而建成遗产空间要素就好比文本中的一个单词，不与其他构成成分进行关联匹配并融入文本的结构层级中，便无法获得真正的含义。目前我国城镇建成遗产大多以碎片化状态存在，城镇遗产文本整体的内在结构逻辑被撕扯破坏，这也致使遗产文本的整个表意系统发生断裂、错位或丧失，使遗产空间文本的读者们产生了诸多"阅读"障碍。因此，

从更广阔的时空尺度中梳理各种历史信息的脉络关联，辨析并重建城镇建成遗产文本各要素之间的逻辑关联关系已十分必要。本节在前文分析的基础上，具体探讨文本组织的结构构成，挖掘字词语汇，彰显表意语句，深描段落情节，展开章节故事，关联整个篇章结构，从而寻求实现对碎片化空间遗产的有效整合。文本叙事类比到城镇建成遗产中，则是指遗产区域格局、簇群、街巷、界面、节点等空间层级组织，分别对应着城镇遗产叙事文本的篇章结构、故事章节、情节段落、表意语句和点睛词汇。

（1）格局：篇章结构关联

建成遗产的格局作为遗产文本整体结构组成的表现形式，反映着用区域的视野来解读建成遗产环境在长时期演进中形成的区域空间要素关联关系。这种从宏观自然与人工环境开展更加整体结构性的叙事手段就是针对建成遗产文本的篇章结构的关联梳理。它能够避免把各个遗产要素作为孤立存在的景观点的研究习惯，那些孤立的文本语汇、句式、段落等虽然本身也有语言学意义上的"语义"与所指，但脱离了整个文本的篇章结构，就无法建立体系化的深刻表达。因此在分析遗产这一独特文本时，首先就应从"死"的或者孤立的点的解读转变为"活"的和关联完整的遗产要素体系和自然网络系统为基础的叙事上来。从建成遗产本身而言，它所具有的重要意义和保护价值就在于其整体全面地体现着传统社会的地域特征和人文发展脉络，因此对城镇建成遗产整体关联性的解读和认识更加关键（孙艺惠等，2008）。作为建成遗产历史不断层积而成的结构骨架，建成遗产空间文本所体现的篇章结构具有一定的稳定性和发展的连续性，也是代表遗产特色形态的首要特征。因此对于格局而言，应采用发现梳理、延续控制的手段，避免对结构格局的过度改变，不发生过度对格局的剧烈冲击造成对整体遗产价值的破坏（李旭等，2015）。

从城镇区域格局看来，重庆龙兴古镇历史上形成的"五马归巢"区域格局，作为古镇与周边区域重要关联结构，具有深厚的文化意义，在历史形成过程中也有一定的稳定性，不宜随便破坏。龙兴古镇坐落于四周高、中间低的盆地区域，四周由重石岩、吴家山、蒋家坪、龙脑山这四座大山环抱，五条大道从各个方向交汇于此，城镇形态也顺应自然环境条件，依山就势而建，从而有了"五马归巢"的说法，这种吉祥的风水喝形也带来了交通功能的实现，龙兴古镇作为渝东北重要的旱码头就基于此。可见，先民在龙兴古镇的择居和选址过程中充分结合了周边地理环境要素，又蕴含着传统风水象法天地的文化观念，从而建立了古镇最初的空间格局，并在历史演进中逐渐成熟和稳定下来，这种格局本身就是古镇建成遗产重要的文化组成部分（图 4-25）。在中国城市规划设计研究院编制的《太原历史文化名城保护规划》中，对人文、自然与城址变迁的基

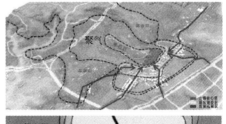

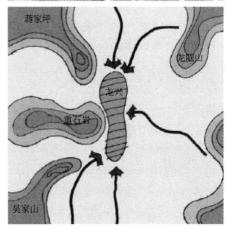

图 4-25　龙兴古镇五马归巢的区域交通格局
资料来源：重庆大学城市规划设计研究院
有限公司编《重庆市龙兴古镇保护规划》，2012

本关系开展了深入研究，总结出"谷地建城，沿汾河发展"的太原古城与自然环境的格局变迁关系（图 4-26），因此保护规划中把东西两山和汾河纳入景观要素进行全面保护；另外，把太原古城纳入更广阔的市域范围内，寻找古城与周边驿站关隘的文化线路关联，并把这些反映古城与周边遗产点格局关系的驿路一并纳入到保护框架之下，从而确保了古城多元文化价值能够完整的展现。

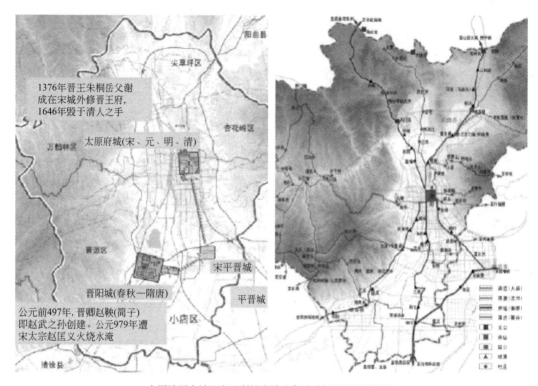

太原城历史城址变迁利用市域遗存关系得出的驿道线路

图 4-26　太原历史文化名城保护规划

资料来源：张兵.历史城镇整体保护中的"关联性"与"系统方法".城市规划.2013（S2）

因此，建成遗产物质载体本身和其所处的自然环境是密不可分的整体，只有在对社会文化作用与自然环境特色深刻理解基础上，才能更明确地梳理这种整体的格局关系，才能更好地对建成遗产进行合理的保护与存续。因为地理和气候条件不同，我国山地或水网地区的城镇格局多组织灵活，因地制宜，而我国北方平原城镇多形成中轴对称的几何构图，因此建成遗产的整体格局在不同自然环境作用下也会呈现出不同的格局特色。例如，宁波凤岙历史街区周边都是平坦农田及水网，受农耕文化的作用较大，因此在整个街区格局中体现出水-田-街的结构特点。从这种格局出发，对凤岙建成遗产的保护要扩展到与居民生活密切相关的部分耕作农田区域，才能完整地保留整个街区的历史文化氛围。而龙兴古镇东临御临河水，西接铁山山脉，体现出人工和自然相互作用的和谐景象，形成了西南山地特有的古镇风貌特色，也能够形象地反映古代居民的文化审美观念，因此从这个格局出发来看待其建成遗产的价值，必然涉及到对格局中自然环境的保护与存续。

重庆渝中区下半城是重庆文化的母城载体（图 4-27）。它既是中心城区的核心区，又是历史文化的重要载体，还是中央商务区的重要组成部分，同时还是重要的旅游景区，因此是四区合一。三千多年的建城史，孕育出现代大都市。巴渝文化、抗战文化以及红岩精神在此发源。下半城是大重庆的母城，是重庆的根，距今有 2300 多年历史。下半城承载了重庆历史发展的重要记忆，集中展现了重庆的代表文化和历史风貌。"千年熔铸下半城，文化融汇老重庆。"下半城汇聚了各时期文物 97 处，其中国家级 14 处，市级文物 19 处，区级文物 5 处，未定级 59 处；6 个风貌片区。码头文化、街巷文化、市井文化、开埠文化、抗战文化、山水文化、府衙文化、会馆文化、移民文化、陪都文化、黉学文化、母城文化在此汇聚（图 4-28）。

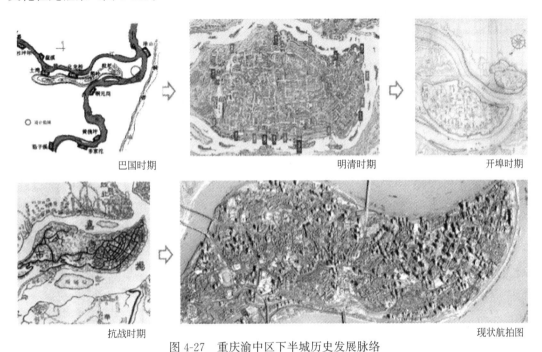

巴国时期　　　　明清时期　　　　开埠时期

抗战时期　　　　现状航拍图

图 4-27　重庆渝中区下半城历史发展脉络
资料来源：重庆市规划局

图 4-28　重庆渝中区下半城建成遗产资源分布
资料来源：重庆市规划局

然而从保护现状来看,渝中区下半城历史文化街区的重点问题主要为特色不突出,其中特色包括了历史文化风貌特色和山水都市景观特色。下半城集中了大量的历史建筑以及特有的历史风貌区。但从现状来看,这些文物均分布散落,特色不突出。因此在渝中区历史文化街区保护规划中明确提出打造"五区一带"的总体空间结构,五位一体构建起文化活力区。五区包括朝天门现代商贸服务产业区、湖广白象开埠文化区、十八梯传统街巷风貌区、枇杷山非物质文化展示区、洪崖洞风俗风貌区;一带归纳为滨江景观休闲带,总体保持山、水、城、人和谐共生的山水城市格局,保护都市区内体现依山就势、立体城市风貌的城市轮廓线,对山城特色要素进行保护(图4-29)。从而从空间格局层面对下半城的历史资源进行了梳理整合,以利于下一步的重点空间的组织。

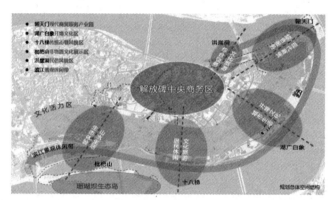

图 4-29 下半城"五区一带"的总体空间结构

资料来源:重庆市规划局

(2)簇群:章节故事展开

簇群在城镇建成遗产文本中起着承载主要叙事进程的故事章节作用。在建成遗产区域内,往往在一定空间范围中形成形态肌理相似的遗产要素集合,呈现出传统聚落空间的群体效果,具有一定的整体识别性。簇群的叙事价值既表现在物质层面的空间景观连续与聚合效果,同时由于其具有一定的社区规模,在无形遗产层面蕴含着遗产社区的社会关系、情感认同与集体记忆。簇群是推动建成遗产文本叙事进展的重要部分,簇群现状的规模、肌理、形态等要素都在讲述着在自然环境和社会发展共同作用之下持续演化的历程。上文已对重庆渝中下半城有所介绍,根据相对成规模的类型肌理梳理,重庆渝中区下半城可大致梳理出五组簇群,分别为燕子岩片区、山城巷片区、十八梯历史风貌区、白象街片区、以及湖广会馆历史风貌区(图4-30)。每一个簇群都有一系列复杂丰富的人文故事沉淀,都保存有丰富的特色历史建成遗产资源,是重庆传统生

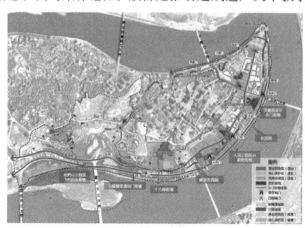

图 4-30 渝中区下半城文化街区的簇群关系

资料来源:重庆市规划局

活文化、商贸文化、移民文化等的集中展示载体。

簇群的肌理被喻为城市"指纹",是反应城镇遗产历史形态变迁的重要线索,因此也是展开章节叙事的重要依托。簇群肌理由大量的单元要素在时间层积作用下不断叠置、融入、蔓延而构成,这些遗产要素单个来看其价值并不显著,但是由大量的要素以相互协调的方式构成的肌理形态却蕴藏着大量的珍贵历史信息,诸如地方的建造文化和社会文化等内在逻辑等都能够在肌理构成中得到反映,因此肌理构成也是城镇文化特色的重要体现。例如北方城镇传统肌理多以院落单元作为肌理组织要素,按照规则的方格网形式进行组织,而南方城镇传统肌理虽然也有如合院空间的天井,但仍以建筑单体作为主要构成要素,且以相对灵活的街巷体系进行肌理组织,在山地区域体现得更加灵活多变。同时,作为遗产文本的故事展开章节来说,簇群空间作为各种社会活动单元在物质空间的投影,随着社会关系的改变而发生相应的演进,因此其中附着着丰富的人文故事,也是人们长时期看似漫无目的和渺小的日常生活变得清晰可见和富有价值。所以,针对簇群的认识应该在满足原住民日常生活需要的前提下,分析由于日常生活带来的簇群肌理演变得内生动力,研判肌理形式演变得是否合理与适当并承认恰当的肌理变化,而不是静态僵化的保护或者过度开发导致的全盘否定与重建。关于肌理本书还将在以下的篇章中进行论述。

(3)街巷:段落情节深描

街巷在城镇建成遗产文本中将每个具有表意价值的建筑界面关联起来,形成文本篇章中具有一定意义内涵并发挥承上启下作用的"段落"。街巷起着深描事件情节的关键作用,作为由建构筑物和景观环境共同构成的公共空间,构成建成遗产内部空间的结构骨架,也是建成遗产中人文事件的主要发生场所。我国建成遗产空间结构多以"街—巷—建筑"的空间组织形式来形成完整的要素层次。传统街巷往往承载着多样的职能,不单单有连接居民家庭与场镇的交通功能,也承载着丰富的市井行为活动场景,蕴含着丰富的社会文化意义,这在我国宋时的开封城就能窥知一二。《清明上河图》描绘当时东京汴梁的繁华街巷,其中有经营热闹的沿街铺面,还有满足社会交往需求的露天茶肆,以及街头的文化技艺表演,这些当时的生活情节——都发生和展现在街巷空间中。可以说,街巷空间是建成遗产中普通百姓最主要的公共生活空间,它们既是承载城镇居民日常交往等行为与公共活动的舞台,也是人们观察、体验建成遗产环境氛围的重要媒介。总体来看街巷空间具有宝贵的社会价值、文化价值以及实用、历史、艺术价值。

街巷空间的特征由四个因素决定,包括紧密关联的院落、线型形式、立面风格和围合尺度特征,另外再加上内部的铺装、植物景观以及生活在其中的人群等共同构成了街巷的景观叙事系统。街巷空间的保护,应该从整体保护各种叙事要素的角度来开展,延续街巷空间的生活情境。作为"承启语句"的街巷其犹如城镇遗产空间系统中感觉灵敏的"神经网络"和无处不及的"毛细血管"。对待街巷更新改造应采用深描的方式,既要照顾到其涉及社会关系和情感寄托的敏感性,又要把保护更新延伸到最纵深的街区内部空间中去,整体地开展保护更新。因此对于街巷空间应在保持交通功能和基本风貌特征的同时,鼓励居民自发性的日常维护与增设合理的公共职能以增加适应日常生活的空间灵活性,并避免生硬的模式化改造对街巷生活气息的破坏。在南宋御街项目中,业主开始按照国内城市以往的街道改造就是立面改造的思路,要求用这种简单改造的方式快速见效。王澍和项目团队提出好的城市空间必须是有纵深的,而不单是立面一层皮的设计,主街两侧的小巷子和与之相连的院落与主街本身就是一个体系。基于此项目组提出"深度改造"的理念，而立面的更新改造只是深度改造的外在表现。项目组提出比立面装饰性更重要的是城市空间结构的梳理。重庆山城步道在渝中区连接了诸多建成遗产节点与簇群，把隐藏在现代都市高楼与立交马路夹缝里的重庆抗战文化与山城的特色文化串联为方便阅读的深层次空间体验，是一种深度描述的叙事。

通过对重庆渝中区下半城的空间梳理，提炼出5条重点街巷串联重要风貌区及历史建筑（图4-31），如洪崖洞至东水门街巷串联洪崖洞民俗风貌区、湖广会馆历史风貌区、美丰银行旧址、川康平民商业银行旧址、中央银行旧址、交通银行旧址、谢家大院；人民公园至白象街街巷串联巴县衙门旧址、国民政底外交部旧址、白象街；十八梯街巷串联十八梯历史风貌区、法国领事馆旧址；山城巷至通进门街巷串联法国仁爱堂旧址、自来水有限公司实验室、唐式遵公馆旧址、民主革命同盟、郭沫若旧居、德国领事馆；枇杷山公园至飞机码头街巷串联王陵基公馆旧址、红楼、军统办公室旧址、李宗仁官邸、市委枇杷山办公楼旧址、飞机码头、燕子岩。因此可在此基础上针对每条街巷的特质划定不同的风貌特征。

图4-31　重庆渝中区下半城主要街巷梳理
资料来源：重庆市规划局

以湖广会馆与东水门历史街区为例，片区内共有9条历史街巷，如望龙门巷、下洪学巷、太华楼一巷二巷、石灰仓、打锣巷、芭蕉园等历史街巷。其中下洪学巷、打锣巷、望龙门巷、芭蕉园巷组成街道骨架，均4～6米宽。这些街巷和与之相连的其他1～2.5米的支巷组成典型枝状格局。街巷顺应地形高低起伏，空间丰富多变，支巷路面用青石铺设。商业服务设施分布在主街两侧，支巷两侧串联着居住院落，"街道—支巷—院落"组成了"公共-半公共-私密"三级空间层次，作为社会活动组织的基本模式（图4-32）。除了承担交通状况，湖广会馆的街巷空间也具有生态、景观、社会等功能。街区内很多街巷都和主导风向相同，能够借助自然风进行空气微

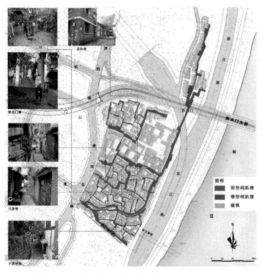

图4-32　湖广会馆与东水门街巷空间梳理
资料来源：作者自绘

循环，改良夏季湿热的居住环境；利用街巷对景展现重庆的山峦水景，体现一定的城市观景点的功能；另外主要街道也是临街商业、餐饮、文化等公共服务设施以及各种娱乐活动的主要场所（表4-2）。

湖广会馆与东水门历史街区空间特征表　　　　　　　　　　　　表4-2

实例	平面	剖面形式	D：H	附照	位置	说明
形式一			1：1		望龙门巷	较好地利用了原城墙，依坡就势，视线开阔，提供了休闲场所。
形式二			1：2		望龙门巷	街道空间收放自如，灵活多变，建筑上部空间自由扩展，采用"占天不占地"的手法，在尽量缩小基地面积的基础上，争取更多使用空间
形式三			1：3		芭蕉园巷	街道尺度宜人。D/F一般为1，不超过1.5。这种比例使人感到亲切而匀称，且临街铺面面宽都小于街道宽度，因而使街道气氛显得热闹非凡
形式四			1：2		大华楼一巷	下店上住的传统临街建筑，采用层层后退的手法，在保证街道宜人尺度的同时，增加了建筑面积，节约了本已十分宝贵的用地。并且丰富了街道景观层次。
形式五			1：1.5		下洪学巷	依坡而建，就势造台，节约了土地和空间资源，体现了多功能复合的街巷空间。既是交通空间，又是商业活动、社会生活、邻里交往、生态环境、景观组织等多功能的复合空间，使街道充满浓郁的生活气息

117

实例	平面	剖面形式	D∶H	附照	位置	说明
形式六			1∶1.5		石灰仓巷	充分利用地形,采用"相地构形"的手法,自由灵活的布置,使建筑与建筑之间、街道与建筑之间,紧密衔接,人工环境与自然地形地貌形成和谐的统一体,构成了山城所独有的"重屋累居"的特色景观

资料来源:作者自绘

（4）界面：表意语句体验

上文中已述街巷作为空间文本的段落,有将城镇建成遗产文本中每个具有表意价值的建筑界面关联起来的作用。而本节中所述的界面就是组成街巷空间的重要部分,并作为建成遗产空间文本中的语句要素,既由他们组成了一段段的故事情节,其本身又是值得细细品读和体验的表意语句。这种遗产空间中富有表意特色的"语句",真实地反映了城镇建成遗产的自然条件、功能属性、地域特色和审美偏好等。作为街巷的重要空间表现的街道立面已在前文中有所提及,本节中就另一重要的界面即天际线做重点论述。

天际线是建成遗产建构筑物实体、地形地貌及其他空间要素以天空为背景呈现的轮廓和剪影,反应出城镇建成遗产三维空间在立面层叠错落的关系。建成遗产天际轮廓线的形成是随着长时期城镇遗产要素不断层积而动态演化的过程,也是构成城镇遗产特色意象的主要景观元素。如古代城镇中民居建筑高度一般较低,但是会局部突出几个具有重要意义的标志性建筑,从而打破了原来平缓沉重的天际界限,增加了立体和变化丰富的景观特征。如西方城镇的教堂建筑、市政厅等建筑以及我国古代城镇的钟鼓楼、城楼、城墙和佛寺中的高塔等。在自然山水要素多样的城镇,这种表意界面还会融合山际线、水际线、堤坝、绿植点缀等丰富的景观元素。同时随着城镇建设的发展,一些新建多层、高层建筑也有可能加入到整个天际轮廓线的构成中,从而形成复合丰富的界面形态。天际线作为表意语句不仅反映在纯粹的景观意义上,还能够反映出城镇建成遗产背后长期的权力博弈关系。只有获得了一定的权力,代表权力的标志物才能够获得出场的资格,通过不断的争夺、协商与交涉过程,天际线最终达成和谐有序的相互并置。西方城镇教堂和市政厅关于建筑高度的博弈就是典型的例子,因此天际线能够表现出权力机制之下的遗产意义生成结果。

天际线的空间感知关系对其意义展现和体验至关重要。景观界面需要针对人的观赏角度来梳理,保持历史形成的重要眺望点的景观感知效果。针对当代城镇大量建设留下的负面影响,应以视线廊道控制为手段,并对天际线形态进行有效管理,如整体风貌的存续、建成遗产与当代建筑的协调等。通过设置建筑风貌管控区域以及整体协调区域、增设景观视点来增加可感知性等手段来强化其感知关系,保持其历史形成的可识别性。以重庆湖广会馆与东水门历史街区为例,街区地势呈西北向东南逐渐跌落直至长江江岸,在这种基地上建设的街区建筑群体也表现为丰富的层叠错落关系,形成了多层次、立体画的天际线景观。自长江南岸隔江眺望，街区景色一览无余，其中湖广会馆文物建筑群别具特色的黄色马头墙、小青瓦屋面重叠错落，形成明显的视觉焦点；大量坡屋顶民居呈合抱之势分布于湖广会馆周围，既作为湖广会馆文物建筑群风貌协调的背景，其本身也表现出层次丰富的建筑和自然和谐交融的景观。这些所有景观要素构成的天际景观共同展现了重庆山地城市传统人居文化特色（图 4-33）。

图 4-33　重庆湖广会馆与东水门历史街区天际线要素分析图
资料来源：作者自绘

（5）节点：点睛词汇彰显

节点是城镇建成遗产文本中的"点睛词汇"，作为文本中的关键词，起着画龙点睛的作用。作为地标的建筑实体和作为活动场所的虚体空间都可以称之为建成遗产中的节点。这些"点睛词汇"的节点往往是社区中代表性事件或者行为活动的集中发生地，能够显著地还原地方历史记忆。它们既作为彰显建成遗产物质景观特色的典型视线焦点，又集中表现着非物质的历史文化信息与社区精神内涵。

建成遗产的场所空间节点是居民社会交往与文化活动集中发生的区域，承载着人们的日常生活并可作为建成遗产活态存续的见证。空间节点按照所发挥的主要职能可以分为交通性节点、驻留性节点、景观性节点以及结构性节点等。交通性节点是街巷交叉或者转折产生的场所空间，除十字交叉形成的较规则的交叉口外，由于建成遗产街巷多呈现灵活自由的组合方式，因此也有"T字形"、"Y字形"、"十字形"以及各种转折线空间形态。由于交通汇集或者转换的作用，易产生多样性的行为活动；停留性节点是建成遗产中提供休憩或公共交往的场所，如广场、街边空间等；景观性节点是依托古树名木、牌坊凉亭等景观小品产生的公共空间，由于其与日常生活的长期关联关系，往往引起社区的情感共鸣。以重庆湖广会馆与东水门历史街区为例，街区大小街巷交叉或局部放大构成了遗产空间的重要节点空间，是人们茶余饭后交往休闲的重要场所。此外，借助对山地地形的巧妙利用，布置梯步连接不同高程的开敞平台，在有限的咫尺空间里创造了丰富的空间感受，在视觉景观上也更加多样美观，也使整个空间场所富有生机活力，展现出遗产空间的社会文化价值（图 4-34）。

另外，建筑遗产中如庙宇、祠堂、会馆、官署等公共建筑作为实体性的节点，它们常

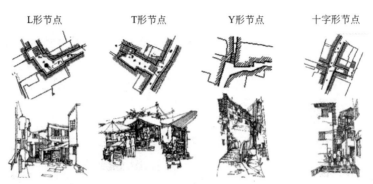

图 4-34 重庆湖广会馆及东水门历史街区典型节点分析图
资料来源：重庆大学编. 重庆市湖广会馆及东水门历史街区保护规划，2014 年

常尺度宜人，建筑风格细节细腻丰富，并且往往与历史人物、事件有所关联，发挥着空间文化地标的作用。此类节点地标传递出相关历史信息，完成直接的叙事表述。对此类空间元素应加强相关信息的挖掘、整理，并以辅助手段配合展示以增强叙事效果，延续地标节点在遗产演进过程中的地位和作用，并且适当植入现代功能以及景观体系，重视随着社会发展孕育的新地标要素，带动整个遗产区域功能完善以及文化发展。以龙兴古镇为例，龙兴寺、龙藏宫、福音堂等宗教建筑能够体现古镇的人文特色，又可以作为古镇空间结构的地标建筑，这些宗教场所承载着当地人们的精神寄托以及对美好生活的向往，能够深刻地反映古城的宗教和民俗文化特色。此外，古镇街道上的一些古井、古树、戏台等景观和构筑物也是非常具有标示作用，和居民的日常生活紧密相连，不仅寄托了原住民的精神情感，也能够体现古镇深厚的文化底蕴。

总之，城镇建成遗产空间是一个承载了大量的历史信息并具备强大叙事能力的"空间文本"。在这一独特的空间文本中，建构筑物、行为事件、景观环境以及承载人们行为活动的场所等语汇要素汇集在一起，在空间文本的篇章结构——格局的统领之下，在章节故事——簇群的展开之下，在段落情节——街巷的深描之下，在表意语句——界面的体验之下，在点睛词汇——节点的总结和彰显之下，最终以整体有机的叙事学逻辑关系进行相对结构化的组织排列。这种借用的叙事学结构分析方法，反映出遗产空间文本不但聚集了自然山水、建构筑群体单体、绿化环境等大量单元要素和历史信息内容，更通过空间要素的关联关系建构出具有整体意义的遗产空间叙事体系，从而更系统地理解建成遗产历史文化特性。

4.5 本章小结

本章在"文本-语境"的研究框架下借用叙事学对文本结构的分析，把城镇建成遗产作为文本，提炼城镇建成遗产的叙事逻辑应从简单的线性叙事文本的认知模型转变为复杂叙事的多因果关联叙事认知模型上来；遗产文本结构叙事的内涵应建立在对叙事主题是单一主题还是意蕴的层积，叙事内容是宏大仪式还是逐步增加对日常事象的理解，叙事层次是表层的描述还是人类学的深度描绘，叙事语境是目前遗产保护中去语境化的客观事实还是语境回归等等的探讨上来；在遗产空间文本中利用叙事语法进行解构，同时融入历史性城市景观的认知理念，在时间结构上建立层积机制，最终建构起时空层积的文本结构叙事策略。城镇建成遗产是一种特殊的空间文本对象，以其独特的要素语汇和文本结构载负着特有的历史信息，叙述着遗产的演进历程。历史城镇的认知与保护应将城镇作为一种有机的生命体，结合不同文本要素，梳理城镇建成遗产"层积叙事"的时间结构与文本结构，建立城镇建成遗产的"时-空"整合协同的存续关系。

5 存"叙"：时空互文的地方语境叙事策略

5.1 地方语境：全球化下地方性叙事困境

5.1.1 全球化与认同危机

英国学者纽曼认为，随着经济全球化的发展，发展中国家在参与构成全球性经济系统的过程中能够发挥其资源的比较优势，进而有机会在经济全球化的价值链中获取优势"接口"，因此随着经济全球化的深入，参与其中的各城市之间无法避免日益激烈的竞争。这种经济全球化格局下各国城市竞争考验着城市政府，而宏伟的地标式工程往往能让城市在最短的时间内成为国际化大城市，也成为发展中国家大多数城市的首选，各地政府花费巨资破旧立新，以求在国际竞争中脱颖而出。正如大卫·哈维所说的，围绕着新的劳动力集聚以及城市需要的新生产和消费中心……旧地方在剧烈变动的外部环境下，必然会贬值，被破坏和开发重建，进而塑造新形象。这些城市中的历史街区以及其他老地方变成了阻挡发展的绊脚石，其本身富集的地方文化特色和人情味被完全漠视。借助西方城市规划设计和开发建设理念，大同小异的规划设计手法，政府部门技术规定和管理模式，我国历史城市在改造重建的过程中，城市宝贵的地方性消失不见。在哈维看来，作为全球化的主要力量——资本的移动性与地方的固着性是矛盾的两方面，常常维持着一种紧张状态，一旦这种紧张状态的平衡遭遇倾覆，地方的结构和状态将会发生极大改变，引起变迁和重构。

在全球化的语境下，全球化的影响力不断挤压和消解着某个特定地方的文化边界和文化意义。"随着全球化和地方性两者不断发生的力量博弈，地方的文化认同感必定会受到极大的冲击。由于全球化裹挟的外来力量的不断渗透，打破了一贯由地方产生的文化认同感与地方现实之间的联系，同样被打破的还有个人对地方社会的认知与想象与全球化语境下的社会现实的一致性。"人们生活的空间大多是同一样子的复制性空间，在这种被批量化生产出的空间中个体无法感受到所处特定地方的特色性信息，部分学者们称为"无地方性"，并且认为全球化带来了"地方的终结"。

全球化要求地方必须区别其他地方并且具有竞争力。因此"消费奇观的制造、地方意象的推介、文化资本与象征资本的再定义、利用乡土传统表演来吸引消费者，这些都在地方之间的竞争中被大量应用。"这样一来，那些具有延续地方记忆与文化传统、增强地方社区认同感与归属感的历史城区、传统住区、传统生活方式和地方记忆等非物质文化遗产以及其他地方性文化遗产等，全部成为了城市相互之间展开竞争中寻觅的资本。然而，这种竞争往往也被资本所裹挟，其目的往往看重最大化的经济利益，导致城市大量的"面子工程"出现，而真正富有活力的传统生活空间往往丧失掉，创造城市特色并传承城市活力的城市原住民更加被漠视，取而代之的是丧失文化底蕴的仿古街区以及原住民迁出后的传统社区。由现代性不断深入而展开的宏大全球化使得人这一主体处于一个漂泊不定的境地，认同与地方两者快速走向背离，人也往往处于认同危机之中（廖春花，杨坤武，2014）。

5.1.2 地方语境的必要性

如果站在一个宏观历史层面去理性客观地看待全球化蔓延，那么我们会发现真实的全球化并不是一个完全的去地方化过程，而地方性应该是随着全球化带来的新的内外部关系变化，来获得新的定义，同时产生新的价值与意义体系。"认同危机会引发人们精神的不安状态，人们在无根的空间中迷失方向；但是认同危机肯定不是一种简单的断裂、认同感的消散，而应该是代表着新认同的发生。"全球化的主要原因是由于运输与通信技术的长足进展，使时空相对距离缩短的现象，也就是所谓的时空压缩。而地方发挥的角色往往是在动荡喧嚣的全球化浪潮中的清净之地。因此，在变动的全球化过程中寻找安宁和认同感就需要重新寻找和发现地方的真正价值与意义，传承地方传统文化，挖掘地方文化遗产，展现地方特色（朱竑等，2010）。我国城镇建成遗产保护现阶段遇到的问题，一方面是开发商盲目追求经济利益，居民的公共参与权力有限等问题，另一方面是全球化背景下城市间对高位价值链的争夺，地方权力博弈与政治诉求，进入消费社会后的社会阶层分异，还有转型发展期的多重不确定性造成居民焦虑与待价而沽等问题。因此，城镇建成遗产的存续需要放在全球化与地方化、特色与精神、认同、社会构成及其结构变化等大的语境下进行研究。以此为基础，城镇建成遗产的复兴路径也应该从以上多个层面来突破。脱离了地方性的现代"假古董"是一种对建成遗产"地方性"的建设性破坏。要避免对城镇建成遗产的文化价值断代式损坏，还需要回到"地方"这个基本概念上来。

城镇特色是在一定的时间空间环境中，使用历史条件下的技术手段，通过对自然进行利用和改造，创造出的不同于其他城镇的、物质以及精神的外显形式。城镇特色是城镇历史与文化在不断演变的过程中积淀和发展起来的，是最具代表性的部分，体现着城镇价值的真正意义和内涵，并且与居民的关系经历了从感知、认识到认同的发展过程，因此不能随意简单模仿或替换。"地方"随着全球化的推进而越来越多地受到重视，地方叙事就是在全球化过程中寻找地方性的声音，进行一个有身份认同感的自我建构。从地方叙事的角度研究城镇建成遗产，带进了人类学对地方、叙事、记忆、认同甚至是想象等的相关理论思辨。正如英国文化地理学家迈克·克朗说："人们不是简单地给自己圈出一个空间范围，他们总是利用一种地方意识来定义自身，这才是问题的核心……地方不单单是地球上的一系列地点，每个地方都代表着一套文化体系。地方不但反映出你住在哪儿，从哪来，还代表着你是谁……地方给了人们一个系物桩，拴住的是这个地方的人与时间连续体之间的共同经历。随着时间的堆积，空间成了地方，它们有着过去和将来，把人们捆在它的周围。"（迈克·克朗，2005）作为一个特殊的"地方"，城镇建成遗产是集中代表城镇的历史文化脉络和传统风貌肌理的空间，承载着城镇历时发展中不断叠加和丰富的历史信息，也是不同于其他城镇最明显的特色之处。因为城镇建成遗产保留了城镇历史沿革的大量实物见证，蕴含着大量真实、鲜活的价值和信息，那么它必定是独特的，这种独特性也即是城镇建成遗产的地方性。因此，地方性应该是城镇建成遗产的应有之义。可见，保护城镇特色的命题就应该是回归到城镇建成遗产的地方性能否得到传承和延续上来。

当前，我国正在经历一场人类历史上规模最大的快速城市化运动，城市化水平已从

1980 年的 19％跃升至 2011 年的 51.27％。然而在这种快速城市化过程中城市面临着大量环境、交通等问题。这其中，历史文化遗产破坏的问题尤其严重和突出。大量独特典型的建成遗产已经被杂乱无章的新建筑群所淹没，面临前所未有的冲击。城镇中的社会群体之间的关系在这个社会转型带来的阶层分异与文化变迁背景下逐渐分化和重新建立。这种城镇原有社会群体的解体以及关系重组也造成认同在地方语境下处于一个不断重新定义、再想象和再解读的状态里。所以，建成遗产保护必须要置于地方语境之中，深入关照地方性叙事，构建动态的遗产叙事逻辑，在城市居民社会生活中发挥物质和精神双重服务的功能，从而真正彰显城镇地方文化或称亚文化与城镇活力。

5.2 地方认同：时空互文的人地关系回归

5.2.1 地方的时空互文特征

互文性（intertextuality）也常被译作"文本间性"，自法国后结构主义思想家克里斯蒂娃生造出这个词以来，如今已有 40 年左右的历史。法国不少文艺理论家如罗兰·巴特、热拉尔·热奈特（Glrard Genette）等都对互文性进行了探讨，延伸到德里达（Jacques Derrida）等人的解构思想，成为内涵极其丰富的一个理论术语，渐渐地不再仅限于文学范畴内的讨论，扩展到了非文学领域。在具体文本与广大的文本世界，总能发现其间千丝万缕的文化联系（李炜，2008）。狭义的互文性定义是两个文本中出现相同内容的属性状态，主要表达一个具体文本与另外文本间内容关联的相互关系，广义概念范畴更广。克里斯蒂娃指出"每一个文本都像是用一定数量的引文拼合而成，具体到某个文本都是从其他文本中吸收和转化而来。""互文本"既能够指代在时间上先后出现的历时性相关文本，也可以指代在同一时间内的共时性历史和社会文本。因此，"水平轴（主体—接受者）与垂直轴（文本—上下文）的联合"形成的是一个庞大的文本网络系统。罗兰·巴特宣告了"作者之死"，认为文本不是客体，而是一个生产场所，产生于读者与文字间的关系空间。并说："互文的内涵关联着文本之中的先时和当时的整个言语，给文本概念赋予了社会性的内容。"总体而言，互文性是指主文本将其他文本的内容吸收到自身文本内容中的现象，是一个文本与其他文本发生关系的特性。而这种关系的建立来源于两种重要手段，一种来源于文本在写作过程中的一些互文写作手法，包括套用、拼贴、模仿、明引、暗引、戏拟和改编等；另一种重要来源是文本在阅读过程中基于读者的阅读方法而形成，具体包括互文分析、主观联想等方法。

本书第 4 章中已经就时空的层积关系进行了梳理。借鉴互文性的概念，本书提出只有承认时空不同层积文本之间存在互文关系，才能真正理解一个空间如何转变为一个地方。在一般的认知概念中，地方是指在地面上的某一个特定区域或者一个特定的地点；而从认知和观念角度出发，地方的内涵通常比空间更强调开放性、动态变化以及过程性，这从（垂直轴）空间角度承认历时空间文本的互文性，历时空间文本之间都相互关联与吸收。同时地方凝结了群体的集体记忆和情感归属，反映出（水平轴）居民通过不断的日常生活过程实现对地方的阅读，产生情感认同与独立的意义理解。人文地理学中的"地方理论"主要是从人与地方关系的范畴来进行理论建构，具体根据人的感觉、心理、伦理道德以及社会文化来建立关联。地方即是时空互文的存在，只有这样才能产生熟悉感和持续变化过程。人与地方的关系就是一种通过日常生活对地方意义的不断读取之后的时空互文感受。普雷德关于"方言土语"的解释也给我们带来了一定的启示（图5-1）。由于地点或地方与语言之间存在的紧密关联，致使每个不同的地方的语言都有各自独特之处，表现在不同的语言具有独特的词汇、结构、语法、谚语和意义等。使地点和语言相联系的是不断的具体实践，反映

图5-1　普雷德对地点的解释
资料来源：摘自普雷德，
1989 和 1990b.

到中国地方文化层面就有了"五里不同风、十里不同俗"的地方特质。和所有的生命体一样，城镇建成遗产也是在不同的地方背景下，经历政治经济、文化习俗、自然环境等因素的叠加作用和长期影响产生的有机生命体，是一个错综复杂、多元融合的复杂网络。例如大同作为历史长期演变发展的古城，形成了多元立体的社会生活网络，近年来对古城采取的原住民整体搬迁和建筑复古重建严重中断了古城自身的健康演化机制，会对地方肌体造成致命的损伤。

　　时空互文是地方具有的关键品质。"地方"在人文地理学、文化研究或社会学等学术范畴，从一个出现频率极高的日常生活词汇变成了一个繁复但难以规避的关键词。1950年代开始，人文地理学家开始从现象学、存在主义哲学等西方哲学中入手，回归到意义哲学的层面发掘"地方"的概念。"地方"作为与价值和归属紧密联系的"饱含意义的区位"，既包括了承载社会关系的物质空间环境（即所谓的场所），也包含着人作为主体对某一地方的情感依恋（即地方感）。段义孚从现象学入手，提出"地方"观念构成了人类互动基础的意义核心和关照领域。书写地方的核心是经验和意义，地方又是人们给世界增加意义要素的有效手段。所有关于地方研究的目的都是"寻找地方真正的意义"，而其中一个重要的方式就是通过对遗产的发掘和叙事，找出其中的时空关联与互文，以回应人们追求稳定性和认同感的欲望。在国内规划建筑学科知识体系中一般将 place 翻译为"场所"，并且把 sense of place 翻译为"场所感"。由于1960年以来学界开始反思现代主义导致对地方特质与文化差异的漠视、对地方历史的割裂、大量城镇建成遗产被破坏的严重问题，人们努力发掘和创造空间环境特有的历史感、归属感等人文精神，这是建筑学地方感研究的主要内容。《巴拉宪章》中强调的 place 国内也多译为"地方"，本书认为针对城镇建成遗产这一特定对象，人文地理学中 place（地方）的概念更全面且准确，而建筑学中的 place（场所）概念，在中文话语中更针对具体、小尺度的空间感受。本书认为人文地理学与建筑学的 place 概念恰好构成了英语中的 place 的全面内涵，可作为 place 在中文意义上的两个尺度层次。

　　段义孚（Yi-Fu Tuan）试图通过地方与空间的区别来阐释"地方"的重要价值。他解释地方是"在世界中活动的人的反映，通过人的活动，空间被赋予意义……地方是人类生活的基础，在提供所有的人类生活背景的同时，给予个人和集体以安全感或身份感"（段义孚，1997）。因此，人们在地方中体验并感知地方的时空互文关系。从另一方面来说，地方也同时在不停地被社会或人群所建构。处于特定地方中的人，其行动、思想、记忆、感受等都在不断地变成这个地方的组成元素，进而地方的意义和价值也在不停的变迁叠加，在不断地演变过程中发展并逐渐丰富。这样，地方就与个人以及其他社会群体的身

份、情感认同之间建立起动态且密切的关联关系。这反映出居民作为读者在不断地进行意义建构，产生新的时空互文关系，在这关系网络之中，也使得意义具有了持续流变的相对稳定性。

5.2.2 地方互文的认同价值

地方关注个体在空间中的心理感受。段义孚把地方看作是人的生活和成长的归宿，而处于空间则意味着自由和不停探险，人总是在两者之间反复徘徊。从某种程度上说，人脱离了"地方"就会陷入空间的虚无，失去安定感和归属感；人完全失去"空间"，则会被困在地方，失去进取心与激情。通过人的参与活动过程赋予空间以价值内涵，空间才能转化成地方，这正如段义孚所说的，"人将意义灌注到空间中，并且以命名或其他方式附着于上，空间转化成了地方"。可见这种转换过程其实是物质要素的精神化。如果这些附着着记忆和意义的生活空间被破坏和消失，过去的存在感失去，就会产生失落和不安的感受。认同是指自我身份感的确认，其代表着作为主体的人与其所处的社会环境之间的相互关系，即寻求"我是谁？"的回答。地方认同来自于地方本身特性，也就是所谓的能产生归属感的地方性。只有在一个庞大的意义空间系统里找到个人身份所属的坐标方位，个人、自我的价值意义才能被充分认识和诠释。海德格尔以"栖居"概念诠释了个人和地方发生的协调统一关系，人们会通过栖居在某一个地方而不断重复对该地方的互文体验。在与地方一系列的互动过程中，地方被赋予能够定义自我的重要属性。人也常常是经过对地方价值意义的反复理解与阐释，才逐渐明确个人身份与自我存在。总之，地方认同来自于地方本身特性（即地方性）及归属感。正是因为人之于地方不断时空层叠的互文性，栖居在地方的大部分居民共同经历过在这里不断发生的活动或事件，其解读也会产生类似的情感认同，参与其中的居民才会对居住的地方产生深厚的归属感。

段义孚借用"恋地情结"（Topophilia）一词来表达居民对长期生活的地方累积而来、难以割舍的情感记忆。居民在建成遗产空间中投射下个体情感与亲身经历，烙印下生活的点点滴滴（陈李波，2008）。"恋地情结"包含了所有人类与物质环境的情感纽带。但是，一定地方的人群对地方的感情并不单单是爱慕和依恋的情愫，而是爱恨交织、多种情结并存以至于毁誉参半。笔者在重庆山城巷街区调研时曾经向居民们表达了笔者对山城巷的舒适街巷空间以及建筑造型的喜爱，也对其枕卧长江，望穿南山风景的区位地理条件赞叹，但居民们则充满无奈地说，"景色是好哦，院坝是舒服，天天住木头房子也遭不住啊，要不把你们家的楼房我们换换住几天看"。这是由于随着长时期的维护与更新不到位造成的建成遗产自身的破败，以及遗产周边环境的巨大变化给建成遗产造成的负面影响，使得建成遗产的居住环境难以适应现代化居民的生活使用和功能性的要求。然而尽管居住环境条件已经不适应现代人的居住方式，但是人们对他们世代居住地方的记忆和情感眷恋仍根深蒂固，伴随珍贵记忆的同时还有居民对未来建成遗产存续的美好期盼。这种对建成遗产充满矛盾的爱恨情愫，根植于居民生活在其中的情境，是相对深层和含蓄的，与仅仅停留在对某个建筑景观简单的视觉好恶情绪显著不同，并且这种复杂辩证的情结也可能只属于真正生于斯长于斯的居民。

5.2.3 回归生活的地方语境

毫无疑问，城镇建成遗产应该是一个承载着各种日常生活的"地方"，有着一定的空间区域与边界、建筑、道路和景观环境等，人与地方通过日常生活建立关联。城镇建成遗产也是人类历史演进的结果，通过大量不同人的集聚与参与，为了更好地生存和发展，利用当时当地的建筑技术与材料，结合生活的现实需求和地形、气候条件等自然要素，逐渐建造和累积而成。这种时间累积建构的产物也会随着时代的发展而不断发展和变化，以适应城镇不断发展的时代要求。城镇是一直在变动、调整和生长的有机生命体，而城镇建成遗产恰恰最集中体现了城镇这种经历较长时段和大量演变的历史过程，这也是城镇建成遗产的重要价值和意义所在。可以说，建成遗产记录着城镇随着历史演变发展成长的历史信息，透过这一系列信息可以清晰地反映城镇发展历史的有机脉络。没有过去、没有历史的城镇当然不可能产生认同与归属感。对城镇建成遗产的保护不是对过去历史内容的完全重现，而应该是在现有美好环境的基础上留存，并对将来有可能的方向提供发展空间和合理规划。英国著名城市规划师W. 鲍尔在其专著《城市的发展过程》中提出，"我们现在生活的时代是不断发展、变化多样的，真正能够在这个时代发挥一个大家共同认可的牢固基础作用的事物为数不多，而历史建成环境所具有的吸引人的整体环境和它维持的相对稳定的社会生活氛围，使其具有上述的作用，人们在这种环境氛围中感到内心安定、精神振作，有所依托"。人们在情感疏离的社会环境中能够调节适应正是得益于这种地方日常生活带来的归属感（图5-2）。因此可以得出结论，这种对地方的认同是城镇建成遗产存续的内在动力和基本保障，以此为基础的保护活动也能真正对城镇建成遗产起到保护作用，城镇建成遗产的地方性保护将持续发展和培养持续性活力。

图 5-2　重庆十八梯标语：常回十八梯看看
资料来源：网络图片

地方的时空互文特征满足了其兼具"家"和"土地"双重性质的情感需求，这种承载居民日常生活、逐渐累积的情感特征呈现出爱恨相伴、很难舍弃的栖居情结。这份情结在建成遗产空间不断物化，遗产空间中大量的场所从而得以确立。正是在居民的长期生活过程中留下的印迹，才使居民对地方的恋地情结与建成遗产充分地结合起来，也就是把物质环境和人的情感联系起来。段义孚在其书中把这种连接关系与旅游行为相对比，他认为我们必须要认识到日常生活建立的情感和物质对象的密切连接的重要性。旅游虽然可以带动经济的发展，也具有强大的社会效益，但是却不能在人和物质景观环境要素之间建立起稳固联系。只有当物质环境与记忆中的场景发生关联的时候，人们对环境的理解才会表现为个人化与积极持久。段义孚所言可谓入木三分，时空互文的地方永远与记忆相关。香港永利街一带是香港岛最早的华人区，但也只有大概 150 年的历史，而永利街反映的香港风貌也只是 20 世纪 60 年代的模样，其中也无名人会馆与重点文物，可以说并没有多么久远的历史和所谓的"建筑艺术价值"。然而永利街反映了 20 世纪 60 年代香港市民乐观积极的时代精神以及家庭、邻里的生活奋斗的历程，却让港人找回了记忆。通过场地分台和楼层的尺度比例构建的台的场所空间正是当代高度密集建设的香港城市所不具备的，因此被香港市民当做建成遗产保存下来并进行功能的延续。然而在重庆、南京等城市的历史保护中，由于我们存在"详远而略近"、"识大而不识小"、"因人害物，求全责备"、"崇假而贬真"等的认知层面的不恰当之处，导致大量类似于永利街的建成遗产，在城市与历史的冲突中消亡（齐一聪等，2015）。因此，我们更应该反思保护的观念，回归属于当地人生活的地方语境，留存下来那些看似普通，却凝结着特定时代的历史文化信息。

5.3 地方营造：社区存续的日常生活叙事

5.3.1 营造目标：以日常生活共同体为目标

（1）社区与日常生活共同体

"社区"和"共同体"在英文中都可以用单词"community"来表达。最早从学术研究角度提出"共同体"这一概念的是菲迪南·滕尼斯，他把人类在社会生活中发生的相互结合关系划分为两种类型：共同体和社会。在他看来，"共同体"是拥有着相同的价值观念的组织形式，其以传统和自然意志的血缘、地缘和文化为构建的基础。罗伯特提出社区是显著的"精神联合体"。涂尔干在共同体的框架下发现了组织内相互作用个体间的共同特征，包括相同的道德秩序和操守，以及在有效的社会约束力基础上产生的社会秩序等。从 20 世纪早期开始，人们对社会问题的研究逐渐深入，研究者对共同体的研究慢慢转化到社区这一概念上来，大量学者开始了解并分析社区作为一个共同体的内涵和意义。费孝通提出社区的重要特征即构成人群是共同、一起和共享的，意思是这部分人对某些事情有着相同的感受和共同的关切，并且也经常有着相同的命运。杨贵庆将"社区"界定为社会中一定地域内相对完整的社会生活共同体。可见，社区就是一个共同体，具有一定自然地理空间的地方性特征，具有以维护共同的利益，处理共同的问题的规范和制度规约，在社会心理空间层面具有认同感和归属感特征，同时基于日常生活的社区互动，社区是一个容纳日常生活的生命有机体（梁拓，2012）。

以上内容试图回归到社区的本源——社区是一个日常生活共同体（牟宏峰，2010）。其表示在日常生活世界中，不同的人因为一致的行为方式、生活需求、价值观念以及利益诉求等形成共同体意识基础，在相对确定的时空场域界限中间，以稳固的文化为相互连接的核心，形成共同的生存意向与生活样态的人类结合体。日常生活共同体把文化作为相互理解的基本范式，以日常生活当做现实场域，以建构作为共同体意识的公共精神为核心价值诉求。日常生活共同体的共同体意识较传统所谓的血缘和业缘等外延更为广泛，这种意识作为维持社区结构的精神依托，是构成社区的一般成员在社区日常生活中慢慢培育的一种共同的归属感和心理认同。同时社区共同体里大量的组成要素、性质特征以及要素间联系作用也促使共同体自身得到了一种"自组织"的机制（赵万民等，2008）。离开了日常生活，社区将失去其宝贵的内涵。

（2）日常生活共同体的解构

共同体必定存在一个依附条件——共同文化，共同文化在形成共同的社会纽带方面起着关键作用。日常生活共同体强调的是具有典型同质性的共同体意识，然而我们身处的现当代社会却充满了异质性。现代性不断侵入的局面挑战着现代社区共同体意识的建立，并且更加严重的是，现代性在一定程度上进行着对传统社区共同体的解构。传统社区是在不断发展中凭借情感累积和生活积淀而构成的共同体，但充满解构力量的现代性使得传统社区中人与人的情感关系被不断消解。人的主体性是现代性所发现和倡导的重要内容，然而从另一层面则导致主体之下的私人空间急剧膨胀，社区中大量公共空间环境与公共领域被挤占或遭到破坏，社区个体之间发生空间争夺而产生冲突和矛盾，最终导致个体之间的冷漠和孤立，信任危机逐渐加剧。现代社会的发展不断消解了曾经在维持稳固社会群体关系中的文化脉络，导致社区共同体意识的建立缺乏生成基础和精神纽带。最终，由单个私人空间共同构成的社区公共空间沦落为一个单一功能性的居住地，丧失了基于社区交往场域的"共有"和"共同"的意义，共同体意识逐渐被个人中心主义与工具理性彻底消解。另外还需要注意的是，受我国目前的行政体制的影响，社区仅作为一个行政管理单元存在，没有承担起单位制解体后转移过来的很多功能，而社区本应承载的共同体的文化意义并未得到重视。

城镇建成遗产是一种典型的日常生活共同体。本书所谓的城镇建成遗产指城镇中的历史街区、古镇以及传统社区等，这就不同于单个的文物建筑或者单个纪念性院落，其中有生活街区的特性，表现出公共的聚居性，并且这种居住形态是历史长期发展形成，并且现今仍在活态使用。通过建成遗产的组成要素、结构关系等相互作用形成的自组织能力，建成遗产能够存续其自身的特性并不断记录历时变迁中的空间肌理类型和结构特征，在历史演变的进程中发展成为一个目前尚且完整的日常生活片区，继承着一定的社会网络关系与生活脉络，体现着历史文化的内涵特征。与现代社区所造成的陌生的社会环境不同的是，虽然现代性的冲击致使传统社区中人们的社会交往关系也出现断裂和分散，但是建成遗产社区中延续下来的社会资本仍在维持其自组织系统的运转，在合理的外部因素的激励下，将更有机会形成日常生活共同体的社会文化氛围。

历史文化是建成遗产重新建立认同的重要条件。城镇建成遗产不同于当代新的居住社区，其不仅包括物质性的建筑空间和古树、小品等环境设施要素，还具有传统技艺、节日民俗、日常仪式等等非物质文化要素，而这些要素都深刻地表达与阐释着建成遗产的文化特色内涵。这种历史文化特色一方面使建成遗产区域风貌特色更具识别性，另一方面也在不停陶冶着生活在其中的居民，使居民具有更深刻的身份认同感和地方归属感。目前来看，大量建成遗产的存续现状不容乐观，历史建筑的外观、内部结构以及街区环境等都有不同程度的破坏，同时民间技艺等非物质文化也在走向衰败。但随着全社会对建成遗产保护的重视，人们历史保护意识的日益强烈，建成遗产的保护和复兴都逐渐会成为政府重点关切的问题。而建成遗产中所特有的物质和非物质文化遗产，将成为居民寻求情感寄托、建立身份和社区认同的重要条件，日常生活共同体才能得以重构与保障。

（3）存续生活网络的日常叙事

我国历史文化遗产保护起步较晚也经历了许多挫折，建成遗产保护实践通常侧重强调修缮历史建筑并加以利用、整治空间环境。尽管大量研究开始从延续历史文脉的视角切入，在操作手段上提倡建立渐进式的动态更新，然而对从根本上存续社会生活网络的认识深度并不一致。日常生活共同体的存续要求对建成遗产的社会网络和日常生活方式进行妥善维持。居民作为文化的承载单元，由他们构成的社会网络和日常行为方式以及由此生成的空间氛围等都是地方文化特色至关重要的部分。由于他们的存在，建成遗产才是一种活的文化而非作为博物馆展示的样品。C·亚历山大关于城市半网络结构的研究给我们认识建成遗产社会空间网络的复杂性提供了重要的理论依据。亚历山大认为城市的结构可以概括成树型和半网络型两种模式，同时亚历山大更指出，具有活力自然城市全部都是由半网络结构组成的。"半网络结构"是由模糊单元构成，结构的不闭合造就了该结构相对开放的特征，使得每个次级单元可以相互产生更广泛的交叉，创造多种变化的可能，形成了灵活而复杂的城市结构体系。相对而言"树型结构"则简单得多，只能通过大单元才能与相对的下一级小单元发生联系。我国自 1949 年以来直至目前时期，过度强调生产性空间建设，对遗产地的生活空间重视不够，另外采取容积率就地平衡的开发思路，也大大破坏了遗产社区原生网络，导致我国传统街区的半网络结构受到严重的破坏。因此在建成遗产存续中应重点延续或逐步恢复建成遗产街区半网络结构。

建成遗产社区的生活网络存续目标的实现首先就要考虑对原住民的保留。城镇建成遗产的价值是它仍然"活着"，生活在此的居民是它维持活态文化内涵的核心内容，并且其不断在城镇生活中承载着一定功能、发挥效用。意大利的博洛尼亚古城保护实践在国际上首次践行将居住者和历史建筑共同保留、保护，提出"将人和房子一起保护"的保护目标。在街区居住多年的原住居民更多地保有了建成遗产社区的生活传统，是历史社区生活文化意义的直接反映者。以重庆龙兴老街为例，老街居民是老街独特历史和民风民俗的创造者和见证者，老街内在的典型川渝市井文化正是通过原住民的老习惯、老段子、老宅子、老关系等等体现出来。保留原住民等同于保留了龙兴老街移民文化等多元文化的根基与灵魂所在。同时最重要的是，老街的原住民对老街有难以割舍的记忆和感情，具有强烈的地方情感认同，他们是文化的守护者，比其他任何人都更熟悉自己的历史。保留居民一方面对于街区传统文化的延续具有重要作用，另一方面还能够带给游客富有真实性的文化旅游体验。当然，针对原住民保留的策略，引导而非限制应是保护的出发点。造成原住民外迁有主客观两方面的原因，从客观原因来说主要因为配套服务设施不完善、公共空间环境破败、居民的安全需求无法得到保障等等涉及物质环境的问题；主观要素包括社会关系的迁出、街区退化为棚户区、贫民区带来的认同感减弱。因此建成遗产的保护也需要切实从原住民的整体诉求出发，构建基于完善的配套设施，加强社区安全保障，改善社区的空间环境质量等多角度全方位的保护体系，避免"破窗效应"的负面诱导而造成建成遗产遭受持续性破坏。

可见，社会网络的传承和更新并不刻意限制原住民的存留，更应该利用有效的准入机制筛选具备遗产保护意识、符合建成遗产文化气质的新文化人，引导绅士化向良性可控的方向发展。当今社会人口流动性逐渐增大，封存原有的社会网络显然是不可能的。原住民概念本身就是一个流动的概念，人们有自由迁徙的权力。保护和延续社会网络所关注的重点是良好的持续发展状态，包括巩固现有的传统社会关系以及对搭建新社会关系的包容，这就要求不仅仅是简单停留在现时社会关系的存续上。社会网络同样需要与建成遗产物质形态一样随着环境、社会背景的变化而有良性的更新。当然，外来居民对于历史街区社会网络建构作用应起到积极性作用。新居民应是积极参与建成遗产的保护，认同和积极传承传统生活方式和社区文化，并且积极参与到社区整体的生活网络中来，而非对社区网络融入的排斥，只有这样新居民的进入才能有效保护历史文化建成遗产。调研中发现如设计师、文化工作者、保护工作者、拥有文化需求的文化人士等更容易对街区产生文化认同。同时，社会网络的更新应控制人口流动规模，保持街区生活和文化的稳定性和延续性，可参照《瓦莱塔原则》提出的程度性原则中的数量原则与时间原则，避免大规模或大体量的变化以及过快的变化速率产生的不利影响。这需要在制度设计层面进行机制引导，用产权转让的方式代替出租方式，以避免人口流动性过大造成对整体文化氛围的破坏。同时，社会生活网络的维持离不开承载这些社会活动的物质性要素。传统社会中人们凭借血缘、地缘、业缘等线索，在日常生活中不断浸染，才逐渐建立起共同体意识。因此那些基于传统礼教内涵和长幼关系的民居院落空间，容纳宗族仪式的祠堂，承载邻里关系的街巷空间，反映家庭、职业、信仰、地缘关系的宗庙、寺庙、会馆等物质载体的保存和改善则显得尤为重要。

以湖广会馆与东水门历史街区为例，虽然以会馆商帮组织、家庭宗族为核心的传统社会格局已被打破，并且逐渐被现代小规模家庭形式所替代。但是这种关系并没有从根本上破坏街区的社会网络关系，现代邻里关系反而填补了传统宗族关系的空缺，大量频繁的邻里之间互动构成了社会交往的主体。通过调研发现社区中的老租户和原住民都对社区存有强烈的地方归属感和情感认同感，体现出强烈的社会凝聚力，只是因人口流动性大，存在社会安全隐患。常住居民常常主动发起社会交往活动，通过与租户的沟通交流来传播社区的历史传统文化，社区联系才能更加紧密。这种口述历史的传播方式能够从更深的文化认同层面将外来租户塑造为街区的一员，发挥着重要的文化纽带作用。湖广会馆与东水门历史街区虽然原住民较少，社区缺乏生机与活力，但传统的社会网络关系仍得到保持延续，具有重要的社会价值（图5-3）。当前渝中区在高速发展和人口流动加剧的情况下，湖广会馆与东水门的社会更新成为必然的趋势。湖广会馆与东水门历史街区规划提出以自愿为基本原则来保留原住民，并积极引导重庆渝中下半城其他街区的原住民迁入，其中不乏生长于斯，不愿离开这片江岸的"老重庆"。规划建议对居住较久的老租户提供优先购买的权利，并对周边如白象街、十八梯等老街区居民提供更多的购房优惠政策。针对当前街区创新商务与文化创意产业的定位，也可允许设计师、文艺创作者等"新文化人"购房。并且加强保护活动社区参与，把遗产保护的日常管理纳入社区工作范畴，并延伸到居民的日常生活中去，以此为契机增强居民的社会交往，建立密切的熟人社交活动圈，存续日常生活的文化叙事。

5.3.2 营造观念：以包容性为观念

（1）建筑容异

自1949年至今，由于我们对历史城镇价值认识与遗产管理中存在的问题，建成遗产街区中历史建成环境不断被蚕食，并且在不同阶段都出现一系列不符合街区传统风貌的"异类"建筑。近年来在文化觉醒的大背景下，人们对历史遗产的保护意识逐渐加强，保护实践也在不断深化。这一时期大量建成遗产更新实践采用的方式是抢救性保护以及对上

图 5-3　重庆湖广会馆与东水门历史街区传统社会特征仍存在于当代生活
资料来源：何智亚.重庆湖广会馆——历史与修复研究［M］.重庆：重庆出版社，2006

述异类建筑的拆除，并根据历史资料或在无资料依据的情况下重新建设传统风貌的仿古建筑。但是我们必须看到，随着保护理论的不断完备，认知的不断深入，关于"活力"和"可持续"的内容将越来越成为建成遗产街区的保护更新主题。而对待异类或者称异质建筑的方式也就自然而然需要更进一步的思考，新的维度对异质建筑进行重新审视将挖掘出新的价值。"建筑容异"意思是包容现状在地的形式构成要素和结构秩序，强调对多样复杂、差别矛盾等的包容性，具体表现为对建成遗产已然形成的并置或穿插的空间线索、不同种类的形式体量、构造材料、链接单元等元素的包容。

　　20 世纪末爱德华·W.索亚（Edward W. Soja）提出异质空间的概念，意思是超越现实和想象，同时又囊括了现实和想象，具有差异性的空间或叫作"第三空间"。其认知逻辑是突破传统认知空间的局限，从而空间得以多种可能性的自由呈现。借助索亚对"异质空间"的定义和倡导的空间认知逻辑来考察城镇建成遗产，上文所探讨的异类建筑处于遗产社区中，不同于传统建筑和街区整体历史风貌，也表现出所谓的异质空间特征。这些建筑大多是在 1949 年以后城市建设改造中加建、改建和新建的建构筑物，一般被用于仓库、厂房、多层职工住宅、政府办公以及近年来的高层住宅、商业设施等（石克辉等，2014）。不同于传统民居的加建改建，异质建筑具有一定的规模，承载更完整的功能。对于异质建筑来说，以"相对"的尺度就其空间和时间两方面展开评价至关重要。对于空间来说就是其相对的尺度关系与形式关系，时间则是一个动态和连续的概念。建成遗产的风貌保护是保护更新工作不可缺少的一部分，但正如前文关于历时性的探讨，从时间的相对概念来审视，风貌作为历史发展长期动态演变的产物，是动态演化的，不能静态单一地以某一历史节点的风貌作为建成遗产的唯一面孔，因为这对于建成遗产真实性保护是不利的，有悖于历史信息历时层积的发展规律。当下建成遗产的保护实践多针对历史建筑进行风貌评估，评估方法也大多以建筑艺术和视觉审美角度入手，缺乏对风貌的动态、人文以及其他非物质层面的完整响应。形态学意义上"恢复肌理，修旧如旧"的逻辑严重破坏了历史信息的整体性和真实性。我们必须承认异质建筑当下所呈现的状态有其偶然的一面，但也要认识到它的产生肯定隐藏着某个地方适应经济发展的逻辑，具有一定的合理性。

　　由于发展阶段的独特性，异质建筑问题在我国及其他亚洲城市建成遗产保护更新中尤为突出，如何对待异质建筑也是建成遗产保护工作在今后较长时期内需要回答的问题。以深入详实的现场调查为基础的建筑评价，是建成遗产保护的核心基础工作。建成遗产中异质建筑的评价应从建筑本体价值、整体环境关系以及能否可持续的适应性利用三个方面来考察。个体价值属性是指虽然异质建筑在建设时间上与街区中某个时期内的历史遗存不同，但是随着城镇的发展，其可能会通过承载事件的发生以形成自身特有的价值内涵。其评价标准与历史建筑评价标准相一致，包括历史价值、艺术价值、建筑价值、技术价值以及社会价值等方面。比如我国的大跃进运动中的建构筑物、标语印记等等，这些随着时代发展而消失的生存方式给遗留下来的物质环境赋予了社会学意义。整体环境关系从异质建筑与其他历史建筑的体量尺度差异、高度差异、色彩风格差异以及形式差异等差异大小来判断其对建成遗产整体环境的破坏程度。可持续的适应性利用层面，包含经济可持续性和建筑可持续性两个层面。经济可持续方面应通过城市层面的整体功能规划来权衡未来发展的可能性，以判定经济的可持续性。而从建筑可持续性方面入手，重点是在一个多角度的框架下进行功能评价，可以是既有功能的提升利用，也可以根据区域发展规划的定位，结合地区的综合发展潜力，预估、置换现有功能，植入与建成遗产氛围相符的前瞻性功能。如果异质建筑有丰富历史内涵，再结合其建筑质量进行综合评价，而对价值内涵较为欠缺的异质建筑需要重点研究其是否能够适应新的业态（许玮，2011）。鼓励当地居民积极参与到评价中，开展更广泛的公众参与，以得到更加综合多元的评价结论。

不可否认，风貌控制是建成遗产保护更新工作的重要内容。但简单的拆除异质建筑或者通过穿衣戴帽的风貌改造方式对其进行简单的改建、重建，不能满足留存历史层积的真实性的要求，反倒是把保护更新这一综合系统的社会性工作狭隘地理解为单纯的审美性工程。异质建筑展现的适应性往往能够起到缝合和优化街区功能的作用，因此，在对街区形态系统的连续性和整体性给予高度关注的同时，需要发掘异质建筑的潜力，在多元框架下实现街区功能和形态的整体优化，激发街区活力。重庆湖广会馆及东水门历史街区就明显体现出不同年代建筑共存、风格杂糅的特点。街区现存建筑以二、三、四层居多，主要分布在湖广会馆西南侧，约占80%，其他20%为一层建筑，湖广会馆周边较为集中分布一层建筑，湖广会馆区域外的一层建筑零星夹杂在其他建筑之间。街区现状建筑多是清代至民国时期、1949年至1980年代这两个时间段建成，80年代后也有一些建筑新建和加建。清代到民国时期建筑数量占总建筑数量的四成，以湖广会馆、胡子昂旧居以及其他传统风貌民居为代表，呈现的风貌也体现了明清、巴渝或开埠建市等多种风格。1949年到1980年代建筑约占总建筑栋数的45%，位于解放东路南侧与望龙门巷北侧一带（图5-4）。

街区除芭蕉园北侧刚修缮的沿街建筑、湖广会馆、胡子昂旧居等三成建筑质量较好外，七成建筑均遭不同程度的破坏或准备拆除，约10%建筑质量一般，较差的竟占六成。街区建筑功能以居住为主，另有博览（湖广会馆展览）、行政办公（谢家大院和胡子昂旧居现为办公）、教育（小学和幼儿园）、旅馆（下洪学巷客栈）等功能。在保护规划中没有采用惯常的打造明清一条街的风貌统一的做法，而是利用街区的地势条件，从长江边到解放东路层层分台的地形，结合现存建构筑物的既有风格进行分区引导，靠江岸的较低台地多为巴渝风格和明清移民风格，中间台地是折中主义风格，而靠近解放东路的高台地是早期现代主义风格。重点建筑的保护控制导则，以历史建筑明清客栈为例，《规划》对建筑进行了测绘，明确了建筑的院落平面布局、外部建筑立面为严格保护对象（图5-5）。

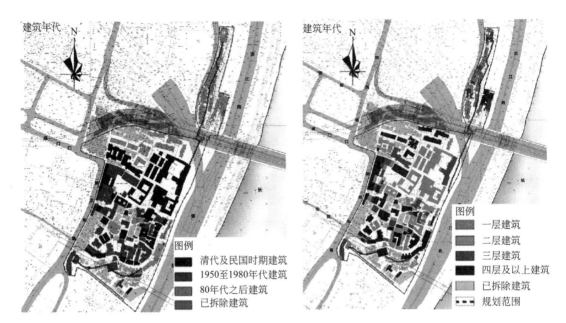

图 5-4　湖广会馆及东水门历史街区建筑年代及层数分析

资料来源：重庆大学编《湖广会馆及东水门历史街区保护规划》，2014 年

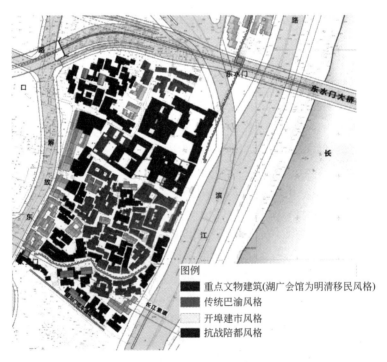

图 5-5　湖广会馆及东水门历史街区建筑物的风格控制

资料来源：重庆大学编《湖广会馆及东水门历史街区保护规划》，2014 年

（2）场所容弱

"场所容弱"是指包容弱势群体对空间的诉求，保护业已存在的弱势群体通过日常生

活不断营建的在地性场所，改变以往对这些弱小场所轻视贬低甚至排斥压制的"推倒重来"式空间更新模式，包容建成遗产社区自组织下的空间功能与材料组织的冗余、散漫的低效状态（周榕，2014）。为了满足日常生活中生理、心理、精神各层面复杂的需要，人会产生各种各样的行为。随着人的行为长时间对某空间相对固定的使用方式，会将空间固化为符合日常生活行为的使用需求的场所。这个空间体现了生活的规划能力。例如居民对城市零散空间自发的弹性使用，也会使空间具有居民行为的特征，或者反过来说，是因为这些零散空间能适应居民自发生活行为的需求，补充了被正统规划所忽略的内容，所以这些居民自发的行为才能持续发生。在遗产社区的可持续发展中，要通过对场所的持续性关注，逐步完善这些缺失的生活空间，重视这些空间中居民自发行为的特性。只有顺应行为特征进行完善设计，才能真正展现日常生活中居民自发使用时的生活性乃至文化性。

前文已述，布迪厄场域理论提出了惯习的概念，惯习代表着一种禀性系统，具有既持久又可转移的双重属性。其中持久性表现为面对变化的抵抗，惯习一旦成型将牢牢扎根在作为主体的人身上，在人的整个生命历程中表现出连续性。可转移性作为惯习另一个属性，强调惯习一经确立能作用到生活实践的其他领域中。布迪厄的惯习概念涵盖了主体的知识、理解现实世界的方式以及重构世界的力量三个方面，决定着主体倾向于采用的感知、思考、行为等方式，并将主体的经历内化在这一惯习系统中。遗产社区居民在长期的生活和社会实践过程中，在潜意识里关于个人的空间感知与场所价值的理解以及行为活动与社区环境的交互方式逐渐固化形成了一定的惯习系统。建成遗产之所以被认为是一个有意义的场域系统，其关键因素就是由于这些惯习的巩固与潜移默化的延续，不断同化着主体的生活条件和行为方式。在建成遗产更新过程中，如果更新内容缺乏对居民惯习的充分考虑，对承载惯习的若干场所进行破坏，那么更新改造不论产生了多大的经济效益，也无法被认为是一个具有社会价值和传统意义的场域，导致新空间的制造缺乏真正的内涵和社会意义（何正强，何镜堂等，2014）。对弱势群体的场所进行适当保留是对传统规划直接和孔武有力的"强设计"的有效补充，弱势群体的场所一般指向日常生活与底层社会的记忆，对其的保留强调根据不同的规模大小及具体环境而设定。采用微观和低技的策略是场所容弱的基本手段，强调易于操作、随对象制定、微观和局部的设计策略。场所容弱应在现存建成环境的边缘交界处、隐蔽处发现弱势者的空间利用方式，用低技的方式对现存的环境进行翻新，使其能够更好地适用于日常生活或者诱发新的活动。

弱势群体对场所的需求与微弱改造是活态遗产保持"可读性"与真实性的重要基础。虽然有些改造方式并未得到行政管理者的许可，但却真实体现了建成遗产社区中人们的生活状态，是构成"活态遗产"价值内涵的重要内容。目前指导我国保护规划实践的价值观是建立在以"历史文化名城、历史街区和文物建筑"的三层次保护体系之上，然而这一保护体系并没有对弱势群体居民结合日常生活需要，进行的自发性创造给予更多关注。并且这些因生活而产生的场所往往被不加区分地看做是不符合历史风貌、需要拆除的搭建。因此就造成了建成遗产改造只保留下某些文保单位，其余遗产内容全被拆除并重新"打造"。我们应该摒弃"宏大叙事"和精英主导模式，以日常生活中的"小事件"入手，从细节出发诠释建成遗产的多元复合的价值，这才是准确理解建成遗产"真实性"和"整体性"的正确途径。空间的诸多细微变化是通过所有居民的创造性实现的，人们基于自身的惯习，进行的似乎弱小的自发性空间实践，使得建成遗产空间不断与城市发展和文化演进相适应，这正是遗产空间可持续发展的应有之意。因此，建成遗产作为"活态"的文化遗产需要对日常生活实践予以更多的宽容与关注，才不赋予遗产真正的价值意义。

以湖广会馆与东水门历史街区为例，街区登记户口共有 2144 户，目前居住者约 6500 人。根据 2013 年底的抽样调查与居民访谈，街区常住人口约有 33.42%，这部分大多为世居于此的原住居民；暂住人口约为 66.58%，大部分是农村进城务工人员；65 岁以上老人达到 43.7%；超过 90% 为高中以下学历，小学学历超过半数；街区居民经济水平低下，以第三产业为主，下岗及待业居民接近半数（图 5-6）。大部分人的职业是于朝天门和小什字等周边地段从事低端服务业，但是随着朝天门地区旧城更新逐步深入，产业也逐步高端化，大量居民面临失业的危险。街区人口密度约为 300～400/公顷，居住拥挤（王一飞，2016）。可见街区人口流动性强，老龄化问题严重，人口文化素质偏低，就业率不高且工作不稳定，街区贫困。街区发展到现在见证了漫长的历史兴替和岁月变迁，层积了大量的历史文化信息。但同时随着岁月侵蚀，街区面临着现状建筑自然老化，配套设施缺乏和原住民迁出、人员流动性大、社区文化传统逐渐没落等方面问题。因此在保护规划中充分梳理日常生活空间场所，发掘生活场所的社会空间价值，如湖广会馆与东水门街区历史环境要素梳理中增加对典型生活场景的保存等（图 5-7）。

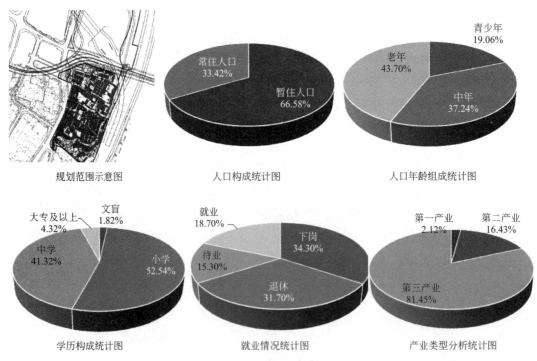

规划范围示意图　　人口构成统计图　　人口年龄组成统计图

学历构成统计图　　就业情况统计图　　产业类型分析统计图

图 5-6　街区人口统计特征分析

资料来源：重庆大学编《湖广会馆及东水门历史街区保护规划》，2014 年

湖广会馆与东水门历史街区的社会价值主要体现在下店上宅或者前店后宅模式的明清建筑上，其次近现代的多层住宅的居住模式也有所体现，主要反映着一定时期内的家庭生活与工作空间的构成关系。适宜的街巷空间尺度以及便捷的不规则梯道连接体系，作为历来传统公共活动或社会交往集中发生的场所，是湖广会馆街区邻里关系存续的重要空间支

图 5-7　街区生活场景

资料来源：作者自摄

撑。街区中的湖广会馆建筑群是整个重庆移民文化的集中体现，时至今日还作为外地群众遥祭先人、互通乡情所在。在湖广会馆与东水门历史街区保护规划中，需要从传统生活居住模式的保存与延续、街巷梯道的保留与公共交往空间的识别、湖广会馆在离乡寄情作用的传播、居民门前屋后窗台的绿化、盆景、藤蔓等多个层面来把握，对其中的不规则、"不合规"却是日常形成的部分予以高度关注，构建充满居民社会生活氛围的活力场所（图 5-8）。

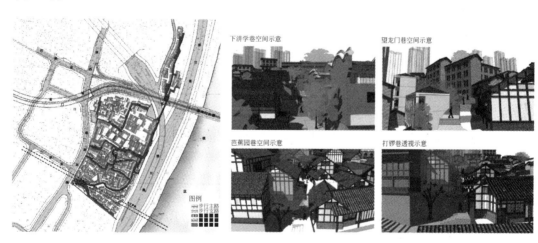

图 5-8　湖广会馆与东水门街区社会空间分布及节点设计图

资料来源：重庆大学编《湖广会馆及东水门历史街区保护规划》，2014 年

（3）肌理容变

"肌理容变"指包容随着时间流逝而带来的一系列建成遗产的肌理变化，包括在宏大叙事和静态史观中通常被判定为错误或不应存在的建筑组合形式，包容琐碎、低微、细小的在地线索对建成遗产肌理的不断"打磨"。建成遗产作为一个人工制品，其肌理类型存在历时拼贴与内生演化的特征，从原型肌理逐渐向类型肌理演变。经过长期的局部更新与改造，衍生出大量似是而非的类肌理类型，导致建成环境的肌理形态越发多样复杂，使识别历史原型的保护工作并非易事。肌理作为遗产形态的表征，是遗产空间内在逻辑的外在形式，有着两方面的意义：一是显性的图形特征直接表达了遗产空间要素的空间尺度、组织关系和形态特征，相似的图形一般有着共同的物理因素；二是隐性的演化规律，肌理组

织所进行的渐进式调整或突发性嬗变，都暗示着自然、社会、政治、经济等力量在城市空间中的支配力量，成为城市文脉的重要线索。建筑肌理演化源于肌理内部的对建筑功能适应性的改建、重建、新建活动，是一个新旧交织、新陈代谢的渐变过程。

对遗产空间肌理的变化需要进行理性的类型分析，区分原型、类型等不同的肌理。建筑肌理的类型分析是一个"去伪存真"过程，在保护规划中，原型明确规定为重点保护对象，类型单元建议保留整治或者拆除重建。大量复杂的类型单元在"拆"与"留"的措施之间，也决定了建成遗产保护与更新的最终方式。从我国建成遗产的保护现状看，往往是由于对"类型"的认识不足，在"可拆可留"过程中简单的选择了"大拆大建"，破坏了大量的传统肌理，而重点保护的建筑也失去了周边文化环境。这种情况大量出现在商业化主导模式下的旧城更新中，所谓"非典型"的传统建筑消失将不可避免。类型单元表现出与原型的相似性。相似性指"相近类似"的肌理图形，指单元内部由于改建重建活动，影响了建筑组合空间的形态，但是这种影响是在一定的有限范围内，肌理原初形态的结构性形式没有变化。在我国历史街区，之所以存在大量的相似性肌理，原因是产权问题，虽然私产所剩无几，但无期限的租住同样有着很强的所有权意识，院落单元将改建活动控制在一个明确的范围内，"院落边界"成为维持历史原型的重要特征。特别是在没有出现重大外力作用的状况下，建筑体量的拓展和院落空间的收缩是肌理变化的主要特征，类型变化是一个从量到质的变化过程。借助对肌理演化过程的剖析来挖掘非典型肌理类型在演进过程中的意义与价值，能够更进一步珍视组成街区肌理的各种现存建筑，而不只是对重点保护建筑的重视，以最小的干预作用在若干肌理单元内部，来避免大面积更新改造，尽量避免大拆大建。

总之，对于时间进程较长的建成遗产街区，保持其各阶段肌理的特色以及空地广场等要素的延续，谨慎保留原有建筑结构，尽量呈现出"保留"和"加建"的不同状态，表达对既有建筑的尊重。保护没有终极结果，也没有实施节点，其永远是动态的过程，保护的魅力就在这个动态过程，效果图式的终极效果不是保护的要义。任何时期的任何的物质形态都应是保护研究的对象，而绝大多数历史城镇都没有意识到这一点的重要性。以湖广会馆及东水门历史街区为例，整个街区现存建筑朝向不一，且建筑密度很大。街区现存整体肌理为单体建筑根据地形分台特征，沿街巷梯道灵活组合构成，院落也是各建筑迎合地形台地自由组合的结果。传统民宅层数在1~6层之间，一般为砖木结构，小青瓦坡屋顶构成了大部分街区的第五立面，也反应了一定的肌理特征。建筑体量从北向南不断变小，肌理呈现由整体到灵活过渡的趋势。大量传统民宅因年久失修，坍塌的现象明显，建筑单体的功能价值丧失殆尽，但是整个街区肌理却仍具有一定的历史价值、艺术价值、文化价值，能够集中体现重庆作为山地自然地域环境的建筑群体构成特点，同时也反映一定的移民、开埠文化的痕迹。

前文已述，湖广会馆与东水门街区建筑的风格类型极为多样，包含传统巴渝风格、开埠西洋风格、折中主义风格、早期现代主义风格等，这些风格建筑的体量与肌理组成也各有特色，但从整体来看差别较小。从布局上讲，街区西北部沿解放东路以开埠西洋风格、早期现代主义风格为主，建筑体量较大；街区东南部以传统巴渝风格为主，建筑体量较小；中部则以折中主义风格开埠西洋风格为主，兼有其他风格，为南北过渡区域（图5-9）。在编制保护规划中，笔者认为街区小尺度、坡屋顶的自由组合肌理呈现出有机错落的地方特色，因而保护规划中应当尽量保留原有的建筑密度、空间尺度等肌理构成。单体建筑的更新改造应该遵从其现状走向，延续街道界面和屋顶风格。街区出现的特殊肌理必定对应一定的历史逻辑，湖广会馆街区在漫长历史演进中历经数次重要发展阶段，因而在并不大的地方里形成了上文中的诸多建筑风格，规划应在保持现状肌理的基础上进行延续。所以街区东部芭蕉园巷地区、北部东水门街区应延续明清移民风格与传统巴渝风格，中部则以延续开埠建市风格及折中主义风格为主，街区西部则延续开埠建市风格与早期现代主义风格为主，保持其街区繁而不乱的整体风貌特色（图5-10）。

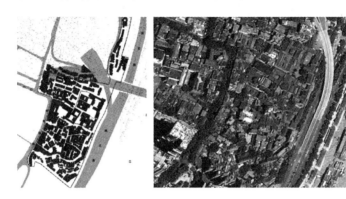

图 5-9 重庆湖广会馆及东水门历史街区建筑肌理分析图
资料来源：重庆大学编《湖广会馆及东水门历史街区保护规划》，2014 年

典型肌理提取		
巷平行于街		• 沿街为错落开放大体量 • 巷后为生活私密小体量
		• 沿街为错落开放小体量 • 巷后为结合天井的大体量
巷垂直于街		• 沿街引入小巷 • 增加巷与街的联系 • 开放生活空间
		• 沿街背对小巷 • 减弱巷与街的联系 • 隐蔽生活空间
备注	红色为主街界线	

图 5-10 湖广会馆及东水门街区肌理类型分析及肌理、街巷格局规划
资料来源：重庆大学编《湖广会馆及东水门历史街区保护规划》，2014 年

（4）风貌容拙

"风貌容拙"是指包容那些以经典建筑学的标准，被视作"丑陋"的在地现实，包容拙朴平凡的在地生活，不以激动人心的非凡奇观作为目标，而以包容普通人日常生活为目的。风貌是个外延广泛的概念，前文中关于建筑、场所、肌理等的包容性思考最终都会体现在建成遗产风貌上并显现出来。从中国传统美学中可以提炼出很多美学智慧结晶，作为

图 5-11 汉代《石门颂》中的古拙审美
资料来源：网络图片

当代的城镇美学追求（李和平，薛威，2015）。中国古典美学有追求"古拙"之传统，如书法有清代书法家傅山所言"宁拙毋巧"，讲究自然朴实的美，是书法创作的审美风格，与平时所说之"丑"不可同日而语。书法家推崇"大巧似拙"，表面看是拙，而实际是巧，其目的在于追求字体内涵的灵动和意趣的挥洒。汉代书法《石门颂》书写十分随性，不求工巧而突出变化，展现出天真自然的情趣（图 5-11），结构极为舒展自然，体势瘦劲，富有韧性。而经过历代不断的拓印，石碑出现的自然剥损也透露着难以复制的古拙之气。古拙美是更深层次的美感，其美感不体现在整齐或是秀美等感官层面，而体现在其中蕴含的精气神，需要观者更深一层次地去深入理解这个作品，如果没有足够的艺术理解，难以看出其中的美感所在。可以说古拙美是精神上的美。由于快速工业化与城镇化进程的推进，人们生活的城镇也发生着翻天覆地的变化，大量的建设活动带来人与环境关系的分离甚至对立。越来越多的人们认识到这种关系的不可持续性，因此人们开始了回归传统、崇尚自然的诉求。有了上述对崇尚自然、怀旧寻根等现象的哲学认知后，就容易理解越来越多的人开始主动去踏寻历史的遗迹。"古拙"近年来日益变为一个高频使用词汇，在艺术鉴赏和批判领域被广泛使用，而在建筑领域反映最为明显的即是对城镇建成环境的阅读或审美上。在河北邯郸大名古城的保护规划中，评审专家用"质朴"来形容大名现存的古城风貌同样给我们启发。如赵中枢就认为"大名古城的真实感很强，很质朴，没有什么雕琢的痕迹。"❶

重庆作为山地城市，历史上建筑均是依山势而建，层层叠叠，不求夸张浮华，只为生活所需。然而单个建筑虽平淡无奇，但从整体来看，反映出的聚落营造的"拙朴"之美令人震撼。1942 年美国汉学家费正清从飞机舷窗中俯瞰重庆时发出了这样的感叹，"这个地方地势起伏大，无平地，不适合人类生存。人们像山羊一样极力寻找着安身之所。"这座山城给费正清留下了强烈印象。在重庆的 15 个月里，他通过重庆看到了中国人的精神和力量并在后来多次提到在重庆难忘的所见所闻。好像通过重庆这座城市，他更深刻地理解了中国和不同的东方气魄（图 5-12）。有专家在谈到重庆十八梯时表示十八梯建筑实际上是无风格的一种建筑，它是山地建筑，

图 5-12 老重庆空间拙朴风貌特点
（上为临江门社区，下为朝天门）
资料来源：《重庆湖广会馆：历史与修复研究》

---

❶ 参照大名申报省级历史文化名城专家论证会纪要。

本身就是一种梯度叠加式的建筑。这种建筑实际上是遵从自然，自然地在这个环境中自然地生长。层层叠叠的山地建筑，形成了一个错综复杂，高低错落，前后退台筑台，十分壮观的山地建筑景观。笔者对重庆下半城历史文化街区开展了调研，重点从街区居民日常生活细节出发理解街巷梯道空间、建筑形态的演变和空间组合形态。研究发现街区空间的演变是以居民为满足生活功能需要，来自发扩大或重组原建筑空间为基础动力，即利用自发性创造挖掘更多空间内容，通过这种自发性的拓展重组，形成了五种典型风貌特征，分别概括为："叠""挑""退""折""繁"。

"叠"指建筑原占地有限，而垂直向上叠加新建筑空间的方式。例如在重庆湖广会馆与东水门历史街区中，明清传统民宅的原始建筑层高以两层及以下为主，但由于建筑占地面积的缺少和生活空间的急迫需求，大量民宅建筑采取加建至三层或四层以上。这就导致街区出现大量非传统建筑风貌的多层建筑形态，传统的建筑尺度关系有所打破，但也因此街区整体天际线和立面风貌得以调整，呈现出更多的多样性和层次性。"挑"的意思是由于建筑占地面积缺乏而利用一层以上楼面悬挑来增加空间面积，或者由于户外晾晒空间不足而利用悬挑阳台满足晾晒需要的手法。这种挑出在形态上形成了凸出的体量关系，给建筑增加了生活功能要求，同时在建筑艺术层面丰富了建筑立面，阳台也从尺度上对大的建筑体量起到弱化作用，更适于人的尺度感受（图5-13）。"退"的目的跟"挑"一样，都是为了增加户外空间以满足晾晒等生活功能，但采取的手法正好相反，是通过上层房间的后退来增加阳台面积。同样，退的做法对于建筑风格和立面效果来说，都丰富了建筑单体或者建筑群的立体感和界面效果。"繁"是指日常更新建筑材料的繁复，通过日常更新中不同材料的使用以及一种材料的拼贴与叠置，创造出异样的风貌表情，制造了大量丰富的表情细节（张帆，2014）。

图 5-13　十八梯中的典型山地建筑
资料来源：作者自摄

重庆渝中下半城历史街区出现的这些典型风貌手法体现了街区居民根据切身的经验惯习和生活需求对街区的自发性空间实践。虽然从风貌来看，相对一次性建造而言，显得笨拙，但同时体现出一种时间历练后的拙朴，一种古拙的风韵。这些表现往往被居民因地制宜地单独或混合使用。这种风貌的形成起源于日常生活中居民进行的空间实践活动，这种建设活动处于正规和非正规之间，但却因此形成了丰富多样、功能复合的高密度传统生活场所，并引发更多空间实践新的可能。因此正是"大巧似拙"（图5-14）。这种存在着居民自发建构的建成遗产空间具有浓郁的生活气息，而与之形成鲜明反差的是大多数的所谓"保护修复工程"。经这些所谓工程的一次性打造后，街区往往成了建筑形态单一的仿古街区，街区少了活力和特色。这种目前最为惯常的操作手段，本质上却打破了文化的联系，剥离了文化的主体，毁坏了文化的成果。大尺度的工程建设活动带来了功能数量的提升、建筑面积的增大，却分解了地方传统的社会结构，长时期形成的邻里关系与生活方式几近消亡，作为文化主体的原住民与街区地方传统文化的关联被彻底切断。

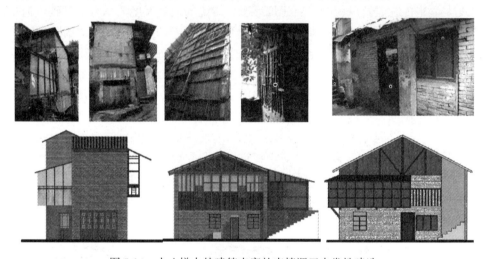

图5-14　十八梯中的建筑丰富的表情源于自发性建造
资料来源：重庆大学规划院《重庆渝中区十八梯传统风貌区保护性建筑初步测绘》

　　城镇建成遗产的保护应从"技术理性"回归对居民日常生活的关照，从居民自发性空间实践中寻求人地关系整合与可持续发展的内在秩序，而日常生活中体现的"拙朴"性闪现着难能可贵的精神内涵（图5-15）。我们经常看到所谓城镇建成遗产保护的项目中，大量标准化的现代城市空间替代了传统居民自发性创造的场所，丰富生动的传统生活面貌被消解。当代社会的全部领域几乎都被"技术理性"所统治，其中在当代城市建设领域体现得尤为突出，过度的理性化往往缺失了人本的关怀。而只有从"日常生活视野"切入，采用一种自下而上的方法研究建成遗产，包容不同空间的层积并置，并从细节出发阐释城镇生活的多样性和生活空间的复杂性，珍视自主发展形成的混合状态，才能放弃"宏大叙事"和精英角色，避免自上而下的宏大理性规划造成限制人的行为与生活的单向度操作。只有这样，建成遗产才真正能够存续其文化价值。例如宁波风氽街区的建筑外墙体现鲜明的地方性，丰富的建筑砌块材料构成了多样化的建筑表情肌理，体现了拙朴生动的民间建造，是一种醇厚自然美的流露。我们可以大胆揣测建筑师王澍从宁波大量的民居建成遗产中获得启发，应用于宁波博物馆的建筑构思当中，最终完成了宁波博物馆的设计。可见建成遗产的价值不单单是保护过去，更重要的是启发未来（图5-16）。

　　因此我们应注重街区更新中不同的体量、形式、色彩、材质等风貌要素，与街区原初

建筑层数：1层
屋顶形式：坡屋顶
建筑材料：白砖

建筑层数：2层
屋顶形式：坡屋顶
建筑材料：砖

建筑层数：3层
屋顶形式：坡屋顶
建筑材料：灰白砖

建筑层数：1层
屋顶形式：坡屋顶
建筑材料：灰砖

建筑层数：2层
屋顶形式：坡屋顶
建筑材料：砖木

建筑层数：2层
屋顶形式：坡屋顶
建筑材料：砖木

建筑层数：3层
屋顶形式：坡屋顶
建筑材料：砖木

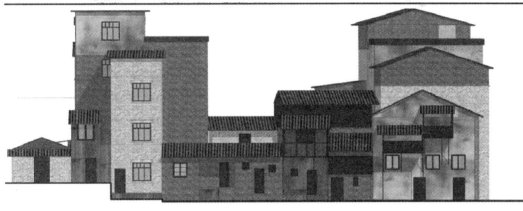

图 5-15　十八梯大巷子立面材质形态历史层积表现为风貌的拙朴

资料来源：重庆大学规划院《重庆渝中区十八梯传统风貌区保护性建筑初步测绘》

风格发生冲突时，包容其地方性的多元风格构成，避免因过度强调统一风貌而造成多年来积淀的痕迹被彻底抹掉。痕迹是居民在建成遗产中把自身情感与行为不断物化的结果，是一个空间化的过程，因此使建成遗产具有了场所精神。大量的城市文化理论家都对生活中痕迹的作用重视有加，如凯文·林奇在《总体设计》一书中所述：任何环境都会充满居民行为留下的种种痕迹，这是他们所做一切的无声见证：踩旧的踏步、泥泞的小路、墙上的划线与擦痕、小品陈设、晾在绳上的衣服、垃圾角内的废物、侧石旁的大车、入口踏步的花。……总体设计师要学会阅读这些标记，就像狩猎者识别森林动物的足迹一样。居民在城镇建成遗产中留下的生活痕迹更是丰富深厚和有代表性的。建成遗产承载着街区居民的深厚情感寄托和生活记忆，是地方得以确立和识别的深层因素，这甚至比其具有的独特典型地域建筑风貌意义更大。建成遗产依托居民日常生活中留下的痕迹，不断演变为具有精神意义的场所空间，释放着居民对建成遗产爱恨难离的真挚情感。因此只有

图 5-16　宁波凤岙建筑体现鲜明的地方性

资料来源：作者自摄

回到包容多样日常生活的地方语境中，城镇建成遗产才能找到真正的意义存续路径上来。

北京茶儿胡同 8 号院原是一个标准的传统"大杂院"，在这个院子里，居住过超过 12 户人家。在过去的 50 年里，这些家庭各自在院子的公共空间搭建棚屋作为厨房。这些简陋的厨房只有基本的功能，根本谈不上美观。在改造中，设计师不仅为一直背负着"杂乱"名声的"搭建物"重新设计了外观，更赋予了它们新的功能。一棵参天的百年古树下原本是厨房的地方，被用青砖重新搭建，成为了一个 6 平方米的小型艺术馆。在艺术馆外，是一连串砖石台阶直通屋顶。在这个经过改造的大树下的"微杂院"中，共享的庭院被利用起来，孩子们放学归来，拿起最爱的绘本，爬上屋顶，坐在阴凉下畅谈梦想。在这里一棵大树串起了内外多个空间，也串起了这个大杂院乃至整条胡同的生活（图 5-17）。

图 5-17 茶儿胡同 8 号院改造效果

资料来源：大栅栏跨界中心

5.3.3 营造手段：以微更新为手段

（1）微更新：对宏大叙事的反向

"微更新"是指旧城更新中涉及范围尺度较小、组织实施灵活、周期不长且投入成本有限的更新模式。城镇建成遗产作为日常生活的主要发生场所，多样化的生活需求不断雕刻着建成遗产的功能空间构成。日常生活逻辑经过漫长的岁月过程，已经渗透到建成遗产之中，其逐渐形成了多元复杂且互为补充的功能架构。然而，由于建成遗产的不断衰败，比如商业趋于单一重复，居住空间减小，内城大量人口外迁等，这些原生的多样性也在逐渐消失。遗产复兴过程中建成遗产并不是在空白基础上打造，而是在现有的每个街区、地块的现状基础上，研究如何修补。在这样的背景下，微更新作为宏大叙事的相反一面，更贴近居民生活需求，体现出日常性的特征。"微"的更新改造手法最早被使用在旧城中某个建筑的更新中。但随着城市的快速发展，城市暴露出的问题也日益复杂，牵一发而动全身。原来寄希望于仅通过一次性规划、一项大尺度建设项目就能全面彻底地解决问题变得越来越不可能，而微更新模式的更新节奏逐渐被认为是一种优势，被越来越多的学者提倡作为建成遗产更新的重要理念之一。

微更新的理念本质上是有机更新理论的延续，即采取自下而上的推动方式，在鼓励公众参与的基础上，基于对旧城整体肌理和特色城市风貌的把握以及对城市内在发展逻辑和秩序的认识之下，针对特定地方来寻求解决问题的方法，营造出有归属感和地方特色的文化及空间形态。哲学家德赛都在其研究中发现，老城街区中常常出现居民自发的小规模空间改造，这也就是德赛都所言的"日常生活实践"，是人们对各种领域中压制性统治的

"小规模抵制"行为，体现出日常生活的主体在面对垄断力量时表现出的"曲线救国"的生存策略。在日常生活中，居民作为力量对比中的弱势群体，为了满足自身的差异性和多样性需求，常常采取这种小范围改造实践来构建一个相对个人的独特空间。可见微更新是日常生活营造城市多样性的手段。所以，我们需要格外重视微更新模式在重塑旧城特色风貌，构建多元丰富场所的作用。具体而言微更新模式包括微社区、微动力、微改造、微设施等四个方面的内容。

（2）微社区

微更新理念中的"微社区"体现在遗产社区保护更新的基本工作单元上。建成遗产作为一个地方性空间，具有"人地关系"紧密的社会空间特征，社会与空间的一体化特性在建成遗产中集中体现出来。建成遗产是与居民生活密切相关的特定区域，其中包括着多样的本地生活和人际交往。传统街区内围绕某条巷道或院落，以数栋建筑围合为单位，构成了空间基本单元，数个基本单元通过街巷组合，构成街坊，大量的社区交往活动就在街巷发生。街坊邻里构成社区交往的主要联系纽带。基于传统街区社会结构稳定的特点，街坊邻里在传统街区狭小空间内，日常活动的频繁接触构成了传统街区社会交往的日常生活共同体单元。微社区即是对日常生活共同体理念的一种细化操作手段。在建成遗产保护中，依据特定的空间特征和社会生活特征将街区分解为若干微型的街坊单元，分别对应于社会层面的日常生活共同体，并对其进行保护工程层面的精细化而有针对性的更新。"微"是指空间的微型化，通过详细的社会空间调研，将整个遗产社区化整为零，分成为由街巷、院落、建筑构成的微型化空间基本单元，在"微社区"内能够满足居民基本的日常交往需求，形成小规模的社区组织。微社区在人地关系层面充分继承了"小规模渐进式"的空间保护更新模式，在尊重日常生活的理念基础上为保护更新的"精细化"提供了社会空间层面的保障。

微社区划分应运用社会学、人类学调查方法对社区居民的社会交往空间和交往范围进行深入研判，基于社会网络的紧密程度予以确立标准。简·雅各布斯的"街道眼"概念基于其对旧城街道日常生活的深刻认知，她发现旧城街区中居民之间拥有的熟识关系让他们共同生活的街道更加安全，因为非当地居民会作为陌生人，街区居民和街区店家会自然地通过眼睛进行加倍关注，从而形成了一种居民自发的监督机制。在雅各布斯理论的基础上，建筑学家奥斯卡·纽曼进一步明确了"防卫空间"的概念。纽曼将城市空间分成四种类型，分别是公共、半公共、半私密、私密等类型。在半私密和私密领域中，居民会在各自领域中进行生活活动，从而构建出对某一空间的所有权观念。社会学相关研究提出，人在交往活动中的交往行为具有人数上限限制，超过300人的社交行为，交往主体与其他主体之间产生的交往紧密关系就会相应减弱。杨俊宴等通过对具体历史街区的研究，提出街区内居民的主要认知和社会交往活动分散在其住所周边步行范围内，居民住所所处的街巷是其社会交往的主要限定空间（杨俊宴等，2015）。每个微社区均至少保留一条主巷作为核心社会交往空间，以该主巷作为单元内社会活动发生的源点。在不割裂主巷的基础上，微社区的划分边界尽量考虑与现状用地的行政区划、产权归属、自然边界、道路保持一致。同一微社区内的建筑在建筑质量、风貌、基础设施条件等方面应处于较为相似的状态。对于街区非临街的部分，每个微社区出入口数量控制在1～2个，以便管控。

以重庆湖广会馆与东水门历史街区保护规划为例，规划编制过程中充分考虑街区原住

图 5-18　湖广会馆与东水门街区
原住民优先安置区域
资料来源：重庆大学编《湖广会馆及
东水门历史街区保护规划》，2014 年

民集中居住的意愿，梳理控规提出的新居住功能内容，并对控规的空间布局进行优化，最终提炼出三个微社区单元。针对普通民居更新涉及的原住民，提出进行政策设计，保障约 2200 人的街区常住人口可以自主选择迁走或者仍在原址居住，即使选择迁出也可有在湖广会馆南北两侧安置的优先权。湖广会馆南北两侧地块都是历史底蕴相对富集的区域，其北侧是东水门商业街，南侧分布中芭蕉园巷、望龙门巷，都是巴渝传统文化集中汇聚之地，在很大程度上代表着重庆城市的会馆文化、码头文化和移民文化。居民生活在上述街区对于传统生活和社会关系的延续可以起到积极作用，同时也从另一方面满足了街区西侧解放东路一带进行城市空间过渡和拓展的要求。保护规划也提出为了满足原住民的就业需求，通过政策扶植，优惠或者优先安排有意向的原住居民入驻芭蕉园巷和东水门上街的传统商业区，方便居民开展特色地方商业服务，提升街区商业文化真实性和日常生活的生动气息，整合地方居民与地方文化、地方空间两个地方性要素，从根本上保障街区保护更新工作的科学性与可控性（图 5-18）。

（3）微动力

微更新理念下的"微动力"主要体现在参与主体从资本冲动到各方协调层面，鼓励小的投资方式，实现经济效益和社会、环境效益的兼顾。优先开展街区公共空间的环境功能优化，进一步挖掘街区价值和意义，通过公共空间的文化彰显带动激发建成遗产社区活力，促进社区活化，这样有利于适当缩减更新建设的成本。鼓励新功能的植入和替换，多功能融合并存，以达到满足社会各阶层人群不同需求的目的，实现地方文化、社会、经济等层面的自主性发展。微更新采用小规模建设改造利用对资金量需求较少的优势，可以吸引大量中小企业和私人业主投资参与，尤其是那些遗产街区满足多样日常生活需要和服务需求的小型经济体，能够有机会参与到建成遗产更新过程中，并使得其功能得到有效发挥和扩大。以上种种都为保持街区的多样性提供了经济发展层面的基础。另外，近年来兴起的众筹经济也为微更新提供了一条新的更新动力或运作模式。可以概要来说，微更新的动力来源强调从自上而下的资本与权力介入转向自下而上的社区推动。

近年来由于主要由开发商主导遗产更新工程，公众参与规划实施的保障机制缺乏，街区建成遗产保护过程中对居民或公众利益的维护往往体现不足。然而微更新的动力模型强调通过深层次公众参与的基础上获得保护更新的内生动力，相比于上述的大资本强势入驻模式，这种微动力模型弱化了开发商与政府的作用，更有利于遗产的保护更新。北京大栅栏地区拥有六百多年历史，保留了北京历史延续最久的城市肌理及街区风貌，从金、元、明、清、民国到当代。在大栅栏历史的积淀中，街巷的风貌尤为突出，层积着不同历史阶段的建构筑物，历经了种种兴衰往事（贾蓉，2016）。然而自 1949 年以来由于北京旧城人口急速增长，对原有胡同空间造成了很大压力。随着在使用过程中的盲目与不规范问题逐渐显露，大栅栏胡同作为旧城重要组成部分，胡同风貌也逐步恶化，商业氛围也逐渐没落。风光无限的大栅栏随着时间流逝，在快速城市化的新时代失去了方向。不过从2003年开始，北京首次提出以历史文化保护区划定来严格保护北京旧城，首批25片历史文化保护区中大栅栏也在其中，底蕴深厚的大栅栏才开始进行保护发展。2004年出台的《北京城市总体规划》要求"坚持旧城整体保护"的原则，并明确提出10项保护要求，但落实时却往往通过多种变通手段从而不去遵守实行。

因为大栅栏片区地价较贵，且历史保护区域内低密度的控制性规划，开发指标不足以获利，这就使得政府部门希望通过房地产开发，带动基础设施更新建设的强大动力手段无法发挥作用，所以近年来腾退工作一直进行缓慢，这也就不得不放弃传统开发思路里的大拆大建模式。2014年初，习近平总书记视察北京之后，明确了没有增量的可能，也就缺乏了传统房地产开发的动力，北京历史街区全面走上了微更新的道路。随着大栅栏更新计划的开展，更多的社会公众、设计团队及其他组织被引入并跨界参与进来，使得这个区域开启了活化复兴之路。2010年，北京大栅栏投资有限责任公司开始实施大栅栏更新计划。大栅栏更新计划把传统的强制搬迁方式替换为自愿腾退方式，用"节点改造"这种软性方式开启大栅栏的保护与更新的新阶段（图5-19）。现有居民可以自主选择或在胡同老院子中继续生活，或者迁出胡同，到旧城外围的新区中住上新楼房。搬走的居民提升了家庭的居住生活条件，给大栅栏的更新提供了发展余地，而选择继续居住在胡同中的居民也留下了胡同的"人情味儿"。大栅栏更新计划就是用近年来慢慢收购的零星物业，一个点、一个点地做改造。通过规划师的研究来定位目标人群，设计新的产品类型，并与大栅栏地方原有文化寻求形成互动和补充的关系，从而最终确定每一个空间的功能安排。

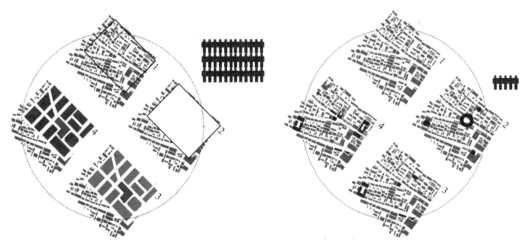

图5-19 大栅栏地区从强制搬迁模式改为自愿腾退的"节点改造"软性模式
资料来源：贾蓉.大栅栏：领航员计划解决胡同难题 [J].人类居住，2017，（4）

香港永利街能够完整保留下来与其缓慢的开发进展不无关系。香港永利街是香港上环一条街道，位于上环南部必列者士街以南，楼梯街与城皇街之间，是唯一依旧保持着20世纪60年代香港风貌的唐楼古街（图5-20）。这一带是香港岛最早的华人区，有超过150年历史。在市区重建局的规划中，永利街早在1998年就被划定清拆重建，最初的规划是在永利街现有建筑拆除后新建设 24 层大厦以及会所和泳池。但是此方案一经公布，区议会和文化保护人士就立马提出强烈质疑与反对。依照香港市建局的常规程序，一般拆迁重建的项目周期大概在六年至六年半时间内，在约六年总周期中，三年半的时间是用于解决规划、收地、清场等流程。然而在永利街，老街邻居街坊间密集的社会关系网络、高度的社区凝聚力以及深刻的集体记忆均促使多年居住于此的原住民坚持留在永利街，收地推进难度很大，进展特别迟缓。2007 年以后的三年时间里，市建局完成收地比例仍未过半，部分永利街的业主自费修葺房屋表明保留唐楼的强烈愿望。由于反对声过于强烈，市区重建局在 2007 年底举行了社区工作坊就永利街保育项目进行了相关讨论。2008 年香港市区重建局拿出了新的保育规划，重新建设的规模较之前减少了 45％，永利街保育项目也从能有 1.3 亿港元盈利转变为要亏本近 1.7 亿港元。然而重建开发量的减少可以让永利街能够保留街巷的传统肌理，所以被认为是值得的。但随着 2010 年香港电影《岁月神偷》的热映则成为完整保留永利街这一港人集体记忆的导火索，电影主创请老街坊也在影片里出演，让他们过自己的生活，结果效果非常自然并在柏林电影节上获奖。在各方的努力下，香港特区市区重建局将《岁月神偷》取景地，永利街剔出重建范围，规划为保育区，老街至此得到了完全的保留。

图 5-20　香港永利街街景与电影中 20 世纪 60 年代场景
资料来源：网络图片

（4）微改造

微更新理念中的微改造主要体现在改造规模和手段上，形成小规模渐进性更新，保持改造街区在建筑、景观和空间、人的生活等方面的动态协调，保持建成遗产的整体性，避免程度较大地对街区本体进行建设，而导致破坏。较大规模的建成遗产保护更新会导致现实中的复杂问题被简化对待的现象。因为大规模的保护更新将面对更多繁琐复杂的现状条件，同时需要解决的困难和问题更加多种多样，在这种情况下，一个保护更新工程无法就所有的细枝末节开展详细的调查分形，无法提出具有针对性的具体操作方式；另外，建成遗产保护更新的内容不仅仅包括建筑、景观这些物质空间的改造建设，还有相关的社区关系延续与经济发展模式等体制机制问题同样缺一不可，需要具体问题具体分析。采取大规模的方式简单应对现状问题，将直接导致成片地拆除重建现存地方建筑的操作方式，建成遗产街区中那些能够不断激发街区产生多样性和个性特色的各种因素也都被彻底归零。相对而言，微改造更新模式要求的更新改造尺度不大，但却能降低对遗产街区现存功能以及仍健康有效的机制因素的影响，有机会和条件对各种问题进行针对性的合适处理，延续街区原有多样包容的功能与景观环境特色;并且单体建筑和小规模建筑群其实仅仅作为遗产街区的一个组成部分,对其的更新改造能够更容易地尊重原生环境、适应街区需求,能够进一步促进更新建筑与保存建筑之间的风貌融合,塑造在建设年代、风格等方面多元包容、和谐有序、持续发展的遗产街区。

上海田子坊历史街区是一个典型的微改造案例。田子坊是上海卢湾区具有独特历史底蕴的文化街区,历史上这片位于泰康路的城市街区容纳着上海传统的里弄住宅、弄堂工厂、花园住宅等多样复杂的传统建筑形式。20世纪70年代以后至21世纪初,随着城市快速发展和现代化的工业技术变革,田子坊街区慢慢成为老城区的一部分,并且区内的弄堂作坊等工厂也都被关停空置,但街区内部的居住功能还在一直保持,街区的物质空间布局也未被破坏。田子坊的更新方式基本属于自下而上的更新,其更新不像其他政府开发商主导的街区改造一样,不存在大量的政府和开发商投资,也没有出现一次性的居民拆迁,来自自下而上的力量与起到的作用比其更新期间自上而下的力量更为持续和关键。其更新过程主要分为两个阶段,第一个阶段是从1998年开始,街道一级政府部门提出充分结合现存空置厂房空间来组织功能置换与文创发展模式,包括陈逸飞、黄永玉在内的一批知名艺术家发起对空置老厂房的改造利用,田子坊借此有了一定的知名度,在2000年发展成为田子坊艺术文化街区。第二个阶段,2004年区政府引入台湾开发商并编制规划,根据规划这片区域将被整体拆迁重建,作为日月光房开项目的一部分。但由于当时街道政府主要领导的积极争取与原住民的积极参与,日月光项目一直未正式实施,后于2008年规划调整方案中被取消。这期间艺术街区不断扩展成熟,第一阶段中已经存在的个别居民非法的"居改非"逐渐扩大到整个街区居民的自发性"居改非",大量商户在可能要拆迁的弄堂内租用民宅进行商业改造,弄堂内的原居民则因此获得大量租金补贴,满足自身日常生活需求,街区单一的居住功能也转化为原有居住功能和新的商业服务功能并置的多功能、多样化状态。田子坊街区积淀下的原有丰富市井生活与文创艺术、娱乐体验、商业休闲等现代功能相结合,赋予了田子坊街区更丰富多样的人文内涵,其新旧生活共存的生活形态也成为吸引人们的独特气质。田子坊也从一个不合法的自发性"居改非"成为了一个旧城保护更新的微改造典型案例,其表现出的自发性创造以及居民参与的价值和社会意义,都能够促进我们反思传统大拆大建模式的得失,确立对微小叙事的价值认知。

田子坊街区通过居民与商户的自发性微更新,满足了日常生活与新的商业服务功能需求,老建筑在维持自身传统风貌的同时,被使用者不断的生活使用过程中进行微小调整成与需求完美适应的状态。然而需要指出的是,这种自发式的改造也暴露出一些具体的问题与矛盾,主要体现在这种单个房屋的自发性改造带有一定的盲目与缺乏公共利益的统筹,个别建筑新功能的融入也缺少更高层面的计划性和统一管理,包括居住功能改为商业后,如酒吧、餐厅在经营过程中产生的音乐噪声、空调外机噪声影响周边生活居民的正常休息;老建筑改造成餐馆产生大量污水和餐余垃圾,而原有的排水与环卫市政等设施仍是原来的居住配套设施,缺乏统一的扩容改造,常常不堪重负,卫生状况不好;居住改造为商业功能后吸引了大量旅游人群,但原里弄空间本来较窄,无法满足消防要求而存在隐患;个别的自发性改造常常缺乏针对性的有效监管,改建存在一定的随意性,可能导致建筑结构受损等问题。可见,微改造不光是个别居民基于个体活动空间进行小尺度的空间优化,同时不可缺少的是在更高层面上予以统筹管理,在公共领域中提供"保驾护航"的保障。

我们应该充分认识到微改造不同于宏大规划改造的优势，同时通过公共管理进一步为微改造创造良好的外部公共环境，让传统的生活空间合理承载不同历史时期的生活形态，形成具有多样性的共时生活空间，展示地方文化魅力。

2016 年初起施行的《广州市城市更新办法》指出把"微改造"提升为与全面改造并列的旧城更新模式，然而在保护要求较高的登录历史建筑及文物建筑的微改造实施手法上却暴露出问题，引发社会关注。如广州十三行周边地区是广州较好保存一口通商时期以来建筑肌理及风貌的历史地区。2016 年底开展的十三行周边地区环境综合整治微改造项目是《广州市 2016 年城市更新项目和资金计划》的 38 个"微更新类项目"之一。然而针对十三行历史建筑的"微改造"却引起了专家学者包括广州市民的质疑。在十三行地区微改造范围内的和平中路、杉木栏路、十八甫路沿街建筑二三楼在不改变外立面结构的前提下被统一涂成灰色，有的还新贴青砖片，具体做法有用水泥砂浆贴青砖片，打磨砖面后涂保护液，新加现代质感外墙涂料或喷石漆等。这些建筑原来都是白、蓝、浅灰色、黄或水刷石原色。多位历史建筑保护专家都认为：微改造已改变建筑外立面，其修缮方法重犯了以往"穿衣戴帽"破坏历史风貌的错误。一位名城委委员批评："现在就是打着微改造的幌子，绕过种种法定程序，乱改乱建，破坏历史文化街区风貌。"因此微改造应是不改变原形制、原结构、原材料、原工艺的维修。类似历史建筑立面修复更要谨慎，当原状没有历史照片和历史记载为依据或未能勘察清楚的情况下，应保持现状，即不加新涂料，也不铲除后改的表面，进行整洁现状即可（图 5-21）。

图 5-21 广州十三行地区历史建筑立面改造后效果
资料来源：作者自摄

再以重庆湖广会馆及东水门历史街区为案例，其建造具有明显的山地建筑的分级筑台、随山就势特征，这也是山地历史街区的一个重要文化要素，在保护规划中在充分尊重现有小台地的基础上，采用微改造的方式，完善街区功能（图 5-22）。湖广会馆与东水门街区地形西高东低、向东微倾，西侧最高点位于解放东路，海拔为 230.40 米，东侧最低点位于长江滨江路，海拔为 183.76 米，地形最大高差达 46.64 米，背山面水，基地由不同高程的六个台地构成，逐渐跌落，整个街区充分反映了重庆山水相融、人与自然和谐共处的地域建筑文化内涵。这种典型的山地传统聚居建筑群，是自然地形地貌与人工建构筑物在三维空间上的有机契合，体现了居民活动与自然环境的生动密切的关联，是"天人合一"自然观的直观生动表述。街区层次错落有致，整个街区具有极佳的立体观赏性。在保护规划编制过程中，通过三维建模与断面分析全面把握街区的地形地貌数据信息，把街区山地与建筑有机统一的街区空间格局作为街区特色的体现，随着建筑和地形高度的变化滨水天际线相应发生起伏的生动城市表情。街区的场地分台及各台的高程安排及台与台之间的建筑连接关系都是历史不断发展的结果，也就是文化作用的结果，必须认识到其具有的深刻的历史价值与文化内涵。而目前大量街区的保护更新经常采用大型机械，其建造技术极易造成山地地形环境特征被彻底破坏。因此在湖广会馆及东水门街区保护规划中，通过对各台高程的详细测绘，以及相应的竖向控制规划，把街区地基地形作为一个重要的保护因素，保持街区内部的山地地貌原状。这就需要采取小规模渐进式更新的微改造手法，进而有效保持分台地形，体现山地建造特色（图5-23）。

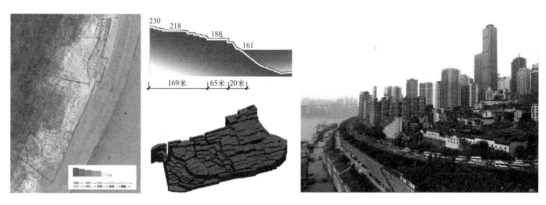

图 5-22 街区地形分析及山水关系图
资料来源：作者改绘

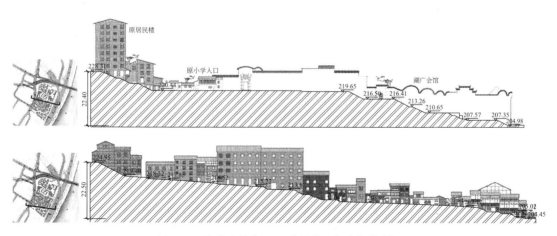

图 5-23 湖广会馆街区下洪学巷、望龙门巷剖面
资料来源：重庆大学编《湖广会馆及东水门历史街区保护规划》，2014 年

再以北京大栅栏地区为例，杨梅竹斜街 72 号院原有 8 户人家，腾退走了 6 户。设计

团队认为普通翻修不仅会对历史留下的痕迹造成无法弥补的破坏，并且由于结构的原因，会对隔壁房屋的居住造成一定影响。设计师们尝试运用"房中房"的概念，在原房屋内直接嵌套一个预制模块，被称为"内盒院"。"内盒院"材料采用 PU 复合夹芯板材，预制成统一模块，模块化组件把承重构架、热工保温、门窗洞口、水电管道、插座配件和室内外表面等整合在一起，且具有自重轻的优点（图 5-24、图 5-25）。它用一种微影响的方式迅速实现了改造传统大杂院、提高居民居住品质的目的。这种类似于俄罗斯套娃的套层结构在叙事学中被称为循环套层结构，这一结构以多层叙述为动力，通过人为地在内部介入一个新的结构体，在不改变遗产原有叙事时间向度的同时，提供给建成遗产一个合理的功用角度，增加对建成遗产的不同讲述，是对建成遗产的新层次的呈现（图 5-26）。

图 5-24　杨梅竹斜街 72 号院"内盒院"改造前后对比（一）
资料来源：大栅栏跨界中心

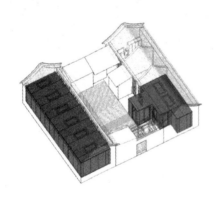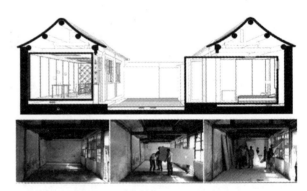

图 5-25　杨梅竹斜街 72 号院"内盒院"改造前后对比（二）
资料来源：公众号：一米好地. 低成本改造四合院，这个叫内盒院的例子值得借鉴

（5）微设施

微更新理念中的微设施主要体现在关键的更新内容上。建成遗产多设施不完善，且改造空间不足，因此在其中植入微设施，以及设施功能毛细化就是必要的途径，本书主要强调公共空间与基本生活服务设施两个方面。

在公共空间方面，建成遗产的保护更新需要把街道、绿地和广场等公共空间作为重要规划内容，满足居民的公共生活需求，进而显著提升街区居民的生活品质。不过在实际项目中我们经常看到从公共空间规模数据上已经得到提高，但从居民日常生活的实际看，真正针对居民的日常生活需求，提供居民日常休闲、社会交往等的公共空间仍显不足。建成遗产更新改造的公共空间一般分为仪式性、消费性和生活性公共空间。仪式性公共空间如澳门大三巴牌坊前广场等，是为了成为"城市名片"而设计的。消费性公共空间是附属于各种商业经济投资项目建设的公共空间，设施的设置目的是为了聚集人气、吸引消费人流，其服务对象是那些有条件参与到消费中的顾客群体，而对在经济上达不到一定条件的居民却形成了一定的排斥和区隔。这种消费空间的公共性因此并不完整，不能发挥促进居民社会交往、满足居民公共生活需要的公共空间职能，如果过于强调则变成了一种"异化"的公共空间，如上海新天地等天地系列等。可以看出，真正实现对建成遗产街区居民日常生活需求的满足，必须更加强调生活性公共空间，从公共空间的尺度延续、场所营造、功能保障等方面建立面向居民生活的微公共空间。

图 5-26 俄罗斯套娃的套层结构
资料来源：网络图片

微设施理念下的公共空间建设强调对生活性公共空间的塑造，这种公共空间与另外两种属性空间服务对象与设置目的不同，其营造手段也就大相径庭。生活性公共空间由于经由时间的变迁逐渐形成，具有一定的记忆场所属性，应以微型化进行特色塑造，营造真正符合居民日常生活休闲交往要求的生活型公共空间。因此，生活性公共空间塑造要求以贴近日常生活为最基本依据，尊重居民日常生活中的生活行为方式和地方风俗等，珍视居民与场所空间内在的互动关系，解读居民在空间使用中对空间的重塑过程，为居民开展活动提供相应的设施，即道具的支持。街旁绿地和小尺度广场比大规模公共空间更能满足居民就近进行日常休闲活动需求，能够逐渐作为街区客厅，塑造居民对街区的集体地方认同。另外这种对尺度规模要求不高的空间其形式往往灵活多样，丰富自由。占地不大的特点使得更容易进行针灸式的空间修复和植入，对街区历史肌理和格局的影响和破坏较小，也更具可实施性。只要结合遗产地居民的活动需求，对遗产街区内大量废弃或者被忽略的消极、零散的空间环境景观进行适当梳理和品质提升，并结合不同空间特征植入新的功能活动，打造精致的小尺度公共空间，就能把原本消极和衰败的遗产空间元素重新整合，完善街区日常生活空间服务体系，给建成遗产街区注入新的活力。

在公共服务设施方面，建成遗产的设施建设应体现毛细化与特色化。建成遗产作为居民日常生活的主要承载空间，是居民日常社交、消费等每天重复性活动的发生地，要求一定的效率与实用，并且需要关注生活多方面的配套问题。大多数遗产社区由于一定时期内管理不善、规划缺失，导致内部空间环境陈旧，功能配套设施也较为缺乏，除剩余部分居住功能外，其他服务职能常常丧失殆尽。然而诸如街区内部小学、幼托等配套教育设施，长期陪伴着社区居民，组成了居民的共同记忆，因此应创造条件在既有基础上开展职能延续与更新，保留延续珍贵的场所精神；街区的传统商铺，例如老字号、传统手工作坊甚至是夫妻店小卖部等给街区居民提供了长期的日常生活服务，已经融入了居民生活之中，成为居民生活记忆的承载物，也是居民情感的归属地，是地方生活文化的组成部分，遗产更新应对这些商铺进行适当的扶持与有效保护；现代化带来传统生活方式深刻的转变，随之产生的新生活需求也日新月异，建成遗产街区原有的设施与功能空间已经无法满足居民这种新的功能要求，因此保护更新也是一个完善现代社会生活所需配套设施的过程，需要增加如小型停车设施、交通疏散空间等，以及针对建成遗产特殊的人口构成，增加配套医疗、无障碍户外活动场所等。

北京胡同更新面临着经济利益推动下的商业化改造与胡同设施不足、环境恶劣造成的原住民外流两个重要危机，其中前者是北京胡同文化异化的外因，后者则是文化异化的内因。前者又有几种操作模式，包括通过采取拆除大量四合院、保留小部分的方式，外围建造多层和高层建筑的"拆一建三"模式，这种模式带来的经济效益巨大，但是由此引发的建成遗产成规模被破坏现象却越来越严重；另一种是打着"风貌保护"的口号进行的"媚俗"改造模式，只有外表面仿古化的立面装饰，破坏了历史建筑的根本价值。这两种模式的结合更是在实际旧城更新中屡见不鲜，在"拆一建三"的基础上对建筑进行"假古董式"重建，破坏了遗产街区的肌理格局和风貌文脉，原住民的生活环境遭到清空。另外，在旧城发展过程中忽视了对公共空间的考虑和对居民配套设施的完善，造成大量生长于斯的原住民不得不搬迁到配套和环境更优的新城，这也是对胡同文化最大的威胁，原住民无奈之下遗弃胡同在现实中不断上演。杨梅竹斜街 53 号改造作为一个实验性案例，试图通过微改造的方式植入丰富设施以保护充满活力的胡同居住传统。作为北京典型的大杂院，杨梅竹斜街 53 号占地面积为 600m^2，不大的面积内最多时有 20 多户共同居住。现状问题主要包括居住拥挤、环境差，住户人员多、产权复杂等。由于居住环境较差，有一半的原住居民已经迁出，剩余居民也正在考虑何时迁出。

标准营造事务所在大栅栏杨梅竹斜街 53 号"微胡同"实验项目改造出一个 30 平方米的小旅社，设计师希望能够尝试实践微型胡同空间住宅的建造，从而给公众以更多的生活空间想象，在北京极为紧凑的胡同空间中探索和创造超小规模社会住房的可能性。这样的微设计在建筑面积不变的基础上，创造出优美休闲的公共空间环境，吸引人们留在胡同中就能享受特色公共服务，减少搬迁意愿（图 5-27）。另外，MAD 的胡同泡泡作为一种植入

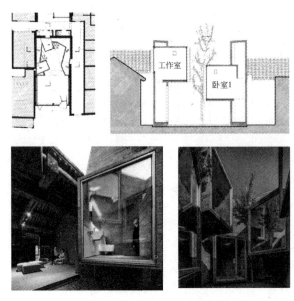

图 5-27　杨梅竹斜街 53 号"微胡同"改造项目

资料来源：张轲. 作品评论"微胡同". 时代建筑，2014，7

胡同的微功能空间，很好地体现了功能与环境的统一。针对现状居住环境差、缺乏现代配套设施引起大量原住民搬迁而导致四合院文化缺失、影响胡同整体风貌的问题，MAD 提出的"胡同泡泡"策略，零星地在胡同街区中设置"胡同泡泡"以提高四合院的生活环境质量，提供不同的公共服务。不同于上文提到的大拆大建手法，MAD 从生活层面入手寻求对现实的优化，通过插入小体量元素如磁石一般来改善生活环境、激发邻里活力，同时小尺度也没有破坏胡同肌理，与老建筑融合协调。充满现代气息的高反射钢表面映衬着古老的四合院建筑、古树与天空，同时蛋状形态也减小了体量的插入感，反射出的变形景观与现实的四合院相映成趣，泡泡室内的布局也富有特色，体现了"留白"这一中国文化特有的韵味（图 5-28）。

图 5-28　胡同泡泡 32 号
资料来源：MAD 网站

5.3.4　营造依据：以综合性地方知识为叙事依托

（1）民族志研究获取地方知识

在经历了从物到人的视野扩展之后，人们逐渐开始重视利用人类学的理论成果完善历史遗产保护的理论与技术手段，采用田野方法，对当地居民进行近距离的参与式观察研究是人类学的重要知识来源。人类学家戈尔茨强调的"地方性知识"就是为了发掘地方社群或普通人群微观日常世界的内涵与价值，给我们深入认识建成遗产的社会意义提供了合理的理论支撑与可操作的技术方法。因此在纯粹考古学与建筑学范畴之外，建成遗产在普通人生活世界中体现的价值意义越来越被研究者们所呈现。综合性地方知识的获得要求历史保护的学科视野从建筑学等空间学科转向更广阔的人文学科以及人文社科研究方法。国内常青教授较早把人类学应用到建筑遗产保护领域（常青，2007），其指导的博士论文采用人类学的研究体例，展示出人类学对深层次的文化挖掘的巨大研究优势（邵陆，2004），也展现出其与传统的建筑学语言和研究方法的巨大差异（吕峰，2008）。这里也借用人类学民族志方法作为一种获取地方性知识的有用尝试，并从理论和方法策略层面进行梳理。民族志研究的基本定义是针对人们日常生活的研究，包括研究人们在自己的环境中的生活方式，涉及社会和文化构成以及社会文化资本要素，用于了解个人、社区和整个社会的生活方式。民族志的定义是复杂的，因为民族志不是一种生成数据的方法，它是一种社会生活研究的方法。民族志意味着研究地方行为和文化系统的操作化，同时注视地方社会的过去、现在和未来的前景。为此，民族志学家必须详细说明人们和社会试图全面了解社区的条件和文化所提供的信息。

（2）民族志的人文性研究特点

民族志是一种社会科学研究方法。格尔茨提出人类学研究既不是定性也不是定量研究，而是一种比较研究，应用于关于特定现象的研究，其需要深入的了解、丰富的叙述、对个人自己构建的社会意义的准确理解，以及他们从事的实践的意义和性质，通过访谈等一系列方法，考察变动过程。经典民族志研究要求研究者用较长时间与社区居民一起生活以描述文化，现当代民族志学家需要一定数量的持续性观察，来描述社区的内部空间和动态，以及随时间变化的外部影响。当代民族志强调描述性与解释性并重，描述性是因为必须照顾每一个细节，解释性是因为民族志家必须确定他观察和描述的意义。民族志研究是基于人们日常生活中记忆、身份和领土的概念的研究。民族志的一个主要特点是非线性动态系统，它在社会的许多不同方面之间创造整体的联系，包括从简单传统习惯到社会系统。

民族志是对文化研究的整体方法，民族志学家理解过分密切关注部分而不是整体的危险，民族志是在文化系统内对社会文化语境、过程和意义的研究。它是一种发现、推论和持续探索的过程，需要在开放的模型中持续性学习而不是僵硬控制过程，因此民族志是一个高度灵活和创造性的过程。民族志是一个解释、反思和建构主义的过程，显示了其在人类背景中的特定研究主体的世界。民族志的发现通常表现出数据和账户的丰富性（数据的多样性和"厚描述"），允许复杂性和歧义，让社会行为者参与其"自然环境"，允许理解社会关系等要素。

民族志强调地方人群的微观研究方法。民族志学家可以是人类学家和社会学家、地理学家或任何其他人通过特定技术和民族志方法来"发现"人群、地方和空间。民族志的灵活性使研究者发现社会文化现象可能对社区非常有意义，而这些重要的文化意义可能被其他严格方法或将其行动限制为调查和访谈的人忽略了。民族志发现不仅仅是揭露这里的未知现象，了解已知现象的意义以及新发现的现象更为重要。使用民族志研究方法来探究社会文化现象的重要性是因为这种方法分析文化表层以下更深度主题相关的不同层次。民族志反对或支持关于特定群体的一般判断，这里更强调由地方人群自己在他们的故事中来述说而不是以一个理论或一个范例作为起点来证明。人类学民族志研究把社会和文化视为整合系统，它们之间存在着相互关系和结构之间的相互关系。在进行详细、描述性和解释性的研究时，民族志学家能够更好地通过居住在社区中的人的眼睛来"看"社区。

如民族志研究强调补充微观的口述史作为理解地方知识的不可或缺的资源。宏大的传统史学热衷于描述建成遗产的时代发展历程，而其中的人和建筑只能作为一个无个性的"类别"而存在。而作为类别存在的人和建筑是否被纳入到历史叙事中，完全取决于自上而下的被动选择，是否有益于宏大叙事的彰显，本身的个性往往被视而不见。这种叙事可能给我们提供了一个从整个中国地域以及整个历史进程中认识街区的宏观背景，但对于街区物质空间本身的演进逻辑以及与居民的互动关系却不一定有所裨益。我们更需要深入到居民现实生活世界和记忆与情感世界中去，去发掘在精彩的建成遗产环境中一个个人群、家庭的精彩叙事（齐晓瑾，霍晓卫等，2014）。这种叙事的层次之多、线索之丰富，甚至永不能全部发掘，但这也正是它的珍贵之所在，需要我们去挖掘和理解，而不是随着人的消失而被掩埋。口述史工作用来整合历史见证和当代居民生活的联系，通过口述史等田野工作方法，能够将那些宏大历史中留存的零散资料通过各种线索整合起来，通过多渠道史料反映的不同时期的部分史实，构建出建成遗产不断演进的动态过程。在 2013 年开展的北京东四南街区保护中，针对街区以居住为主，街区总体很安静，原住民较多的情况，北京市城市规划设计院联合街道、社区两级职能部门共同发起成立了"史家胡同风貌保护协会"，其作为一个公益组织，组织参与史家胡同的历史文化积淀和价值的发掘，进一步深入了解社区文化构成，保护居民共同记忆，具体就包括胡同口述史编写等（冯斐菲，2016）。参与项目的规划师认为，做口述史的意义是希望能找到大家的共同记忆，能让更多居民参与进来。编的不是这种胡同的"正史"，要把每个普通人在这儿曾经生活过的记忆能够留下来。其实每一个普通人在这儿生活的痕迹，加起来才是一个历史街区完整的历史。也希望通过这个过程，能够让居民形成更强的归属感和凝聚力（图5-29）❶。

图5-29　史家胡同居民分享自己的胡同记忆

资料来源：灵犀公众号，北京旧城改造：规划之后的史家胡同，2016-11-25

如在史家胡同的胡同口，有一个又像狗又像狮子的一个小石雕，有人传说那个地方以前是狗神庙，所以大家都说那个雕塑是一只狗，这个地方供奉的就是狗神。这种东西在档案里很难查得到，只能是去搜集居民自己的老照片，或者是听每家老人去讲回忆。志愿者做访谈

过程中，有好多居民就一口咬定说那就是个狗，但是有的居民就说印象里以前这个庙还有的时候两边应该各一只这种石雕，而且是石狮子。结果其中一户居民的手里就找到了照片，发现就是狮子，"文革"的时候脑袋被剁掉了就看不出来是什么了。大家就像侦探一样从居民口中的故事里发现线索。在北京国际设计周，口述史也专门办了一场小展览，其中有一张认知地图，这条胡同里面哪个门里边住过谁、有什么故事、居民是怎样说的，都在地图上。在口述史的发布会胡同故事会上，居民、高校学生一起分享自己的故事，和大家谈每个人在这儿生活的记忆。让每一个参加的人在一个像小树叶的贴纸上面写下来对胡同未来的一些寄语（图5-30）❷。

图5-30　史家胡同过往路人在
欣赏胡同口述史

资料来源：灵犀公众号，北京旧城改造：
规划之后的史家胡同，2016-11-25

---

❶　资料来源于大栅栏更新计划网站 http：//www.dashilar.org/及相关网络资源整理.

❷　资料来源于大栅栏更新计划网站 http：//www.dashilar.org/及相关网络资源整理.

（3）民族志研究应用方法简述

在研究过程中，民族志学家使用多种研究方法，例如采取普查、绘制地图、拍照片、拍电影、调查和访谈，并深入跟随到人们的日常生活和任何其他事之中（朱丽娜，2013）。正如史蒂夫·赫伯特（Steve Herbert，2000）所提出的："如果社会性和空间性是相互交织的，如果探索这种联系是地理学的目标，那么更多的人类学是必要的"。民族志方法必须根据将要开展的研究使用。综合来看，当代民族志方法有田野调查、观察、访谈、现场记录、绘图等（Whitehead，2005；PEP，n.d.）见表5-1。

民族志方法概览表 表 5-1

方法	主要内容
进入方法	对应于研究者以何种方式进入社区进行研究。介绍自己的方式或者身份决定了社区回答民族志学家问询方式，研究得到的回答也就大相径庭。除了组织公众参与的正式会议，应更多进入日常生活相关联的空间
观察方法	对应于研究者对田野的基础认知方法，是构成所有人类学研究方法的基本方法。是一个循环的迭代过程，人类学家在观察、参与、面试和解释这整个研究过程之间进行回溯。观察可分为非参与观察和参与观察两个步骤
访谈方法	对应于研究者对社区的不同类型的访谈。根据研究者在访谈过程中的控制水平分为非正式访谈、非结构化访谈、描述性访谈、半结构化访谈和结构化访谈
聚焦团体	对应于同时一组参与者的半结构化访谈，关注社区的话语，并且让研究者比较参与者对其他人的想法的反应。该方法允许在短时间内产生大量的数据用于定性和定量分析，对公众参与研究和过程非常有用
生活历史	对应于选定人员的口述史研究。通过他们的生活史可以给研究的主题一些重要的投入。通过研究的主题探索一个人的生活史。它通过生活经历揭示编年史，通常集中在一个特定的主题（例如歧视、迁移过程等详细研究）。需要更多伦理意义上的问题方式和从生命历史取得的信息管理方式
现场注释	对应于研究者通过观察过程保持的注释。它包括绘图、人口普查、关于观察的社会和文化关系的评论、地点和符号的描述以及民族志学家在实地调查期间注意到的任何东西
文化制图	对应于社区成员绘制地图，提供了人们在日常生活中的空间结构图示。这些地图根据每个成员的感知以及社区对学习区域的不同部分，说明了地方和空间的重要性。理解不同群体社会文化交际生活中的空间认知，收集关于特定地区社区的社会文化动态的重要信息，促进社区参与。绘图方法不仅解决了人对地理环境中遗产的历史敏感性，而且发展了社区作为地理位置在社会文化系统内的概念。通过进入过去城市和社会关系，从更广的层面捕捉文化遗产记忆，更好地理解与空间的社会文化关系
GIS整合	GIS集成了用于捕获、管理、分析和显示所有形式的地理参考信息的硬件、软件和数据，同时允许以多种方式查看、理解、提问、解释和可视化数据，显示关系、模式，以地图、报告、图表的形式整合。GIS可有效整合民族志研究获得的大量定性定量数据，并进行空间时间社会等多个层面的比较研究，对过程和形成趋势演进研究等

资料来源：作者改绘

5.4　地方复兴：协同城镇发展的日常生活叙事策略

5.4.1　宏观层面——以"生活织补"为核心的空间叙事

人们在日常生活过程中都是通过模仿、重复过去的行为习惯来形成日常的规则，这种

"以过去为定向"的日常生活领域特征延续着传统、经验等惯习，个体从而在日常生活中感受到熟悉、亲切以及安全感。建成遗产一般是历来城镇建设较为突出的地区，也蕴藏着丰富的日常生活。随着资本主导下城市更新进程的加速，现代城市空间不断挤压着传统城镇空间，其中的日常生活也越来越被非日常生活所取代，稳定的日常生活规律被打破。目前从国内来看，只有少部分建成遗产风貌保存完整，居民日常生活相对稳定，大部分因长期规划管理缺失导致物质环境差。要恢复正常水平的日常生活，必须进行物质环境更新，增强对人口的吸引力。我们必须认识到要想对建成遗产日常生活进行整体性的保存和实现自主循环，应该从整个遗产街区入手，将生活场所、地方文化以及居民自在自发的生活状态予以存续。承载日常生活的建成遗产变化应该是一系列缓慢的过程，只有这样，日常生活的经验和惯习才能够有足够的时间来熟悉和重建，而环境也在与日常生活的互动关系中逐渐微调从而更加匹配生活的需要。现代城市大量拆除式的建设方式不仅清空了物质环境，也破坏了长时期形成的社会网络，致使建成遗产日常生活真实性延续既失去了存在的物质基础，也丧失了非物质的社会依托。

在历史旧城发展的宏观概念层面，科尔布（Kolb）提出了"累进重读"（incremental rereading）的旧城更新模式，建议通过渐进和插建的手段来保护居民的日常生活物质环境以及社会关系网络，其在建筑学研究基础上引入阅读概念来考察旧城这一复杂文本，并且采用一种渐进增量的态度，虽然没有跳出建筑学科仅仅关注设计技法的窠臼，但仍能给我们极大的认知启发。柯林·罗也提出"织补"空间的手法，他以古罗马城为研究对象开展深入研究，提出针对现代城市空间的碎片化倾向，应该以延续整体城市的背景之下，通过织补城市肌理与空间，达到整合碎片化空间并促进各碎片空间的自我更新的目标。织补意味着把越来越零碎的历史空间资源以及这些空间与周边城镇区域之间进行关联，形成一个既延续历史文化文脉，同时又对人的日常生活产生积极意义的系统整体，从而既良好展现街区原有整体风貌又填补完善街区急缺的现代功能。可见，织补的概念隐含着支持日常生活功能的倾向，其强调保持社会生活的相对稳定性，反对对既有社会关系网络的颠覆性破坏。因此，与其说是一种空间织补的手段，不如说是一种"生活织补"的观念，其实质是通过对城镇遗产空间的织补来实现对居民日常生活的织补，即体现建成遗产社区所赖以生存的生活方式。张杰教授就曾指出遗产街区中存在的生活样式是居民习以为常的日常生活方式，有一定的价值和优越之处，对待这种生活方式不能简单消灭，而应该进行适当改善，织补居民生活应该是织补空间的最终目标。而保留日常生活的织补离不开更加全面细致的综合性地方知识的支持，需要更加谨慎地平衡历史空间及风貌保护、满足日常生活需求等方面，实现整体、关联的文化叙事复兴。

宏观层面形成有效新旧织补关系的城市中，我国较为典型的是苏州老城区。为了降低城市发展对这座千年平江府的影响，苏州城市较早采取了"保护古城，发展新区"的规划理念，老城内部一直延续至今的"双棋盘格局"保存完整，水系的保留以及对水巷、水码头等建构筑物的保护延续了苏州小桥流水的独特气质。至今，整个苏州老城的街巷体系、空间尺度、建筑风貌等仍展现着特有的江南古城韵味。苏州的城市织补方式不仅是对城市新旧空间的有机匹配，历史建筑等物质性文化遗产得到保护，更为难得的是，其从功能层面协调了新旧关系，在老城区大部分延续了传统街坊的居住功能。以平江历史街区为例，在面积约 23.83 公顷的区域内，通过织补方式的成功应用，街区走出了一条不同于乌镇等其他江南古镇的发展模式。那些以发展旅游为由，迁出原住民来打造旅游观光点的古镇破坏了建成遗产的真实性，伤害了历史层积的丰富历史文化资源。而苏州老城区则在对老城生活空间进行更新和功能提升的同时，保留下了老城的原有社会关系结构。这有赖于在保护规划层面就确立了"在提升街区居民生活环境基础上，建立街区社会的良性循环"的保护规划目标，规划强调在保护老城传统建筑遗产风貌的前提下，更注重对街区活力的存续，坚持街区作为民栖息家园、交往的场所这一根本属性，而不单单是一个用来展示的历史标本。

平江历史街区保护规划明确提出鼓励居民在街区更新后回迁，以达到上文中提到的延续传统居住功能和邻里关系稳定的目的，通过对回迁意愿的访谈，回迁率达到一半以上，维持街区持续的社会活力。规划提出 80% 的建筑不动或少动以保障物质空间得到更好延续，并且在街区建筑功能设置上提出要求，80% 以上原居住建筑仍为居住功能，沿街沿河的建筑更是重点控制，保护更新的比例在 1/3 至 1/4 之间，更新与保护的适度比例保障了街区能够在保护整体环境风貌特色的基础上进行持续整治。同时对于旅游商业布局慎之又慎，在不影响居民正常生活的基础上，合理布置商业服务点，适当开展旅游服务，避免急功近利的商业化造成对历史文化资源的过度消耗，只有这样才能保障在街区更新后居民的日常生活与交往活动能够正常进行。该保护规划在完成对文物建筑、历史建筑、市政公用设施、公共空间等物质环境保护更新的同时，更实现了文化传承、旅游商业以及小桥流水人家的特色水乡生活的多赢，因而得到了联合国教科文组织认可。

延续原有的生活氛围需要从城市整体空间结构层面进行梳理才能成为可能。随着城市规模逐渐扩大，原来在城市周边的老场镇逐渐被城市包裹，成为城市的一部分，原来处于城市老城中心的老街区与急速扩张城市的空间结构关系更为复杂，建成遗产在不同的城市空间尺度上通过空间形态与要素与周边城市区域相互关联，形成不同层次的结构关系，因此其越来越具备协调城市空间结构、补足城市功能、丰富文化体验的重要能力。以重庆龙兴古镇为例，随着两江新区的设立，龙兴古镇成为新区下属龙盛片区的一个节点，因此宏观上与整个重庆城市空间结构关联较之前更加紧密，两者的关联已由过去的远离的弱连接转变成作为重庆城市空间中重要的结构性要素，并且这一结构随着两江新区的建设成熟将日益稳定。龙兴古镇在作为都市区历史文化网络的重要节点的同时，也越来越受到龙盛片区内新规划的龙兴、石船、鱼嘴三大人口集聚片区的影响，可见龙兴古镇更应该以织补的理念，协调多层次的结构需求，体现出具有龙兴古镇地方传统文化特色和现代区域功能需求耦合协调的城乡地域特色。另外，以身处重庆渝中下半城核心的湖广会馆与东水门历史街区为例，其独特的人文价值来源于"九开之一"的东水门城门、"会馆之首"湖广会馆的地位以及其独特区位赋予的空间网络结构等（表 5-2）。因此除了对东水门古城墙、古城门遗产以及湖广会馆等进行妥善保护外，保护规划还需要从重庆下半城区域乃至从整个重庆主城区入手，考察建成遗产的分工协作、联动发展的可能性。通过与重庆主城区各历史街区的对比研究得出，该街区应在充分彰显巴渝、会馆、移民、码头等文化特色的同时，与解放东路、白象街、十八梯历史街区以及渝中区罗汉寺等通过山城步道进行充分联系，构筑整体的重庆历史景观风貌。

重庆渝中区下半城代表性历史文化街区　　　　　　　　　　　　　　表 5-2

名称	文化特色	历史地位
湖广会馆及东水门街区	巴渝文化、会馆文化、移民文化、码头文化	东水门是九开八闭十七门中如今两个存在的城门之一，水陆码头；湖广会馆是"湖广填四川"的移民文化代表和产物，"八省会馆"的所在地，重庆移民祭祖祈福、会务结社、娱乐饮食的聚集地
解放东路街区	茶馆文化、饮食文化、民间手工艺、码头文化	随着重庆开埠兴起，西方文化影响的产物，是老重庆的繁华所在，有"自古全川富贵地"之称
白象街街区	市井文化、茶馆文化、开埠文化	南宋四川安抚制置使开设的招贤馆，最早的有线电报局；洋行"金融街"
十八梯街区	茶馆文化，戏剧文化，市井文化	重庆山地历史街区的典型代表
石板坡街区	市井文化、茶馆文化	山城历史传统住区

资料来源：作者自绘

5.4.2 中观层面——以"生活逻辑"为核心的景观叙事

从较长时期来回溯历史城镇发展脉络可以发现，重要历史事件往往决定着历史城镇的形成与发展历程，但是来自人们日常生活的力量也在不断发挥作用。人们日常生活的行为方式与内在逻辑往往受到一定城镇的地方文化特点的深刻影响，而城市内部的地方文化会潜移默化地影响到人们的生活方式和行为习惯，而这种具有不断重复性的日常生活行为往往具有积少成多的力量，不断改进着城镇空间形态。可见日常生活的参与使虚无缥缈的文化在城市中得到最生动的表现，我们必须重视作为日常生活主体的人的重要价值。芒福德认为只有使人基本的生理需求、社会需求和精神需求等三方面都得到满足，设计才是真正的以人为中心。对建成遗产保护与更新也是如此，人们对其的诉求已经随着社会生活水平的普遍提升以及大众对遗产价值认识的逐步深化而更加丰富，建筑遗产更新不仅仅需要居住环境功能的提升完善，还要展现出建成遗产社区的独特生活魅力。建成遗产空间实质上就是人类日常活动所需的各种物质和非物质结构的结合体。

城镇发展必然涉及到物质的更新与人口的流动，但在人口流动加快的事实下如何进行景观保全，以及结果如何跟我们对遗产景观内在逻辑的理解有关。遗产社区承载着社区成员的日常生活，社区中的人们通过相互认同的生活方式共享着建成遗产空间及文化氛围。对他们而言，他们经常性开展日常活动的遗产社区空间蕴含着深刻的"生活逻辑"，构成了属于本地方的亚文化基础，是街区社会空间意义的重要价值体现。空间的意义根源于空间中发生的事件并且随着事件的不断累积与变化，持续性附着不同的意义，空间的价值由此逐步形成，而经过日常生活长时期持续稳定的使用形成了相对固定且富有意义的空间结构形式，这即是空间的"仪式化"过程。与常见的宗教、礼俗、节庆仪式等较为明显的空间仪式化不同，日常生活领域的仪式化是以日常生活重复性特征为基础，依据传统文化观念等在较为固定的场所中不断发生的活动方式。因此那些普通的日常生活行为事象也变成了地方文化的一部分，与物质环境一起成为鲜活的"生活景观"。工业化的生产消费逻辑深刻影响着现代城市建设，追求标新立异、与众不同的外部形象，而细部构件则追求工业标准化大批量生产，可以说是外表求异、模块复制，缺乏丰富的细节表情，因此建成遗产更新改造常常引起改造后空间的单一化和旧场所感的断裂。

而日常生活的逻辑恰恰相反，其具有类型重复、细节复杂的特征。遗产街区相似的单元模块叠加以及复杂多样的细部变化都展现着鲜活的生活气息，给身处其中的体验者一种视觉、听觉、嗅觉、味觉以及触觉的多层次体验，激发居民生活的心理情感，容纳着居民的生活故事和友好的邻居关系。因此必须以延续生活逻辑为基础，认识到城镇发展的必然性与遗产的内在存续逻辑，保护建成遗产的生活景观。看似偶然生成且复杂多变的日常生活空间，且不同的人群对空间的使用和空间意义的解读也各不相同，其实质则是通过路径、场所等物质要素的多种组合和细微处理，经过多次反复出现而产生的多样性表现。在赋予空间一定弹性以容纳人和日常生活的差异性的同时，仪式化的日常生活空间也随之产生，日常生活情境也因此被赋予了文化的内涵。正像微观史学家所说，普通人与普通人的日常生活给城市空间赋予了灵魂，才是一个城市真正的价值所在，生活的逻辑持续作用到遗产空间之上，最终衍生出生活的景观。负载着日积月累的琐碎生活，这些自发自在的仪式化日常生活景观，与宫殿、名人故居、宗教佛寺等文物建筑以及那些源远流长的节庆典礼等民俗一样记录着人类社会文化的不断发展，因此其也应该作为建成遗产的特色景观构成，不应对其置若罔闻，而应该从景观层面进行整体地保护整治，融入到整个城市的特色景观体系中。

可见，在中观层面的建成遗产保护更新应该从遗产的生活逻辑入手，挖掘生活行为主体对景观的交互影响，才能理解遗产之所以形成特色的根本原因。巴渝古镇空间中的生活性景观很有代表性。传统巴渝古镇的街巷空间较为狭窄，在平时常常成了两侧居民的日常生活领域，而赶集时街廊就成了摊贩摆摊的空间，常常拉上简易的篷布遮阳，对空间进行了限定。可见通过行为活动的变化激活了物质空间，形成了动态变化的生活景观类型。巴渝古镇的码头滩涂一般作为场镇空间的边缘，但是每年枯水期裸露的滩涂却成了热闹非凡的河街，转化为场镇的经济中心，承载庙会、蚕市等节庆空间。巴渝古镇在空间利用上的集约性与多元并置获得了各种生活逻辑的穿插和再现，形成含糊的生活功能与多意义空间，由此产生了互相连贯和渗透的生活景观。这些不同于商业运营中"文化搭台、经济唱戏"的道具，而是实实在在的生活经验与场所价值。可见在当代宏大叙事的城镇化语境下，从生活逻辑进行"在地性"的景观梳理，延续生活性的"集体记忆"是遗产存续的关键（李畅，杜春兰，2015）。

协同城市发展的生活逻辑需要认识到生活景观是一个渐变的过程，容纳生活景观发生的物质环境也应该具有相对的稳定性和延续性。位于台北中正区的宝藏严聚落就是根据生活逻辑逐渐形成的，并且难得的是更新后也仍有浓郁的生活氛围。宝藏严聚落总共由依山自发建造的 250 栋建筑构成，是 50 多年前由入台的国民党士兵以及生活贫困的外来移民根据自己的生活需求，在没有统一规划的情况下自发修建，慢慢形成今天的特色鲜明的聚落。宝藏严建筑顺着小观音山坡地形展开，建筑之间鳞次栉比、紧密穿插、层层叠叠。这种与统一规划统一建造截然相反的违规建造，最终形成了一个遵从日常生活需求、顺应日常生活逻辑、充满鲜活的生活范围的特色聚居空间。宝藏严的建设不同于工业社会惯常的对自然环境的全面改造,而是由一群建造技术水平低下的弱势群体完成建造,这就决定了他们在建筑选址和建造手段上等必须尽可能地结合自然现状。每栋建筑的平面形状和角度都充分顺应地形条件,聚落的各条梯道把聚落内部的公共空间、私家菜园连接起来,形成一定系统性的结构。聚落居民的日常生活在山坡上展开,生活的逻辑换来了人与自然交互共生的生活格局。

宝藏严聚落居民按照日常生活逻辑的建造也迸发出令人惊叹的创造力。如建造材料尽量采用当地建材以节省建造开支,从整体结构到细节构造都匠心独运、千奇百怪;建造行为直接与日常生活实际诉求相呼应,空间建造手法为巧用自然而复杂多变,处处展现着当地原住民的生活智慧。为了遮风挡雨居民们利用建筑材料合理设置围护体系;为了排水居民建起排水沟和更高的门廊;为了方便出行居民不断增加新的梯道;另外开垦菜园方便种植瓜果蔬菜,平整院子方便晾晒;等等。空间的里里外外都映衬着居民生活的点点滴滴,固然在建筑技术层面技术水平低,但是由于与日常生活有着很高的契合度而能够较全面地记录居民的生活故事,日常生活从而凝固在聚落空间中。

在2004年对宝藏严的更新规划中,也面临着原住民迁出以及功能不适应的问题。由于年迈的居民对上下山地梯道已经不太适合,更新之后只有大约五分之一的原住民选择继续居住在宝藏严。另外更新规划按照新的功能定位对聚落大部分建筑进行了修缮。不过值得注意的是,其修缮工作遵从了宝藏严聚落形成过程中一贯的生活逻辑,使得聚落的特色空间场所和生活氛围都得到了很好的延续。虽然无法避免社会构成发生变动,但是更新工作并没有采用将建筑与人分开的博物馆式保护,而是引入了一批年轻艺术家作为新居民,为当地注入新鲜的活力。台北市文化局为鼓励符合入住条件的年轻艺术家在此从事艺术创作,只收取部分租金。聚落的原住民和艺术家新居民一起,这样一来完全可能创造出一种宝藏严新的生活形态。规划对聚落功能和基础设施进行完善提升,对应的建造方式也沿袭之前居民的朴素方式,以保证聚落低技的日常生活整体氛围。另外,提倡活态的保护更新,允许艺术家在不破坏遗产历史价值的前提下,像当地原住民一样自己灵活地改造空间以满足日常生活的需要。可见,宝藏严聚落在对旧文化空间保护的同时,注重从日常生活的逻辑出发提供植入新功能的可能性,很好地处理了新、旧两个社会群体的关系。

5.4.3 微观层面——以"生活情境"为核心的场所叙事

建成遗产存续的目标不仅要提高居民的生活质量,同时还要给遗产日常生活的文化叙事提供充分条件。在相对稳定的社会文化环境里,日常生活的情境日积月累,不断地融入建成遗产物质空间中,场所精神也因此慢慢建立。这种具有精神意义的空间场所对于体验主体而言具有深层的价值和意义,它也能够反映人的日常生活行为与建筑空间之间互动关系还是否存在。如果建成遗产中隐含着场所精神,那么日常生活的情境就能够在建成遗产空间中得以稳定开展,反之居民的惯常的行为则在空间中无法顺利进行,行为与空间的关联关系因为遗产空间的变化而断裂甚至丧失。所以在建成遗产的微观层面,我们应该更加重视与日常生活情境密切相关的场所精神的保存,从而真正把保护传统生活落到实际操作的层面,而不是作为无法落实的理念追求。

要理解生活情境在构筑场所精神中的重要作用，就必须区分场所性与地域性这两个概念（陈晓虹，2014）。地域性是指在一定环境中塑造形成的建筑表现形式，是一定地域的自然生态、社会人文等整体环境共同作用在建筑物质空间的结果。可见地域性强调的是物质建筑环境的性质，不关心环境对人情感与体验的关系。相比之下，场所精神不光强调那些具有地域性特征的物质环境，更重视各种物质环境对人感知的影响，这种影响是基于长期生活的熏陶，不断形成不同的居民对同一物质空间对象的共同记忆与依恋情感，从而形成遗产社区群体的身份认同和归属感。我们经常能在传统城镇中看到良好的邻里关系以及紧密的社区凝聚力，这是因为城镇在长期的存续过程中，生活方式相似、价值取向接近的人在这一地方聚集，把城镇中的不同地方都注入了场所精神。可见建成遗产的更新保护的核心是对场所精神的继承，不能仅仅考虑物质空间环境在建筑学层面的地域风格特色。这也反应在遗产保护的思想根源上，是强调对物质空间的保护，还是更关注人、空间、人的行为事件以及三者之间的互动反馈关系，而强调三者的协同统一才是真正基于日常生活的遗产存续。只有把地域性遗产空间作为建成遗产保护的物质基础，在此基础上强调延续附带着居民日常记忆和情感归属的场所精神，建成遗产才能承担延续居民文化生活的作用，并呵护在日常生活发展中持续的文化叙事。

香港永利街建筑依山而建，由于自然地形坡度太大而无法使用，因此人工在建造中设置了丰富的平台，并且没有车行交通，汽车无法进入，这些平台就渐渐成为居民聊天纳凉、打麻将、儿童游戏的公共活动场所。作为小社区居民的活动集结点，是邻里街坊认同的公共空间。过去类似街道是香港的主要建筑空间类型，而近年来随着港岛房地产开发日益扩展，永利街已经成为港岛上仅有的台式街道（图 5-31）。在《岁月神偷》中展现晚上整个街坊邻里各家各户都在平台上吃饭、交谈，发生了很多的生活故事，成为一个社区活动的中心，展示出 20 世纪 60 年代香港邻里之间的生活，气氛非常融洽，体现出那个年代生生不息的香港人的奋斗精神（图 5-32）。在文明与发展较为成熟的香港，市民期望透过文物建筑将当今时代与昔日社会联系起来，并建立起身份的认同感。保育后的永利街，经过多角度的活化再用，在持续发展的同时令老街集体记忆延续。"台"这一传统意义上的公共空间基于新功能的赋予而重生。作为传统公共空间，"台"的存在为邻里之间的人情交往搭建了发生场所（齐一聪，张兴国等，2015）。在永利街活化项目"台"的设计中，采用维持现有建筑物高度与台宽度的人性化比例的方式，借此重现"台"的空间体验。基于"台"的社会意义研究，重建局更改永利街 7 号地下本来的住宅用途为非住宅用途，以提供一个促进社区交流的公共空间——G7 中心，以供居民相聚及进行联谊活动，用作展览及提供促进孕育社区的活动空间，彰显"台"的固有氛围。"台"的保留，延续的不仅是具有相似尺度与空间感的公共活动场所，更多的是一种以人情味维系的邻里关系。G7 中心等社区交流空间的组织，将"台"的概念抽象化，以其功能与氛围将之呈现，一"实"一"虚"的重塑活化，继续为周围住户提供公共休憩空间，供大家集合以及举办各种公众活动。可见"台"在生活情境下的功能得到了充分的传承。

图 5-31 香港永利街活化保护后的效果

资料来源：齐一聪，张兴国，吴悦，等.电影场景到遗产保护——从永利街看香港文物

建筑的"保育"与"活化"[J].建筑学报，2015，(5)：38-43

图 5-32 《岁月神偷》与永利街的台空间

资料来源：网络图片

由于独特的地形条件，重庆历史上形成了多样化特色鲜明的交通方式，其中位于湖广会馆与东水门历史街区内的望龙门缆车（图 5-33）以及之上的长江索道（图 5-34）就是两个例子。缆车依山而建，穿梭于山江之间，曾经作为重庆人最主要的出行方式。但是现在如两路口、临江门、储奇门的缆车等都在岁月发展中消失不见，仅剩望龙门缆车也早已荒废无用。作为老重庆的"历史记忆"，原来的重庆缆车约 8 分钟就发班车，高峰时段缆车发车时间也会相应调整提前，这相比于现代重庆轻轨发车频次也相差无几。望龙门缆车是目前可见的国内第一条客运缆车轨道，虽然缆车的轨道和车厢都早已不在，但仍保留着轨道下方的水泥基础。经查史料，望龙门缆车是由著名桥梁设计师茅以升于 1944 年 2 月设计，正式通车时间为 1945 年 5 月 16 号。缆车运行采用上下行设置不同票价，当时下行只要 1 分钱，上行 2 分钱。不过可惜的是，1993 年重庆开始长江滨江路的修建工程而拆除了望龙门缆车站。因为重庆独特的山地地形条件，作为战时陪都的重庆当时在望龙门码头、嘉陵码头等地计划进行缆车修建工程，而望龙门码头由于当时人流量最大，因此最受重视，也最早开工建设。望龙门缆车的建成使重庆在国内首先拥有了这种富有特色的交通工具，并且体现着重庆这一山地城市特有的传统日常生活的交通方式，承载山城群众重要的集体生活记忆与情感认同。在湖广会馆与东水门历史街区保护规划中，明确提出结合历史街区保护，复活有独特地域特色的望龙门缆车。在恢复之后，缆车车厢将原样展示，内部也设置一定的陈列空间，展示当年的山城人们搭乘缆车的场景以及其他老照片。

图 5-33　望龙门缆车历史照片
资料来源：网络图片

图 5-34　从长江索道视角俯瞰湖广会馆历史街区
资料来源：作者自摄

5.5　本章小结

本章借助后经典叙事学关注语境在意义编织作用的思维方式，提出只有在地方的语境中城镇建成遗产才有存在的价值。在当今全球化的时代背景中地方语境是遗产时空互文存在价值的基础，同时遗产构建的地方认同更有效地加强了地方语境的深刻性。遗产的地方叙事应在文化地理学对地方理论建构的认知基础上，深入日常遗产社区日常生活的文化叙事脉络，建构起人-地关系的深刻关联性。在地方营造中应以遗产社区的日常生活共同体为目标，营造主体应以自组织的地方为主体，营造观念应深化对包容性的操作性研究，充分关照遗产在人时空层面的"变化"程度，建立肌理容变、建筑容异、风貌容拙、场所容弱的营造观念。在营造手段上应以微更新来矫正所谓遗产保护"工程"中宏大叙事的倾向，以微社区作为基本的遗产保护更新工作单元，以微动力来管控遗产保护更新的推进机制，以微改造来管理遗产保护更新的具体操作手段，以微设施来凸显遗产保护更新现实急需的设施内容。地方营造的依据应更强调人类学意义上作为对遗产的整体性地方性知识的获取，进而提出协同城镇发展的日常生活叙事策略以实现文化意义上的地方复兴。在宏观层面以生活织补为核心展开空间叙事，在中观层面以生活逻辑为核心展开景观叙事，在微观层面以生活情境为核心展开场所叙事。坚持为本地居民创造更优的生活环境，因为只有看得见安居乐业才留得住探趣旅居，最终实现"人-地"关系在时空框架内的和谐存续。

6 延"叙"：时空场域的权力语境叙事策略

6.1 权力语境的遗产时空场域

6.1.1 时空场域的权力关联

权力对社会的影响和渗透无处不在，不同的社会语境下权力表现出不同的社会含义。权力是控制和影响，是能够具有并施加于人的控制力。米尔斯认为："权力与人们所做的安排其生活的决定相关，并与人们决定他们那个时代构成其历史的事件相关。"韦伯认为强制权力只是权力的一部分，如经济、文化领域都逐渐以权力的视野来看待；权力其本质上就是社会关系，体现着主体之间的各种矛盾和冲突（夏鹏，2011）。权力分为公权力、私权力和公众权力三种类型。公权力、公众权力和私权力三者的权力核心差异很大，分别体现着强制力、自治以及自由，对应着国家权力、市民公众力量、个体以及利益团体等权力主体，它们反映到空间上是不同社会权力阶层对空间的权力分配效果。不同的权力语境，公权力、公众权力和私权力之间存在的权力结构关系的渗透及变化，反映着权力的各主体诉求的不同。权力从外在表现来看又包括资本权力与政治权力等。从权力与权利的关系来看，权力和权利之间存在很多一致之处，在很多时候我们可以将它们等同看待，权力世界中广泛遍布着大量的权利关系（马俊亚，2011）。但两者的区别仍然存在。从本质上来说，权利是权力生成的源头，权利的获得与效益分配过程内化于权力之中，权力总体上是权利的派生产物。本书在强调权益时使用"权利"一词，其他则以内涵更为广泛的"权力"来替代对"权利"的描述。

布迪厄提出"场域"一词作为真实完整地诠释社会结构的关键概念，并认为场域是由客观存在的各种权力位置关系所建构的网络。"场域"目前已经成为社会学领域开展研究的基础性概念，社会中存在着多种类型的场域分化，如艺术场域、宗教、经济、生活场域等，它们作为相对自主的社会小世界，都遵循各自特有的逻辑规则，不能互相替代。就城镇建成遗产保护与更新而言，也肯定存在着一种面向遗产时空的权力场域。布迪厄形象地将场域的内部运行比喻成"游戏"。作为游戏者的行为主体身处于场域之中，按照一定的游戏规则，彼此之间相互对立且充满斗争。同时游戏者都拥有从种类到数量上有所不同的资本，包括经济、社会、文化、符号等的资本以及由此而来的各种权力，并按照自己掌握资本数量、结构的实际情况来设计适当的策略。场域的结构决定于游戏者力量博弈的状态，而场域的结构也是场域动力的根本来源。

场域具有空间性、斗争性以及生成性三个重要特征。空间性表现在场域是根据一系列原则界定而成的一种社会空间；斗争性表现为在这一社会空间中，行动主体通过对有利位置与利益的争夺，来维持或者改变其所处的空间领域；生成性表现为作为一个开放的游戏空间，其形式与边界都会随着历史进程的推进而发生不确定的变化。把斗争性应用到建成遗产保护更新这一场域中，可以解释当新事物被引入到人们熟悉的遗产环境中时，必定会引起既有的场域发生变化，导致场域中既有行动主体为维护个人在场域中所处的位置而相互斗争。可见场域并不是一个封闭固化的区域，在形成之后也可以进入，不过要经过不断斗争和妥协才能达到新的稳定状态，并且新旧行为主体也会根据斗争情况对自己在场域结构中的位置进行调整（何正强，何镜堂，2014）。

建成遗产的价值在现代社会迅速膨胀，根据布迪厄的资本分类，遗产的资本说可分为"文化资本"与"经济资本"两个部分。作为文化资本与经济资本的建成遗产，往往成了社会各方力量争夺利益的对象，同时也充当着一种特殊供交易的商品，这种交易让各方力量之间形成协商以达到力量的平衡，有时甚至会被作为利益交换的牺牲品。在复杂的关系中权力起到了至关重要的作用。当建成遗产不可避免地涂上现代社会的商业色彩，建成遗产进入社会生产的操作程序或者成为商业运行的对象时，建成遗产就很难发挥其原本作为主体的作用，只能经由政治权力和资本手段的许可和重构，来被动地进行自我诠释与价值认识（彭兆荣，2008）。商业化连接着一种巨大的文化再生产系统和消费观念，建成遗产转变成商品后，其商业竞争性日益显现并加剧，不同的利益主体和社会力量都开始关注建成遗产领域，并开始展开争夺。建成遗产最终变成了一系列多方共同"获取"的"猎物"和价值符号选择。由于如商业资本机构、各级政府单位、建成遗产社会的地方力量等权力主体有着不同的利益诉求，对于遗产的"升值"打算也有着不同的方向和预期，因此针对最基础的遗产价值评估和保护工作，各个权力主体之间从表面上看可能是相互合作，共同努力，实际上却在相互争夺、各自为战，最终可能变成相互分隔和对立、互相拆解与掣肘的状态，无法形成保护更新合力，更加严重的是政治权力和商业利益会产生制造遗产赝品的热情。

根据布迪厄的定义，场域实际上是一个权力关系网络，因此我们引入场域的逻辑来研究城镇建成遗产保护更新，也就变成了通过权力关联网络的认知方式来看待城镇建成遗产的保护与更新问题。场域中的行为主体根据已经拥有的资本去试图获取更大的资本占有，进而获取能够支配其他行为主体的权力。在这里，资本包含着经济资本、文化资本以及社会资本。可见，我们可以将城镇建成遗产当作是一种独特的时空场域，对其开展的保护更新就是对长期形成、当下存在的关系网络进行存续、扩展或者修正，对原有关系网络肯定会造成一定影响。城镇建成遗产作为一个复杂网络系统的关联复合体，要求我们必须也要用高度复合的研究视域去看待它，除了关注建成遗产的物质空间环境外，更需要用权力关系网络的认知途径来达成对行为主体的权力相互作用的复杂结构的理解，甚至通过这种理解来实现对其动态变化的积极引导。建成遗产保护成功与否，需要我们从多个方面去判断，不仅仅是常规理解的经济收益和环境提升，更需要珍视物质更新中的社会意义，寻求产生积极的社会效应。透过权力的网络思维去思考建成遗产中的人和物，往往能进一步看到人与人的权力关系在其中的重要作用，只有这样才能让遗产保护与更新在权力的语境中妥善延续。

6.1.2 遗产的权力话语叙事

"话语"是现代语言学的概念。在现代人文科学的语言学转向中，语言研究在从结构主义向后结构主义的发展过程中，阿尔都塞等人从宏观的结构理论框架转向细密的语言使用分析，把专业的语言学词汇转向同社会意义结合起来，从而形成了话语理论（徐千里，2001）。福柯的"知识考古学"中把话语理解为包含着一系列独特语言和方法的一段陈述，这种陈述使得人们谈论和表征某一历史时段话题成为可能。福柯的权力理论学说把话语和权力两者紧密联系起来，两者相伴而生。权力来自于话语之中并对社会关系造成影响，而权力又在生产方式和阶级等差异性基础上更加显化，并最终体现为社会关系中的控制与对抗。建成遗产的话语也同样如此，与其相关的言说和实践体系产生于一定的历史语境中，并随着时空的变化而出现变化。文化遗产一旦演变为一系列话语实践之后，相比于那些客观纯粹的历史，文化遗产已与之差别甚远。劳拉简·史密斯认为在文化遗产领域中话语一方面是一种语言学的概念，另一方面也被认为有显著的社会作用，我们对建成遗产的思考与书写方式变得异常重要。即使是在同一时代，建成遗产相关话语也存在诸多差异。这里既存在占主导地位的权威性话语，也有少数群体被边缘化的遗产话语，同时也可以区别为官方或民间话语，还包括行政的以及技术的话语区别。正如福柯指出的，权力关系与知识系统的构成息息相关，而每一个知识系统在最开始就预设和构建着权力关系（宋奕，2014）。政府、专家和普通市民、原住民等话语主体之间存在着纷乱复杂的张力结构，也形成了建成遗产话语的叙事场域。

站在话语的视角来解读遗产，建成遗产已经不仅仅是单纯的"物"，它的"内在价值"从来都不是客观中立的。马克思·韦伯曾说人是悬挂在自己编制的意义之网上的动物，而建成遗产的内在价值也同样被编织进政治、历史以及文化观念与意识形态相互影响的一张网中。近十几年来，国际学界对建成遗产的认识愈发深刻，遗产已成为当下社会条件的对过去的表征与构建，所以遗产已不是纯粹过去的历史，而成了"当下的过去"。经历了后现代观念洗礼的研究者们尖锐地指出那些客观中立的历史仅仅是一系列幻象，历史其实不过是一种叙事，一种书写与重构。英国学者大卫·罗文索尔指出："对历史遗留的每一次认知活动都会改变历史本身。我们对文物古迹的欣赏、保护会改变它们的出场方式，装修与仿造就更不待言了。我们在不断干预历史遗留时，不管在形式上还是意义上，都会对遗产性质和环境造成改变与重构。"（侯松，吴宗杰，2013）

可见，当今城镇建成遗产附着了政治、权力等因素，而权力又有多种多样的表述方式，这就构成了"遗产语境"之下的话语强势。这种带有政治性的"遗产叙事"会因为所在政治环境的不同而造就各异的呈现方向（Boniface. P. & Fowler. P. J.，1993）。但我们必须看到有时候政治所确立的方向与遗产本身内涵并不一样，还可能会出现相反的情况。现如今遗产被看作一种文化产业，《遗产工业》一书的作者罗伯特·休伊森恰恰是在反思历史的商品化和消费主义向深层人文性问题的蔓延，批判被政治和经济势力控制之下的遗产生产。凯文·沃尔什明确以"表征过去"为主题，揭示出新自由主义和消费主义之与历史遗产化和遗产商业化的因果关系。在各种话语规则约束下，遗产被打造成国家政治和后现代社会想要的状态，按照既定的叙事逻辑，对建成遗产进行分拆选择，对素材加工处理，引导旅游者的观看路线来形成相似的叙事结构和呈现方式。通过这一系列的叙事操作，后现代社会中人们的怀旧诉求被不断激起和放大，刺激着体验消费，由此也决定着其他遗产空间根据人们遗产消费需要而被特意打造。

英国文化学者斯图特·霍尔最早将遗产视为话语实践，他认为国家将遗产作为一种建立集体记忆的手段，通过叙事的方式国家将一些值得铭记或者有意义的高潮事情提取出来去构成国家的身份认同。遗产归属其实是个话语问题，即"谁的遗产"并不重要，重要的是"谁在叙事"。国家宏大叙事的通常做法是得到认可的历史被拿出来当作史实去感化影响公众，而一些微弱的、甚至连证据都无法获取的历史则会被排斥，但是这些无法捉摸的小历史经常是十分重要的，它们以灵活的方式存在于空间中，同时增加群体甚至个人的归属和认同感。权力话语试图作为建成遗产隐含的各种历史的裁判者，判断所谓真实和虚假，高等的或可遗弃的，进而给建成遗产的价值及意义贴上标签，这样遗产最重要的价值内涵却被简单化和脸谱化。建成遗产保护规划作为一种针对遗产保护更新的理性工具，就首先面临着上述的困境。遗产保护更新的实施成效差强人意，矛盾众多，问题重重。这都根源于长期的理性主义导向，控制了保护规划的制定标准，对遗产的认知以及保护规划目标也变得简单化，规划遗失了其他许多应该被尊重的重要因素。强调工科类学科的理性主义，而在人文学科的思辨、人文关怀以及权力运作等机制层面作为不大（惠小明，2015）。大量的建成遗产保护更新多是理想化地提出文脉延续的目标，也从环境风貌、土地利用、历史文化等多个方面开展研究，并提出功能置换、修复整治等具体手段等。有些保护规划也提出按照一个院子一个院子的渐进式更新策略，实现后的蓝图令人充满憧憬。

然而，我们必须认识到空间背后隐含着人与人之间的权力关系，人们只有对特定空间有一定权力，才会对空间进行维护。我们常常看到本来风貌特色鲜明、环境良好的街区，一旦被划定为旧城改造区域，过不了多久就变得破败不堪。旧改政策可能对居民的建筑所有权产生不确定影响，因此作为有限理性的人而言，就不愿再投入资金进行维护修缮。可见，建成遗产保护更新不能仅仅考虑到空间层面，更需要理清人与人之间的权力关系，进而配套适当的保护策略与保障机制，诸如拆除重建、功能置换等等看似普通的操作手段其背后都涉及鲜活的权益关系调整，而当前的保护更新对权力关系的认知还十分有限。由于编制过程与市场背景的脱节，单纯地安排"功能结构、平面布局、空间体量"等反映的只是空中楼阁式的保护发展愿景，因为其忽略了对多元化的利益需求的回应。更有甚者，在黑箱子中沦为了追逐经济利益的帮手。这种单一视角的规划方案，当然难以赢得市场环境下建成遗产更新所必需的公众认可和社会支持（郭湘闽，2005）。建成遗产保护更新不是景区打造，而是一种深层次的社会网络结构的完善与保护机制的重建。所以，我们的探讨必须深入到权力关系对建成遗产保护更新的影响，才能把保护规划落到实处。

6.1.3 权力叙事的话语主体

新马克思主义批评理论家伊格尔顿认为，文化的复杂结构关系归根结底是一种物质关系，在文化的范畴里仍然充满了利益与权力的斗争。一直以来，人们都把"主体"局限于哲学层面来加以讨论，然而主体更涉及广泛的政治话语，因为当人们在讨论"主体"时，不可避免地要谈及"人"，而置"主体"于什么位置也就是给"人"何种生活环境的问题（张松，顾承兵，2006）。城镇建成遗产是城镇的组成部分，虽然它有着传承特定历史信息的责任，但是究其根本它是为主体的人承载日常生活的空间客体。其核心价值在于人们生活其中所生成的传统生活方式和历史文化内涵，而风貌不过是它的一个表层的表征信息。因此对于建成遗产保护的研究追溯其根源，其核心就是人。一直以来，对建成遗产的保护方法、措施不断更新，但是却很少有大家认可的成功实施案例，就是因为对话语主体的认识与理解还不够深刻，而各主体的话语特点代表了参与主体对遗产的价值观倾向。

如果我们将建成遗产保护当成"公共事件"，而其中的角色就是与之相关的各种人群。针对这一"公共事件"，相关人群根据各自立场不同，肯定会出现相互认同或者叙事的分化，由此又各自组成新的群体，给建成遗产保护带来不同的影响。建成遗产保护既要关注遗产的"物"对象和针对物质空间保护的方法论，同时也要发现人群之间叙事的差别，这可以给我们提供分析建成遗产空间的"人"与"物"的交互视角。通过对新分化的不同群体进行利益话语的分析，可以明确其在建成遗产"公共事件"中的权力地位，这样就可以以此为基础进行有针对性的资源调配，使得各个群体的话语诉求都能融入遗产保护更新的可持续发展中来（沈海虹，2006）。只有从不同参与主体即"人-人"关系的角度研究相关主体，分析和探索其意识行为与历史保护过程的话语表征作用，才能在遗产保护更新的权力场域中梳理出行之有效的建议措施。不同于西方自下而上的保护实践，中国的历史地段的保护呈现出不同的多元主体参与特点。针对国内建成遗产更新中政府（中央与当地政府）、市民（除原住民以外的其他市民群体）、专家、开发商、原住民等主体的话语特点，分析各主体的价值诉求和权力表现，也就是话语即权力，话语背后是对遗产价值的判断与权力行为。

（1）政府话语的价值取向——行政权力

地方政府是建成遗产保护更新的调控和管理者，是行政权力的执行者。政府在建成遗产保护更新的过程中责无旁贷，从前期的制定政策、招商到后期的管理与宣传营销、社区发展等均会参与其中，并且政府的行政管理能力直接关系到建成遗产保护更新的结果（李和平，王一飞，2014）。地方政府的价值取向主要是地方经济提升与居民生活水平提高，与此同时对地方文化和环境进行保护从而树立政府形象。正是因为政府代表着公共利益，其在城镇的建成遗产保护场域中处于不可或缺的权力主导位置（梅青，孙淑荣等，2009）。然而需要认识到的是政府领导的个人意识在历史保护过程中不容忽视，财政政策的激励与职务晋升的要求决定了政府领导在现有制度下"经济人"的理性选择。另外需要重点说明的是，政府各机构间由于职权不同，也会出现话语分化（于海，2011a），如城市的规划局对城市历史文化保护负有直接责任，因此其话语更强调对历史文化的保护，有时甚至充当了技术专家的角色，而各区政府作为一级政府主体具有发展经济的艰巨任务，因此更倾向于从历史文化保护项目中取得经济效益。

《中华人民共和国文物保护法》明文要求国务院文物行政部门负责管理全国范围的历史文保相关工作，地方各级人民政府负责行政范围内的历史文保工作。地方各级文保部门负责对文保工作进行监督和管理，而地方各规划部门对地方历史文化有组织编制保护规划和保护维修等工作。从改革开放至21世纪初，随着人们生活水平的逐步提升，对文化的需求也更加旺盛。中央政府也认识到历史城市保护对于城市特色发展的作用，因此新出台和修订了相应的法律法规与保护规范等，地方政府出于职责所在，也结合地方条件制定了一定的保护条例管理规定等。随着20世纪末以来的市场经济体制逐步建立和深化，同时中央和地方政府在职责分工上进行了重大调整，地方政府开始逐步意识到建成遗产之中所包含的经济价值，从原来当做负担的"超公共资源"的观点变成了所谓的"文化资金"。分税制改革刺激了地方政府的地税系统积极性。由于城镇建成遗产一般都位于城镇老区，道路基建相对新区较为成熟，开发成本低且市场需求大，政府对其管辖的历史地段开发力度明显加大，成为地方政府财政收入重要来源。地方政府化身为公司经营者，把文物古迹周边的建成遗产区域进行清拆变卖、招商引资，从而对建成遗产造成建设性破坏。另外，建成遗产的保护开发有助于提升城市形象，另外通过所谓的危旧房整治来改善民生，都是良好的政绩工程。同时，建成遗产的良好区位成为经济利益的集中地段，是 GDP 的新兴增长点。可见建成遗产改造可成为地方政府干部晋升的阶梯。

位于重庆市渝中区的东水门及湖广会馆历史街区因历史上的移民活动而兴，体现和维系着重庆的移民文化脉络，同时也蕴藏着重庆山城的厚重历史积淀与山水营城的文化。但是随着时间的推移与时代变迁，街区物质环境开始走向衰败，同时功能服务也达不到市民的日常需求，渐渐淡出人们的生活。20 世纪 80 年代，城市建设的着力点主要集中在新区开发，湖广会馆这样的历史旧区没有作为政府工作的重点，政府基本采取不保护也不发展、不闻不问的态度。1985 年，重庆渝中区开始旧城改造，这时已经被工厂、仓库、职工小区遮盖起来的湖广会馆建筑群才被纳入政府工作当中，其文物价值也得到认可，并要求采取合适手段开展保护，自此对东水门及湖广会馆街区的保护才算启动。1992年初湖广会馆古建筑群作为重庆市第二批文保单位，开始正式得到法律保护。但是会馆周边地段被划给开发公司，要开展旧城改造拆迁，后续进行开发。但由于当时缺少拆迁补偿的经费，因此没有真正实施动迁。1995 年，原长江滨江路方案破坏东水门及湖广会馆保护区域，为了保护这一核心区域，政府修改长滨路原设计方案，并补偿开发商拆迁、建设费用 1000 万元。1998 年，政府将会馆附近太华楼、道门口一带用地出让给某房开公司，拟建立"华龙商务城"，直到 2002 年这个规划新建用地红线才被重庆市规划局正式取消。2010 年国家文物局对重庆市文物局《关于报送全国重点文物保护单位（湖广会馆保护规划）的请示》的批复中，明确提出要对邻近历史街区提出规划保护要求，自此重庆市规划局启动了湖广会馆及东水门历史街区保护规划的编制工作（李和平，谢鑫等，2016）。

重庆渝中区在 2013 年开始就积极开展城市更新工作，湖广会馆片区也纳入了这一项城市更新工作中，因此在湖广会馆历史街区保护规划调研还未开始时，街区的原住民都已经在向外搬迁，人口急剧流失，街区的社会资料不得不使用几年前的基础数据，最新的居民资料与社会构成、访谈数据等严重不足。街区的功能业态也被破坏，剩下的基本是一个空的街区。这种情况既不利于设计单位编制保护规划的顺利展开，同时也可能预示着街区将要被采用推倒重建的更新方式。在保护规划方案制定期间，各参与主体意见出入较大，话语分歧主要在于保留建筑数量及保护红线规模，还有关于保护控制导则的控制力度等。市规划局坚持历史保护优先，尽量多的保留，尽量强的保护。区政府作为一级行政主体，有发展经济的冲动，出发点是通过街区的更新来拉动下半城及整个渝中区经济发展，因此，认为保护应该适度，为经济发展留下空间，更多地采取更新方式。对保护区划及控制导则进行了充分的讨论和协商后，区政府尊重了市规划局的意见，采取连片保护的方式。而在对于建筑的保护与控制的协商中，双方话语始终未能统一。而规划单位作为技术部门，为了充分体现各利益相关方的话语诉求，不得不指定了两套方案（图 6-1、图 6-2）。而在后期报批与实施过程中，市规划局希望通过连片保护方案尽快审批使其具有强制效力，以实现街区最大化保护的目标；而区政府则通过抢期拆迁，在市规划局保护主导的方案正式报批前，开展街区"更新"，使得街区清拆变为既成事实，最终导致市级规划主管部门方案虽然得以报批，但街区已经被大面积拆迁（李和平，吴骞等，2016）。望龙门巷两栋优秀历史建筑被公布为保护对象，但采取异地搬迁重建的方式，将此类建筑都移植到同一指定区域并原样修建，造成街巷肌理遭到破坏（表6-1）。

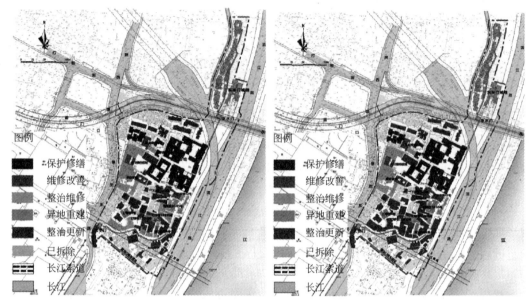

图 6-1　保护话语分歧导致的建筑保护方式方案摇摆

资料来源：重庆大学编《湖广会馆及东水门历史街区保护规划》及过程稿，2014年

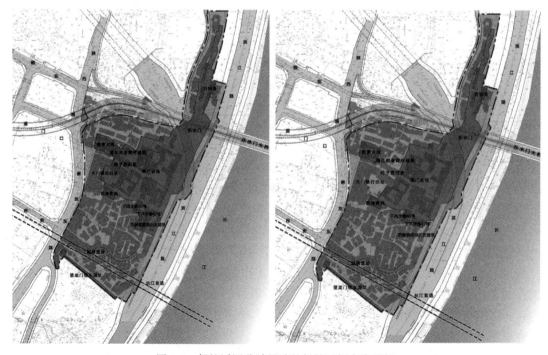

图 6-2　保护话语分歧导致的保护区划方案摇摆

资料来源：重庆大学编《湖广会馆及东水门历史街区保护规划》及过程稿，2014年

湖广会馆及东水门历史街区保护规划编制中的各方话语分歧　　　　表6-1

话语分歧点	话语方	分歧内容
保护区划	市规划局、地方政府、开发商、区级文保部门、设计单位	核心保护区是连片保护 VS 分散保护
保留建筑与建筑高度	市规划局、地方政府、开发商、两级文保部门、设计单位	保护专家推荐的大部分历史建筑与优秀风貌建筑 VS 选择性保护专家推荐的历史建筑与优秀风貌建筑
保护更新方式	市规划局、地方政府、开发商	市级规划主管部门为历史保护 VS 地方政府、开发商为街区更新；市级规划主管部门方案报批 VS 区规划局抢期拆迁

资料来源：作者改绘

（2）开发商话语的价值取向——资本权力

资金问题一直都严重阻碍着建成遗产的保护。由于原住民经济水平比较低，政府给予的补偿有限，面对老化建筑缺乏更新能力，这也就给以开发商为代表的商业资本进入提供了机会。商业资本介入建成遗产保护更新，其话语价值取向的本质是对利益的追逐，另外通过对建成遗产这种稀缺的文化资源进行投资，一方面能够塑造企业品牌形象，丰富企业文化，另一方面也可寻求商业模式开拓以及分散投资风险等。在国内，开发商常常作为建成遗产建设和经营工作的具体执行者。在城市以经济建设为首要目标的社会背景下，开发商一度在城市政治话语中占据强势地位。它们本应从属于城市政府的管理之下，而现实情况却往往是，城市为了吸纳开发商的投资，被其所挟持。作为完全以经济为杠杆的结果，开发商的力量轻易地凌驾于政府之上，商业寡头对城市话语权几乎实现了垄断。

城镇建成遗产就如古董一样，具有不可再生的稀缺性，这也使得它具有巨大商业价值。从最开始拆除建成环境来重新建设楼盘，到后来以重建翻新为主，通过文化旅游带动商业增值的开发模式，根本目的都是对利益的追逐。开发商的介入虽然解决了保护更新的资金匮乏问题，但是资本的强势也深刻影响着遗产街区的原始风貌。开发商在决定是否介入更新改造工作时，会通过与其他开发项目进行比较，以选择利润最大的开发方式。正因为如此，出现了以"假古董"为代表的原真性丧失现象，此外"千城一面"、过度商业化等现象更是层出不穷。香港瑞安集团就是在上海石库门里弄开发新天地项目成名之后，被各地方纷纷模仿，各种"天地"陆续建成，这使得企业形象和文化得到提升，并在旧区更新项目中变得更加有话语权。但是这种模式的商业化还需要继续探讨，该保护更新模式在光鲜的外表下却丧失了其原本的生活文化内涵。

重庆东水门及湖广会馆历史街区更新项目的运作是区级政府引入大型房地产开发企业，进行统一开发的模式，且该房产企业作为一家央企，实力雄厚。项目采取了全部推倒重建的方式，通过抢期拆迁，使街区拆迁成为既有事实，从而实现自己的目标。市级规划主管部门提出严格按照保护规划，对街区7条老街巷、11栋历史建筑进行恢复，保持其建筑高度和风格原貌的要求。而地方政府受制于开发商的资本权力诉求，考虑获得更高的容积率以实现商业利益，相应地放松了对开发商的约束，这也使得湖广会馆历史街区的修规方案不断进行调整，很难获得通过。从历史保护的目前情况来看不可不为之可惜（图6-3）。近几年多处历史遗产因城市引入房地产商开发建设而被毁的事件层出不穷。但是我们应该认识到，经过几十年的市场经济改革，市场已经深入历史文化街区的保护等我们生活的每一个角落。面对湖广会馆历史文化街区所处城市区域严重的城市衰败事实，我们不能否定区级政府作为面对地区发展的事权主体，对于改善原住民生活质量以及改变历史街区面貌的诉求，我们要做的是限定资本权力的冲击力度，矫正有关部门的行动模式。

图 6-3　重庆渝中区东水门及湖广会馆历史街区被拆除

资料来源：网络图片

（3）专家话语的价值取向——知识权力

专家具有建成遗产保护方面的专业技术，因此拥有知识权力。马克思·韦伯曾用声望、财富、权力三者来划分不同的社会阶层，并指出三者可以相互转化。在这里，专家的社会声望也可以转化为一种权力，更能转化为财富。技术专家参与规划编制的主要形式是参与规划专家咨询会，通过自身的专业知识，为规划编制提供合理的建议。在《城乡规划法》第 26 条规定城乡规划应该充分考虑群众和专家的意见。然而专家是被咨询意见的方式而参与其中，在行为上具有一定的被动性，并且在法规中也是以"充分考虑"作为政府态度，因此专家并没有太多的权利。另一方面，由于专家一般受聘于开发商或者规划主管部门开展保护更新规划设计，或者是应规划主管部门邀请参与技术咨询会或者审查会，对规划方案提出意见或者建议，而行政官员通过自身的行政权力，掌握着此类会议的领导权，也就是说专家的决策权是来自于组织编制部门的委托，从而在不自觉中成了开发主体的利益代言人或者政府决策文件的代笔人。所以说专家的价值取向在很大程度上可能被开发商或者政府所左右，很多时候专家都在沦为一种"装饰"，独立反思批判立场的专家往往转变为技术官僚式的专家，拥有专门知识，服从官僚体制的行政管理。

现实亦是如此，大部分情况下专家是被"绑架"了。例如一些历史建筑遗产的保护与利用的评审过程，其实主管部门已经有了几乎确定的方向与想法，专家评审事实上成了一个例行流程，专家意见大部分是没有可能被采纳实施的。此时专家的出席无非成了一种权宜之计，"我们来做评审尚好一点，能有点权力提出一些必须坚守的底线；要是我们不做，也总会有人做的，但那可能意味着真正全无原则的妥协。"评审成了例行公事，许多最基本的问题不能成为公认的而是讨价还价的对象。这个问题的出现不但是技术流程安排的问题，更是由于权力制衡制度的不健全（李彦伯，2010）。在社会转型的大背景以及新型城镇化的推动之下，全民包括政府机构对于保护历史遗产的意识不断提升，政府接受的公众监督也越来越广泛和深入，这些都倒逼政府部门采用更严谨的态度面对历史建成遗产的保护更新方式,这里更需要给予专家更广泛的话语权。在重庆东水门及湖广会馆历史街区保护规划编制过程中,市级规划主管部门出于对于历史保护价值保护与规划审批责任,其本质已经担负起技术专家的责任,与渴望经济发展指标的区级政府形成了一定的博弈关系,其相比当地政府更加偏向于历史街区的保守性保护。由于其掌握着保护规划行政审批的权力,因此可以与规划师以及参与其中的技术专家一道,形成一定分量的权力话语。

(4)游客话语的价值取向——凝视权力

这里的游客既包括旅游者又包括非原住民的本地市民。20 世纪 90 年代,英国学者约翰·厄里(John Urry)通过对福柯"医学凝视"理论的研究,把它引入到对旅游产业的研究之中,创建了"旅游凝视"的理论体系,被广泛应用到旅游人类学的理论分析中。在"医学凝视"中的凝视是一个观看主体施加给观看客体的一种力的作用,而这种凝视不只是在医学领域,它是具体的、遍布在现代社会之中,并代表着一种权力关系,或者说是一种以软暴力形式存在的,看不见、摸不着,但又实实在在存在着的无形的社会力。厄里借用"凝视"这一思想批判武器洞察和分析了现代旅游的运行逻辑,分析这种凝视对那些成为凝视对象的"地方"有何影响以及这种凝视与其他各种社会实践有何关联等问题(约翰·厄里,2009)。

厄里提出现代游客的凝视行为是社会建构的结果,变得越来越多元化与符号化,他认为标准大众化式旅游活动在欧美后现代的今天已不再是热潮,而真正兴起的是利用不同美学符号加工设计的旅游体验。旅游点由大量饱含意义的符号搭建,而意义符号的不断生产也满足了人们强化感官体验的旅游需求。可见游客消费的只不过是由各种意义与文化符号组合而成的特色性,通过游客对旅游符号的收集和消费而得以构建。"凝视冲动"主要是从异文化中广泛的提炼和消费各种景观符号而得到满足(成海,2011)。厄里的旅游凝视是把旅游动机和行为综合起来的结果,与知识、权力以及话语等现代性状态息息相关,体现着旅游者对于旅游地"地方"所施加的作用力。在全球化背景下塑造的旅游者与"地方"的东道主两者存在着凝视与被凝视的不对等关系,游客凝视因此也被解构为一种"权力的凝视"。"游客凝视"理论是对"真实性"背后权力机制的深入挖掘,也是"凝视主体"和"凝视对象"之间社会权力关系的操作与展演,揭示出旅游场域中,游客如何成为"凝视主体",并确定出"凝视对象"是怎样被打造出来的(何瑛,2012)。

旅游者和城镇市民是整个建成遗产保护更新的消费者和评价者。旅游者的满意度能够影响建成遗产保护更新的商业回报。旅游者的价值取向主要表现在收获好的体验经历方面。旅游者或市民遗产话语的价值取向在建成遗产的保护更新过程中起着核心关键作用,其诉求所反映的消费文化被开发商有意识地迎合利用,满足了当今社会人们对于历史文化与情感记忆的精神追求。在这些已开发的建成遗产环境中,旅游者已经成为总人口构成中显著的一部分。如磁器口古镇大约有 1.8 万的原住居民,而在 2016 年五一劳动节三天内总游客量达到了 20 万人次,单日平均客流量接近 7 万人次,超出古镇的原住民数三倍之多。市民追求高水平的城市记忆但对于历史保护的客观真实性与完整性要求却是低水平的,另外作为历史文化的主要受众,市民的保护责任意识缺乏,权利和义务严重脱节。

1964 年的《威尼斯宪章》中提到了"共同的遗产"这一概念,用以强调遗产保护是所有公民的普遍诉求,公民在物质和精神上对遗产的需求也就是遗产保护的价值所在。这里不光是强调需求关系,更强调一种共同的保护责任。在当前消费文化日益融入整个社会，对物的消费需求已经由实用性消费转变为符号化的消费，历史环境被简化为符号的堆砌。旅游者或市民期待猎奇，满足怀旧情结与体验诉求，至于物质空间是否和历史变迁的事实一致，文化展演是否弄虚作假等这些都不是游客和市民们愿意深究的部分。历史的信息准确传达与否都没有人们希望看到他们心中所想的场景重要。由于缺乏相关方面的专业知识，普通市民或游客对于文化深度的辨别能力有限，比如苏州和上海的园林对他们来说没什么不同，更深入的建筑比例、建筑结构等对他们而言更无意义。他们只是将区别于日常所见的传统风貌建筑都理解为历史遗产，从而得到不同于他们日常生活的异文化体验。在消费文化越来越成为主流文化的时代，其将极大地左右着建成遗产的存续发展。然而市民大众就是主流文化的创造者、传播者与接受者。建成遗产保护的受益者是全体公民，但是大多数游客却只将自己看做索取者，自主保护意识十分匮乏。政府的财政投入可以视为作为纳税人的公众被动介入遗产保护工作，但在具体的公众参与阶段，实际仍以原住民为主，其他市民很少涉及。权利和义务相伴相随，市民也应该尽到维护建成遗产的义务，并从自身对建成遗产文化深度的认知层面寻求自我提升。

在东水门及湖广会馆历史街区保护规划的编制过程中，政府以规划展览馆展示与政府网站公示等方法作为市民的公众参与途径，并没有进行更加积极有效的宣传，大多数市民在并未知晓规划正处于公示阶段的时候，公示期已过。更为重要的是，市民对于历史保护的参与动力极为不足，一方面，在历史街区的保护问题上，公众没有与这项公共产品的公共服务支出产生直接的利益关联，只是通过税收这种笼统间接的方式，不易让人察觉，而且从表面上看也不会像原住民那样与之有利益上的瓜葛，从而就缺乏了对历史街区保护上的具体动力；另一方面，根据奥尔森的"集体行动的逻辑"，在对于追求历史文化带来的精神收益上，由于个体参与成本高，个体参与效能弱，导致更多的人趋于不行动，在本街区的历史保护中，表现为少数人在网络上的感叹和遗憾，并未有主动表达自己意见的意愿，更未有民间组织成立。同时，由于政府以及政府统一管理的各传统媒体对于更新规划信息的控制，没有保证公众的信息完整性（图6-4）。在湖广会馆街区的保护规划编制过程

图 6-4　重庆渝中区历史街区更新的媒体话语
资料来源：重庆时报
http://mt.sohu.com/20160912/n468241593.shtml

中,市民群体缺乏对政府和开发商的监督。这种权力主体的缺位使得街区进行抢期拆迁成为现实。

(5)原住民话语的价值取向——社会权力

原住民是建成遗产文化资本的重要组成部分,同时也有个人受益与发展的社会权力。城市建成遗产并不是仅仅为人们提供参观体验场所,同时这里也是蕴含原住民丰富日常生活的居家环境,由世代的原住民所创造,并且非物质的珍贵历史信息是由原住民所不断传承的,历史空间的特色形态只不过是外在表征。原住民的价值取向不外乎以建成遗产为资本获取利益、享受物业产权收益、提升居住品质、留存社会邻里网络、保护地方特色文化等。原住民是建成遗产的主人,是地方文化的继承者,原住民对遗产保护的态度和参与度直接关系着遗产保护更新的结果。在物质方面大多数城镇建成遗产都是原住民自发修建的成果,并且叠合着百年来世代原住民的生活惯习与遗产空间不断的互动过程,这并非是规划师能够通过简单的设计就能描绘的。如今基础设施陈旧,人均面积不足,许多原住民开始对建筑进行自发的修整,这种行为其实也是历史延续的一部分,但是其技术的局限性可能导致对历史风貌造成一定破坏。因此,这些改造活动还需得到专业技术人士的指导以及政府方面的资金支持才能更健康地开展。

原住民一方面希望能够留住历史及物质遗存,同时也对便捷舒适的现代生活充满着向往。重庆十八梯街区就是由于基础设施的原因,让居民不得不选择离开(图6-5)。地下无法走线,全是架空明线,由于地势是个坡,最低处的线,高个子的人伸手就能摸到。外加路窄,变压器没地方放,弄个简易铁架子架在很低的空中,挡了一半的路。加上居民们各种乱拉电线,漏电、起火危险极为严重。由于梯坎多且路也是小巷道,消防车进不来。棚屋你搭我接连绵不断,过道、巷子里还堆放各种杂物,一旦烧起来灭火难度极大。2009年的瞿家沟火灾,20多户房子被烧成空壳。从消防部门的数据看,在拆迁启动之前两年,消防部门到场处置的火灾就有超过20起,包括瞿家沟火灾在内较为严重的火灾有4起,居民自己扑灭的零星小火灾更是无法统计。拆迁启动后的这几年,见诸媒体的火灾至少有6起。无怪乎在政府组织的十八梯片区危旧房改造民意调查投票中,竟然有96.1%住户同意。参与投票的对象是7000余户持有房产证、公房租赁证或者公房出售合同的十八梯社区居民,现场唱票时很多住户听到这个结果激动地流泪(图6-6)。

图6-5 重庆十八梯街区的基础设施状况不佳
资料来源:作者自摄

图6-6 十八梯片区危旧房改造居民投票
资料来源:网络图片

原住民的经济水平往往都比较低,期待建成遗产能够带给他们利益。与建成遗产的保护更新的内在要求相比，商业利益对居民更有吸引力。很多情况下，居民更加注重自己的生活需求而不是更在意建成遗产的文化是否得到存续，因此在经济利益的诱导下原住民常常主动选择异地迁出。马斯洛的《人类动机理论》中提到，人们的需求可以按层次来划分为生理、安全、归属与爱、自尊与自我的实现五类由低到高的需求，低层级需求的迫切性往往早于高层级需求。但建成遗产恰恰相反，它首先提供了高层次的自尊与自我的实现的需求满足的可能性，然而在生理与安全这些低层级的需求没有被满足时，再多的高层次的需求提供也无法留住原住民，客观上也导致了遗产的空心化，历史文化的记忆载体缺失。原住民面对复杂的情况往往也意见认识不一，以香港永利街为例，唐楼的业主们面对最开始的拆迁重建方案，有的选择拿到补偿金满意地离开，而有的业主则十分排斥，并自行投入百万资金对唐楼进行修整，以证明给政府看，保育之后至少还能够住上 20 年。在湖广会馆街区保护规划编制期间便有居民咨询："如果我们按照规划方案实施了保护，每栋保护建筑能有多少补贴？"可见，仅有保护规划还远远不够，还要从对原住民从事文化保护的价值体现来提供保障，以得到相关利益群体特别是原住民的响应。

湖广会馆历史文化街区的保护更新是在保护项目开始前就对原住民进行搬迁和开展经济上的补偿，这样就收回了街区全部建筑的所有权，使得原住民在街区保护中的话语权丧失，原住民在保护更新博弈中的价值未能得到体现，为最终当地政府对街区进行抢期拆迁扫清了障碍。从调研中我们发现原住民在历史保护过程中本身为弱势群体，没有太多的发言权和主导力量，加上在严重衰老的街区里，居民更关注的不是历史保护，而是物质基础，搬迁获赠是他们最想得到的结果（图 6-7）。在湖广会馆历史街区搬迁中并没有出现原住民强烈的抵抗行为，甚至在保护规划编制之前，原住民与政府之间已经达成共识，可以说实现了一定的社会效应。但需要指出的是，赔偿协商过程可以在一定程度上限制街区被更新的进程，可以有效避免街区被随意拆迁的命运，并且对于街区历史与社会资料的调查需要足够的居民基础，这有利于历史价值的进一步挖掘。

图 6-7　湖广会馆历史街区的居住条件不佳

资料来源：作者自摄

上海田子坊即是由于居民不满原有补偿不足,阻碍了旧城清理工作。与此同时,由于创意工厂经济利益的外溢效应提升,一些居民开始将住房自行出租给艺术家作为工作室,居民获得租金在他处购置住房,或将一层出租,对二层进行修缮并居住,以改善居住条件。这样,一方面街区避免了物质性拆迁,另一方面也在一定程度上留住了原住民。当然我们仍可以揣测,湖广会馆历史街区的居民可能并不像田子坊的居民具有留下来也能改善生活条件的第二条路可走,因此,即使湖广会馆历史文化街区的居民一时留下来,也难以留住。对于他们来说,离开条件"恶劣"的老街区,搬进新家就是一个令人满意的选择了。湖广会馆街区一直以来都把保护重点放在文保建筑及少数历史建筑上,而周边历史街区的保护工作则长期被忽视,原住民的生活环境逐渐恶化,因此他们选择在保护规划还没开始编制就放弃了房屋产权,从而得到相应的货币安置与其他优惠条件。原住民的弃位使规划编制团队丧失了掌握更鲜活社区信息和情感记忆等非物质文化线索的机会,同时对开发商的制衡作用也没有得到发挥。

6.2 权力话语的表征:强弱空间生产

6.2.1 强势话语下的"强"空间生产

列斐伏尔"空间生产"理论包含了一个生产的场域过程。他认为:"空间是政治的。""看起来好似均质"的空间,"其实是一个社会产物","是一种历史的产物"。因此建成遗产更新带来的城镇特色消失和空间形态同化实质上加速了城镇文化消解,并且其背后是深层次的利益主体分配的制度根源。建成遗产保护更新中不同的行动主体具有不同的利益诉求或价值取向,并且虽然不同主体可能有一些相同的利益取向,但是主体的自利性倾向和有限理性决定了他们各自都对一定的利益无节制地追求最大化,由此便导致了利益主体之间必然产生矛盾和对立(图6-8)。从以上分析中可知,我国城镇市民和

| 十八梯街区 | 白象街街区 | 湖广会馆街区 |

图 6-8 重庆渝中下半城历史街区原貌与某版设计意向图
资料来源:作者整理

原住民有着不同的价值倾向，这种意识形态也反映到他们各自对遗产保护的行为模式上。市民作为历史遗存最大的受益群体却参与度不足，市民价值倾向通过资本传递给开发商和政府，其自身经由大众消费而获得的控制权常常因为责任心与分辨能力不够，满足于对资本的一味迎合，成为开发商的合作者，对保护过程起到推波助澜的作用。原住民虽然是建成遗产的持有者，但是衰败的环境及落后的基础设施使其日常生活难以延续，权力没有得到有效保障。专家技术咨询团队和大众媒体的意识行为又不具备独立性，在实际介入时总是会受到多方面权力的约束。开发商具有雄厚资本，其参与意愿也很强烈，他们的参与在弥补政府财力不足的同时更重要的是完成自身的利益诉求。依靠资本的力量，取得强大的话语权，作为主要投资者，开发商逐利导向的决策很难改变（图 6-9）。

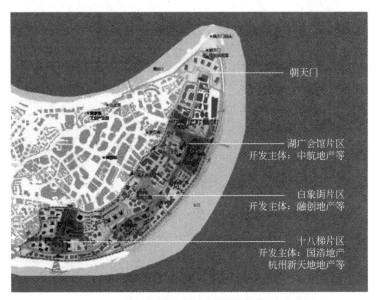

图 6-9　重庆渝中下半城历史街区开发主体分布

资料来源：作者自绘

以政府和资本为代表的强势权力，即"强"的空间生产直接影响建成遗产的空间形态演变。这种强空间生产依靠政府权力和资本主导，以实现土地空间效益为发展目标。这种模式在保持对土地的持续吞并和重构基础上不断推行，与之相伴的社会空间结构也在不停地生产和再生产。目前政府作为保护主导者，局限于官员的"经纪人"理性选择，但权力最大。我国建成遗产的保护或更新工作是一套"自上而下"的运营模式。这种模式虽然具有较强的执行力度，但最终还是会因缺乏详细的可行性论证和自下而上的民众反馈而产生诸多不良效果。同时，建成遗产的保护需要持续的长时间资金投入，而且在我国还涉及居民拆迁安置费等巨额开支。尽管政府具备大力发展"保护事业"和为"保护事业"筹措资金的能力，但却不具备将大笔资金投入"保护事业"的积极性。面对行政话语权一支独大的社会局面，学术界的声音是极其微弱的。知识和权力的联姻对于建成遗产话语起着决定性作用，遗产的选择、分类及登录工作变成了专家、政府以及具有经济影响力的企业所组成的利益共同体一手包办，而真正与遗产具有密切生活联系的原住民群体却难以参与其中。但是我们必须认识到，这些被权力集团边缘化的日常生活实践者对遗产价值的理解并不完全等同于所谓主流的遗产话语。比如人们对于场所的界定往往是他们社区生活中重要的一部分，承载着他们生命历程中的无数事件，而不是单纯地理解为一个建筑或社区的宏大历史。

丰隆地产十八梯地块是围绕十八梯核心区划定的四个所谓控制协调区地块，由 UN studio 事务所设计（图 6-10），计划修建 6 栋近 300m 的超高层建筑。建设方案曝光之后，网上掀起一番热烈的讨论，技术专家也纷纷发声，认为此方案"形象地展示出了资本（与利益相关者）的极度贪婪，更别说给原本就拥堵的渝中半岛造成的巨大交通负担了！""十八梯彻底被毁了！""浮世妖姬气太浓。与中间保护区关系过于生硬。这可以叫协调区吗？协在何处？调在何方？这天际线，围成一桶。保护区成小区盆景了"。十八梯地块前前后后近十年来多次的城市设计论证，最终以此方案的定稿盖棺定论，实在可惜。建成遗产保护中会出现很多问题，有些是来自于上文五类主体话语体现的各自价值倾向，但更多的是来源于它们相互作用的综合性后果。由于缺乏来自各方的公共参与和监督，使得遗产保护中的强势话语在更新过程中决策变得更加专断，最初的保护意图难以实现，形成了"强"空间生产下的建成遗产诸多危机。

图 6-10　十八梯丰隆地块分布与初步改造方案图

资料来源：网络图片

6.2.2　建成遗产空间生产的正义危机

在"强"空间生产下的建成遗产诸多危机中，正义危机常常被我们忽视（表 6-2）。

重庆渝中下半城历史街区开发项目列举　　　　　　　　　表 6-2

街区名称	开发主体	土地用途	用地面积（m²）	建筑容量（万 m²）	容积率	楼面地价（元/m²）	成交总价（亿元）	交易时间
十八梯协调区	国浩房地产（丰隆集团）	二类居住用地、商业用地、商务用地	48961	51.36	10.5	7088	36.4	2016-11-28
湖广会馆项目	中航地产	二类居住用地、商业用地、商务用地	48454	16.9	3.5	7500	12.6	2014-12-30
白象街项目	融创地产	二类居住用地、商业用地	75260	30.3	4.0	5575	16.9	2013-12-02

资料来源：作者根据重庆市规划局网站内容整理

　　首先是操作过程征收拆迁不和谐。建成遗产一般的开发模式是"产光地净"，即产权完全转移、土地完全平整。在这样的模式下，街区内的原住民都需要面临拆迁，并且随着拆迁的区域越来越大，围绕着拆迁的矛盾纠纷也愈加严重，特别是在《物权法》实施以来建成遗产清拆带来的社会矛盾日益增多；其次是操作过程中地租增值收益分配的纠纷。建成遗产的更新过程也是一个建成遗产地租的租隙被挖掘和填补的过程。随着资本的投入使得建筑得到修缮，环境得到美化，基础设施也更加完善，地租的收益肯定随之提高，但这个新的增值收益如何分配也是引发纠纷的引爆点。带着逐利天性的开发商自然希望自身利益能最大化，而街区的原住民则凭借对房屋的拥有权攫取更大利益，讨价还价的结果常常是无法达成一致而陷入僵局，并且原住民内部对地租增值收益分配也存在着矛盾。最后是使用过程中的绅士化现象，前文已经有所提及。由于建成遗产中的户均住房面积普遍偏小，在这个基础上无论是按货币补偿还是住房补偿都满足不了居民的生活需求。然而遗产更新之后往往促进房价提升，能够住进来的住户都是拥有足够经济实力的，而原来的低收入人群则没有能力购买从而被过滤掉，建成遗产实质上变成了社会中上阶层体验城市历史氛围的专属花园。

6.2.3　"非正规"空间生产：强弱话语冲突

　　不管是最初的拆迁矛盾、新的增值收益分配矛盾或者社会底层的关联网络消失等，其根本原因都来自于强弱话语之间的冲突，其实质是隐藏在背后的权力冲突，权力是利益关系打破和重新组织的指挥棒（于海，2011b）。概括来说，建成遗产保护更新中的权力冲突可以分为公共和私人利益之间、私人和其他私人利益之间的复杂利益冲突。在我国，地方政府代表着地方公共的利益。政府、开发商掌握较强的遗产保护和更新模式的话语权，而居民（产权人）则处于较弱地位。政府、开发商和原住民个人三方对于建成遗产都可以行使自己的权力，并且这些权力都作用于同一建成遗产主体之上，建成遗产反映这些复杂的权力关系。因此城镇建成遗产保护更新的成败首先要理清人-人在建成遗产中的关系。城镇建成遗产更新改造过程中的利益冲突，可以说是现有权力语境下各方话语关系所体现出的矛盾。在强弱话语冲突中，原住民在一个相当长的时期内基于日常生活需要进行的一系列改扩建活动都被冠以"违法建筑"，是一种"非正规"的空间生产（图 6-11）。

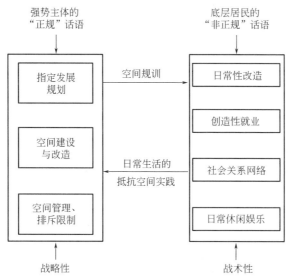

图 6-11　强弱话语冲突造成"非正规"空间生产

资料来源：作者自绘

香港永利街保护的历程显示了强弱空间生产的矛盾。从最初把全部 12 栋唐楼以及其他街巷场所空间全部抹掉，替换为一座 24 层新大厦的豪华会所和泳池的方案，到政府考虑到原住民的坚守以及其他地区保育者和区议会的强烈反对，调整为保留永利街上两栋旧唐楼和周围的街市，原来规划新建造的 24 层高楼改为只有 6 层的仿唐楼风格建筑。调整后的方案把原来能够营利 1.3 亿变为亏本 1.7 亿港元。调整后方案加强了永利街项目内所有街巷的保护，并且新建建筑都在街区原有的建筑基地上进行修建，并且对新建建筑与原街区公共空间的尺度关系进行控制，可以说传统的"街巷肌理"得以保留（图 6-12）。对保育人士来说，和消失的湾仔喜帖街全部拆除建高层项目不同，这样的进展已经难能可

图 6-12　香港永利街重建局收购建筑与私有建筑共存

资料来源：网络图片

贵。然而更让大家不理解的是，为什么是采用把原有建筑推倒然后仿造"新唐楼"的方式，而不是对整个永利街进行整体的修缮？随后随着电影《岁月神偷》的热映以及在国际获奖，电影主创对永利街的呼吁及保育宣传，铺天盖地的媒体报道与呼吁，使得"保育永利街"的呼声迅速在香港民众间激起千层浪。在公众强烈的诉求之下，当局即再一次调整方案，将永利街剔除重建地段，划为保育对象。可见在强弱空间生产的矛盾对立之中，永利街能够完整性地保护有着极大的偶然性，假如电影没有在此取景，又假如《岁月神偷》没有获奖等可能都将影响最终结果。因此在香港社会，永利街的"忽然保育"引来了质疑以及对不够健全的保育制度的担忧。从"清拆"到"保育"，全由政府一方主导，偶然权威性大于科学论证性。在此背景下，许多具有保护价值的旧街区保育情况依旧堪忧，而空间生产背后的权力推动更需要进一步思考如何规范、优化运行机制。

与之可对比的是重庆十八梯历史风貌区。重庆十八梯因为电影《从你的全世界路过》走进了更多外地游客的视野（图6-13、图6-14），然而在这部电影之前，十八梯作为主城为数不多的完整山城风貌区，已经成为山城人的寻根之地与记忆寄托（辜元，2015）。经过百年的变迁，依然散发着浓浓的市井气息。十八梯的更新之路却异常艰辛多舛。十八梯的更新改造最早可以追溯到2008年，十八梯被纳入了重庆主城危旧房改造工程，并于2010年7月底开始搬迁。但因其独特的历史价值与文化象征，公众呼吁其保护的声音非常强烈，加以原住民对拆迁补偿的各种不满，拆迁工作推进非常缓慢，最终至2016年底全部拆迁完毕。期间相关部门编制了《重庆市历史文化名城保护规划》、《重庆主城区历史文化风貌保护规划》，对十八梯片区进行了深入的历史研究，确定十八梯为历史文化风貌片区，着手编制十八梯保护与利用规划。然而，2016年十八梯地块开发引入开发商主导开发，由杭州新天地以底价5.78亿元总价获取，成交楼面均价7145元/m²。马来西亚丰隆集团拍下十八梯周边协调地块，两者总价逾42亿元。2017年十八梯更新工程重启，目前从施工情况来看，基本是采用推倒重建的方式。十八梯从启动危旧房居民搬迁到2016年开工，前后历时6年多。虽然主导改造项目的开发商实力雄厚，并宣称十八梯传统风貌区以"有记忆的十八梯生活的民俗场景和重庆历史发展文脉的传承"为规划目标，保留原有街巷格局，突出展现传统巴渝文化特色。但是从目前的实施方式来看，是否又是一个天地系列的雷同作品，仍存极大疑问。毕竟这里留有太多重庆人，尤其是老重庆人无法割舍的记忆（图6-15）。

图6-13　拆除之前及拆除中的十八梯

资料来源：作者自摄

图 6-14 电影中及十八梯实景对比
资料来源：网络图片

图 6-15 十八梯建设方案及老重庆人观看展示的效果图
资料来源：十八梯改造昨开工还原传统风貌不建高楼.重庆晨报，2017-1-19.

6.3 权力失范的根源：产权制度失灵

6.3.1 产权制度：刻画人-人权力关系的工具

产权（Property Rights）是所有权人依法对其财产具有使用、支配、收益、占有等的权力，主要包括所有权、支配权和处置权等。产权具有经济的实体性属性、可分离性属性，并且各产权可以相对独立地进行流动。同时产权还拥有激励、协调、约束和资源配置等功能。产权的实体性要求无论何种产权都首先需要特定的客体作为前提与基础，并且产权又是指主体对这种特定客体的权力，即主体与此客体的关系，是主体对客体所有约束的综合。另外需要格外强调的是，产权还包括多个主体针对一个特定客体的权利，互相发生的多种经济关系，如社会中普遍存在的生产者、经营者和消费者之间的相互关系❶。诺斯把制度理解为人类行为的框架，制度影响着各主体的协同或者对立关系，从而确立了整个社会经济运行的秩序。产权制度即是在宪法框架下确立产权关系与行为模式的一系列准则。经济学的基本假设是把人作为理性人的存在，即在一定的限制框架内最大化地追逐自己的利益。如果想让一个理性人去做出更多的社会贡献，则必须通过产权制度来对其行为进行监督约束。一个良好的产权制度能够通过安排人的行为成本（责权利）来达到对资源客体的合理配置。作为一种被广泛认可并接受的规范化产权规则安排，产权制度必然是不同利益主体的博弈结果，最终形成一系列制度和规则，来界定、约束、激励、规范、保护和调节产权行为。

可以说，建成遗产的更新实质就是土地、空间资源通过资本化方式，进行流转与重组建构的过程，而事前编制的更新规划其任务就是再分配遗产资源流转中产生的利益，协调各参与主体，并且在利益分配的基础上保障历史文化的存续所需的公共环境。所以，建成遗产保护更新规划不应满足于肤浅地完成物质空间的设计，还需要考虑空间规划在实施过程中对空间分配和安排牵涉的复杂产权问题，尽可能保证实施的可操作性和公平性。从表面上看，产权是反映人和物之间的所属关系，其实产权是反映人和人之间权力关系的重要工具，正如菲吕博藤和平乔维奇（1972）所述："产权并不是涉及人和物之间的关系，而是借由物的存在与被使用而引发的人与人之间的行为关系"（Alchian A.，1965）。建成遗产保护更新中的产权关系界定是影响建成遗产更新规划的关键因素，其中存在着公共和私人利益之间的冲突，以及各私人主体的多重利益冲突，需要通过保护更新规划——化解。因此建成遗产更新规划的思想需要最终转变到产权和产权制度上来，不然一切保护理论都是空中楼阁（图 6-16）。

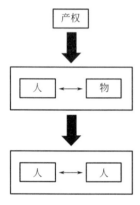

图 6-16 产权刻画人
与人的关系
资料来源：作者自绘

6.3.2 产权制度与建成遗产更新关系

产权制度和建成遗产更新两者的关系是互为影响的，产权制度一方面会对建成遗产保护更新的行为起到约束作用，但同时如果组合应用得当，也能更有效促进建成遗产的保护更新进程。但在此之前必须对建成遗产初始产权基本情况有所认识。

我国建成遗产的初始产权十分混杂。从 1949 年一直到 20 世纪 80 年代初期的改革开放，城镇各类房屋经过社会主义改造之后变成了国有的公房。公房根据具体情况也可以分为国家单位或者集体管理的房屋，由政府从个人产权人接收、没收、接管，并由当地房管局管理的直管房以及个人所有的少量私人房产，以及其他由居民自发建造但没有产权登记的房屋等（惠小明，2015）。90 年代后住房产权逐渐以市场化途径出让给私人，于是就出现了土地归国家所有，居民以租用的形式来完成房屋的使用，这也使得 80 年代前占主导比例的公有住房逐渐分化为其他产权形式。许多公房以间为单位被私人零星购买后，便成了私房或者公私各占部分的"半私房"。对于那些居民自建但是未获得规划和房管许可的

---

❶　资料来源：搜狗百科"产权"词条，并在基础上进行汇总。

房屋，便成为了游离于城镇建设管理之外的所谓无产权房、违章房。建成遗产房屋产权主要就是以上这四种产权状态，不一样的产权状态内在蕴含着微观与迥异的权力关系。

产权制度制约着建成遗产更新的最终效果。在更新的过程中产权制度决定着参与主体的各项权利的行使方式，参与者对照当下产权制度所规定的行为边界来建构自己的行为逻辑，这样就会对建成遗产的内在结构框架产生系统的影响，调整建成遗产社会、经济或者空间环境等方面原本存在状态。在新的产权系统得到确立之后，建成遗产更新的成果也随之被塑造完成。另外，产权制度对于建成遗产更新进程也有强大的促进作用，制度的建立能够规范参与主体的行为，把一些潜在的利益争夺与冲突等不好的影响减到最小，约束产权主体在权利边界之内的同时，更加有利于人们的相互合作和交流。产权制度鼓励人们积极去参与制度期望的事情安排，这样能够更有目的性地解决个体行为的负外部性，有助于在社会、文化、经济等各个方面更好地达到预期的目标。田子坊在改造初期，怀抱原创愿景的业主对传统里弄建筑和市井空间氛围所形成的地方特色有共同的爱慕之心，于是在进行装修的时候，各个店主都花费了大量的精力，十分用心，投入了大量自己的情感。更重要的是，由于零碎分布的出租产权和各个店铺出租时间不一，各个店主对房屋的改造因此无法做到整齐划一、统一招商，装修的风格也是各不相同，形式多种多样，十分具有吸引力。它们唯一的共同点就是都保存了老建筑的历史痕迹，像斑驳的墙面、老式门窗、楼梯等，而这些留下的特色氛围经过精心呵护也成功地拥有了商业体验价值。可见，产权的分散与合理的租用构成的产权机制是田子坊能够进行微更新的关键制度因素。

6.3.3 建成遗产更新的产权制度失灵

科斯定理推动了人们对产权问题的认知，人们发现相对于"市场失灵""政府失灵"这样的概念，在产权问题中也存在"产权失灵"这样的现象。所谓"产权失灵"是指由于某些原因的限制而使得产权无法发挥作用，导致资源配置效率低下或者资源浪费的情况。大量市场失灵的原因并不在于外部性机制或者政府公共手段的干预，而是由于产权的失灵所引发。所以大量实践也显示出当市场出现失灵时，从产权入手比其他手段能够更有效地解决问题。城镇建成环境之中蕴含着历史价值和文化价值，这些价值虽然带来了巨大经济效益，但是也使得经济和产权主体之间产生了大量的利益冲突行为，并且这些问题通过市场手段也不能完全得到解决。从产权制度层面来梳理近年来大量保护更新实践，可以分为两种形式，一种是追求统一的公有制产权，这样就可以由政府来主导大规模拆旧建新；另一种是追求全部的私有化产权，通过这种产权变更将保护责任转嫁到个人业主。但是这两种做法都有巨大的制度隐患，追求高度的产权公有制容易使保护更新工作简单化，表层化，产生比较恶劣的社会问题，对建成遗产的本体也可能造成破坏；私有化做法可能出现私人对于建成遗产使用过当或者过度改造，同时也加剧了遗产社区的绅士化。从权力制度上来说这两种情况都是"产权失灵"的表现。在这种产权制度安排之下，建成遗产保护更新难以保护好地方风貌特色，并且还会产生许多产权问题。

首先，建成遗产的公共环境用益权被忽视，导致公地的悲剧。不论是政府、开发商，还是原住民，其行为方式都会受到个人有限理性以及机会主义的影响。在面对公共环境或资源时，如果没有恰当的制度约束，很容易导致资源利用率低下甚至浪费，也会出现公共环境被蚕食的局面。其次，建成遗产不同产权主体的权益诉求不公平。在建成遗产街区更新过程中，随着产权变迁必然会出现利益的交换和分配、价值的损益等问题。然而，政府、开发商和原住民以及城市市民等参与主体的成本和收益在更新前后是不能完全平衡的，往往无法达到帕累托最优。再次，产权制度激励作用弱化。在现有的保护更新理论之中，一般只是从物质形态上予以控制，规定不允许变动历史建筑原有风貌，这样的规定使得居民在对自己房屋行使使用权时有所限制和损害，但是使用权益的损害却没有相应补偿，居民保护历史建筑也不会受到相应奖励。责、权、利不对等，这就导致了居民对于保护建筑没有积极性，并且他们可能想方设法去摘掉自己住房的历史建筑帽子，让住房脱离保护制度的管制，获得原属于自己的全部使用利益。我国重庆市东水门及湖广会馆现状建筑中大半建筑质量较差，就是长期以来建筑的使用与所有权属不明造成的，这也进一步导致了其整体拆迁的结果不佳，产权制度激励作用弱化导致效率低下。

6.4 权力保障的核心：产权结构优化

6.4.1 产权配置多元化

产权问题是我国城镇遗产改造中落实困难的主要根源。由于公权力和私权力之间缺乏明确的作用范围界定，使得政府的干预行为往往起到事倍功半的结果，致使资源的配置利用效率越来越低下。当然，我们也不能盲目极端地把公有产权占主体的产权制度调转到私有产权占主体的产权制度。如台湾地区的公私土地的绝对划分使得私人土地产权过度细分，反而使得遗产社区的保护更新难以推行。因此笔者认为应在两者之间寻求一种平衡。产权结构优化通过明晰产权主体、多元产权流转和多渠道筹集资金三个方面，以期破解保护与更新的市场化羁绊，为保护与更新奠定权力保障。

（1）明晰责权利的产权主体

建成遗产的产权失灵问题其根本原因就在于不同产权主体的缺位，所以一个完整健全的产权制度对于遗产的保护更新具有重大基础作用（张杰，2012）。新制度经济学的产权理论强调产权可以划分为三种类型，分别为共有产权、私有产权以及国有产权。近十几年来，我国很多城市都出台了多项法规和政策来加强建成遗产的保护，并试图在制度层面破解建成遗产保护的难题，如苏州提出了"产权多元化、抢修保护工作社会化、运作市场化"等来构建全面的保护更新工作机制。其中包含的产权多元化机制就是指产权归属和产权的功能安排两个层面的多元化，其中产权归属上包含了共有、公有、私有等形式，产权功能安排上容纳了营利与非营利的多样功能类型。可以发现这种多元产权模式能够更加清晰地界定作为产权主体的责权利区间，能够最大限度平衡经济效益和社会效益之间的关系，避免了生硬僵化的文保思维常常因"不作为"而间接造成建成遗产持续衰败，并且这种衰败也并非管理者的主观愿望。建成遗产产权界定采用极端全盘公有或者私有都不可取。全盘公有化模式容易使政府主导遗产保护改造模式粗暴和简单化，而全面的私有化虽然使政府短期内摆脱了维护资金压力，然而却不利于建成遗产整体文化氛围的长久保持与延续。

所以说建成遗产的制度设计不是单一的公有或私有模式所能解决，必须要以产权为基础，建立主体之间明晰的责权利安排以及权能的配置。针对建成遗产产权繁冗复杂的现实，应重点从归属权、占有权、使用权、处置权、收益权等五类产权组成的权利束进行责权利的明晰，以产权制度的建立来促进遗产资源保护更新效率的提升。其中归属权即传统意义上的所说的狭义的所有权，即谁才是这些建筑的拥有者；针对使用权主体，也要规范使用者的行为，明确哪些主体可以对建筑进行使用以及使用的方式；占有权即直接的控制、管理权，针对要强化并落实对于建筑保护的责任，确定好管理修整建筑的主体责任人；收益权是指要明确建筑保护更新带来的利益的分享权力；要清楚建成遗产的处置权，即谁有权力来转让、分割、赠与、抵押建成遗产建筑，如何安排建筑使用功能等。我们大部分城镇建成遗产当下人群构成现状基本以中低收入水平为主，虽然他们对于改善自身的生活环境质量，享受现代生活配套服务的诉求十分强烈，但是仅仅依靠拆迁补偿无法满足他们在临近区域购置新房居住的需求。多元化产权结构可以实现充分尊重原房屋居住者和所有者的权力诉求，从而为有效解决上述难题提供了条件，并且有利于维护遗产社区的社会交往体系。

（2）多种方式筹措保护经费

在我国建成遗产的保护更新过程中，一方面，常常是政府承担着更新维修的主要投入，但是建成遗产保护工程的受益人其实是所有的城镇居民，仅仅依靠政府投入是不可持续的；另一方面，通过简单市场化的手段如"购买、租用"历史建筑等方式，保护修缮的投入完全由这部分人负责，则可能也成为所有者不可承受之重，致使消极应对（黄瑛，张伟，2009）。因此，对于建成遗产保护的资金问题，不同的建筑权属需要设计不同的经费筹措方式，这样才能从根本上解决维护经费问题。目前大致有信托管理、认养保护、多元入股等方式。信托最开始作为一项理财工具，后逐渐被应用于英国古建筑保护管理领域。产权人通过信托把建筑遗产交给受委托人，则受托人拥有占有、使用和处分建成遗产的权力，同时受托人也会将使用收益返还给产权人指定的人或者完成与产权人约定好的目标任务。经过信托之后，从法律上讲并没有违背《物权法》，委托人只是使用权发生了改变，其所有权并没有丢失。认养保护是指一些自愿认养建成遗产的人经过公告、认养人报名和专家评估等环节，在事先确定的保护要求之上来确定修缮方案。一经认养成功，则认养人就将在约定期限内获得建筑的无偿使用、运营的权益，但是同时也有保护修缮建筑遗产的责任，并且在这一期间，政府拥有对其保护和使用行为进行监督的权力。另外还可以采用通过收益流转来形成多元入股的合作方式，可通过所有者的建筑、政府的维修费用以及民间资本三方入股成为合伙人，以吸收合适的人选进入建成遗产保护更新的工作中（石莹，王勇，2016）。近年来互联网社会中兴起的众筹模式也是一种行之有效的方法。

重庆南岸慈云寺—米市街—龙门浩历史文化街区具有悠久的历史和丰富的文化内涵。在两公里长的道路上，分布着20多个各类型级别的文物保护单位，作为主城区中现存风貌最完整的街区，它孕育了重庆许多工商贸易产业。在抗战时期，因为其防空条件好，各个国家的大使馆都建在了龙门浩，这在一定程度上也促进了该地区的发展，其价值特点被总结为"开埠史证、抗战传奇、山水名街"。比如美国使馆的酒吧旧址就反映了当时街区作为使馆集中区的辉煌与繁华。但是由于长期的闲置以及缺少对历史建筑进行修整，现在慈云寺—米市街—龙门浩历史文化街区里的建筑大多变成了危房。米市街一期修复工程2012年开工，2016年完工，加之前期老建筑历史挖掘，前后近7年时间。一期工程采用了政府主导、市场运作的模式。发起人陈雨茁成立的两江古建筑有限公司作为投资运作主体，采取小范围众筹的方式，发起人动员了业内十几位老建筑爱好者拿出他们大半辈子的积蓄，总投资超过 6000 万元。作为回报，两江古建筑有限公司获得这些建筑的经营管理权。然而，纳入这个众筹项目的建筑总数只占全部慈云寺—米市街—龙门浩历史街区建筑的十分之一。由于目前这种众筹的方式无法支撑街区所有历史建筑开展修复，所以重庆南岸区政府在慈云寺老街的修复工程中最后还是采用了房地产公司的开发模式，借助房开公司的经济实力来对历史建筑进行修缮。

总体来看，因为慈云寺—米市街—龙门浩历史街区中大量居住建筑产权关系复杂，并且政府也没有能力完全将修复所需资金全部承担，而社会资本进入街区开展建筑修复往往前期投入产出差距巨大，无法及时获得收益的社会资本不愿进入，这直接导致龙门浩街区保护更新项目出现融资困难，无法推进。其根源还是由于责权利不清晰，导致街区修复后的受益方不明确，无法吸引社会资本。这就需要政府转变工作方式，会同有关部门一事一议，对街区建筑确权问题予以协调，理清产权的责权利关系，激发开发商的活力，平衡各方之间的利益，吸引更多的力量参与进来。另外政府还可以及时出台相应政策，通过经济补贴、相关基础设施配套建设、协助社会资本开展产权置换等方式提供支持（图 6-17）❶。

图 6-17　位于重庆慈云寺的黄锡滋别墅以及龙门浩的美国使馆酒吧旧址

资料来源：网络图片

6.4.2　产权治理空间化

自从科斯以来，人们对于产权的认识逐步加深。"我们购买商品其实质是购买使用商

---

❶　资料来源：重庆规划公众号.慈云寺—米市街—龙门浩历史文化街区明年重现开埠和抗战重庆风貌，2016，8

品的权力，因此对于土地市场来说，其实质是一个关于土地所蕴含的各种权力的市场"。在空间规划中，产权界定是否清晰直接关系到土地的利用效率，然而从动态发展的视角来看，城市动态发展的过程伴随着产权不断被界定的过程（桑劲，2011）。当今城市面临着各种越来越复杂的公共问题，西方发达国家的城市也出现了权力多中心化的趋势，过去那种强调政府自上而下的管制以及"政府加市场"的简单二分模式已经无法应对人们的需要，而一种新的"治理"模式越来越受到普遍关注。根据全球治理委员会的解释，治理是个体与制度、公共部门与私人部门共同管理相关事务的综合性方法。治理是一个多元利益或者冲突各方之间持续的调适过程，而不是一方主导的控制过程，其目的是促进各方最终能够合作达成一致行动（廖玉娟，2013）。对于建成遗产的产权问题，应该走到产权治理的理念上，从空间角度分析产权的空间现状，然后通过空间以及功能的耦合匹配加以落实，建构建成遗产存续的有效产权治理保障。

（1）产权现状的空间基础调查

产权涉及两个方面的内容，包括产权主体以及产权的对象，必须把两个部分统一起来才构成一个完整的产权概念。但是在实际的建成遗产保护规划过程中，由于受建筑或者城市规划专业学识背景的局限，保护工作往往停留在空间环境规划和建筑单体保护层面，而缺乏对主体产权人的关注。从这点来看，保护规划在过程上已经欠缺了一定的科学性和合理性，从而也给规划成果增加了实施的难度。对于产权人的忽视体现在最初的规划调研阶段。由于保护规划编制多以城市规划及建筑学学科背景人员为主，缺少人类学及经管类人士的有效参与，因此在调研的主要内容上，大多倾向于建筑质量、风貌、高度等的调查与评价，以及环境空间特色、历史文化背景以及社区中人口家庭状况等。可见调研内容中关于遗产产权方面的深入了解比较匮乏，一些保护调研实践中可能涉及私房和公房的分类，但仍比较狭隘片面，必然会对复杂的产权人权力关系有所侵害。

另外，在具体操作层面也存在先制定调研材料，然后现场的田野调查仅仅变成了一种信息对号入座的筛选和采集。这种方式可以批量地、快速地完成保护规划编制，但是却往往容易忽视产权作为反映人与人之间关系的复杂内涵，在反映人、房、地的对应关系上的重要性，也丧失了人类学意义上的田野工作最有价值的内容，变成了一种工业化的生产活动。从总体实践来看，大量保护规划编制的过程都存在忽视在遗产社区生活的人的活动以及牵涉的物权关系（张杰，庞骏，2008）。可见，对建筑产权进行更加清晰的梳理，是针对现今复杂建成遗产存续状态，寻求文化可持续发展的重要手段。在这一过程中，应充分发挥社区居民委员会等社会组织的重要作用，他们对社区物权状态的了解来源于长期在社区工作的积累。另外，地方房管单位往往掌握着大量的相关信息，可以确保调研信息中的全面性与准确性。在产权分析时还应掌握较长时期的产权归属变化情况，对历史归属有一定认识，而不是单单满足于对现状产权归属情况的了解。

以重庆湖广会馆及东水门历史文化街区为例，总面积 7.27 公顷的街区之中，主要包括三种产权类别：公有、单位和私人产权。在这三种产权类别之中，公有产权建筑所占的比例最大，主要包括公有历史建筑和学校、文物保护单位等，约占 46%；其次是私有产权建筑，北部东水门片区改造不久的商业街都是私有产权，另外还有街区南部的一些民宅和商品房，大约占 37%；另外还有一些商业旅馆建筑等单位产权建筑，约占总数的 17%。现今的东水门历史街区内的一些建筑是在历史上经历重重波折而保存下来的，因此产权的归属经历了一个复杂的变动过程。如重庆大川银行自 1941 年 10 月成立到 1962 年底，经历过停业，后又隶属于西南军政委员会交通部国营运输公司、重庆港务局，1962 年底又归属到市搬运装卸公司，现在的产权归属在望龙门房管所，而目前在其中居住、实际使用房屋的是一些租户。长时期的产权变动致使大川银行责权利不清。这种问题存在于大量公有产权住房中，这些住房的使用权归属于租户，而租户又由于没有所有权而缺乏对建筑维护的积极性，这是现状房屋破败的重要原因之一。很多私有产权房产权边界模糊，侵占公有权益，因此对这些建筑进行详细的产权资料梳理，是破解这一发展难题的关键一步。

（2）产权治理的空间规划匹配

产权治理应坚持动态系统的空间观，实现对空间功能的规划匹配与升级重构。可以以微社区为单位，从小区域入手，利用遗产社区系统的自组织能力来逐步实现产权治理的空间规划匹配。从小区域入手，以渐进的方式，结合产权关系来形成的各个小区域形态与功能植入也会有所区别，这就和那些整体单一产权开发模式有了明显的区别。将整体大尺度开发的同质化打破成为充满异质和活力的状态，并且持续性的更新过程能够使各产权单位在空间形态上存在一定的连贯承接关系，彼此在功能植入上也会有一定的竞合关系，最终形成良好的持续更新态势。建成遗产保护更新应把产权条件作为更新规划的重要输入条件。我们习惯于从空间学科专业的角度出发，对建成遗产内的物质实体与空间形态进行全面梳理，从对传统建筑形式美学的理解中塑造出一个理想化的建成遗产空间模型。但是我们必须把产权作为相关要素，作为输入条件不断落实到蓝图之中。根据现实产权关系与遗产空间功能适应性的关联对应关系不断对蓝图进行修正，最终形成一个最贴近产权情况的保护更新方案，实现理想和现实的相互交织。这种编制流程有利于规避固化"蓝图"式规划，可以针对现实问题进行空间分层叠加分析，从而在遗产保护和发展中实现更兼顾各方利益诉求，更好实现遗产保护目标。

产权治理应坚持伦理正义的空间观。从根本上来说，建成遗产更新的过程就是空间资源要素的权能流转与重新建构过程，这一过程中需要对重构后形成的新权益进行再分配，并且在权益分配过程中存续并优化历史文化环境。传统的保护规划编制往往只满足于勾画出一张整体的保护蓝图，但实现其蓝图必然牵涉到大量的产权转移，在这个过程中将产生一定的交易费用，如果不对这一交易费用进行充足的估量和判断，那么这张蓝图将有因交易成本过高而无法实现的可能。因此，建成遗产保护更新规划编制仅仅考虑对保护对象的空间保存与功能适应性规划是不够的，同时还应该充分考虑基于产权治理的规划可操作性以及产权交易中的公平性，在提供空间设计方案的同时，强化空间设计基于伦理正义的产权支撑。保护更新规划往往牵涉到大量的公共利益，鉴于这些公共价值在维护遗产社区整体文化氛围的重要性，社区产权治理中应充分考虑在一定的空间和功能上提供非营利的条件，实现"和谐中保护，保护促和谐"。中国城市规划设计研究院在编制大同古城更新及建设指引规划时，认识到古城区内有大量的传统社区，因为历史原因，产权状况也十分复杂，并且其中分布中很多文物古迹，难分彼此。项目组提出想要一次性地全部开展古城更新难度很大。在规划中规划师根据复杂产权、人口构成、遗产分布、建筑质量等综合评估，明确古城用地的更新难度分级，采取差异化的更新方式，综合确定功能和更新时序。尤其针对产权复杂、无法一次性改造的地块，规划尝试通过设计的优化，改善居住条件（图 6-18）。

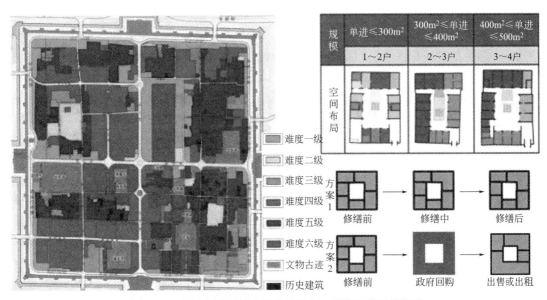

图 6-18　大同古城更新难度分级及产权复杂院落设计优化

资料来源：中国城市规划设计研究院编《大同古城更新及建设指引》，2014 年

6.4.3　权力主体协作化

城镇建成遗产保护是一项多元主体参与的复杂工作。本节从政府、资本、社区三个层面，深入剖析市场经济条件下各自的责任、权利，明确各主体在保护过程中的合理角色以及对权力的正确态度。权力主体积极参与到保护更新治理之中，是提升社区自我治理能力以及增强社区活力的重要内容，社区居民和市民参与其中也能够进一步得到他们更多的理解与支持。通过相应的制度安排，让各方权力主体都加入到这一过程之中，充分发挥他们各自的优势，能够使得历史文化资源利用效率得到进一步提高。其中，相关政府具有强大的组织力和公信力，具有制定政策的权力，针对这一优势，应充分发挥政府在街区日常管理和保护更新过程中的引领作用；资本主体在人员组织和施工管理以及资金运营方面经验丰富，可以在具体的建成遗产项目运作中发挥快速推进作用；非政府组织（NGO）更接近基层民众，对基层多元化需求有更深的了解，并且在知识储备方面有一定的优势，且多是非营利的公益性质，在矛盾调解方面有很多经验；社区组织由居民组成，代表着居民的利益，能够反映当地居民的真实诉求，并且也有一定协调关系优势。所以根据每个权力主体的优势，在不同的保护更新阶段来完成具有自身优势的工作，真正实现有效的多元协作，可以全面加速遗产更新保护的进程。

（1）政府控权以有效引导保护

当地政府应作为组织各权力主体的领导和协调者，负责组织编制保护规划方案，是保护政策的执行者和有关制度的制定者，肩负着维护社区及城市公共利益的责任，因此政府应该树立正确的价值导向。政府的行为与具体执行官员的主观动机息息相关，而官员的动机又取决于官员考评的体制机制。因此可以将建成遗产原住民的生活状况、租住、打工等弱势群体的生存情况等相关因素纳入政绩考核的内容之中，为政府确定正确的价值导向，关注民生与地方"草根"文化存续问题，减少面子工程提供体制机制的保障。政府应该减少和控制商业资本强势介入遗产保护项目，并且避免对开发商产生资金的依赖。即使政府引入开发企业合作，也应该采用转移开发权的方式，避免容积率就地平衡的思维方式，而是将开发权转移到在视觉和空间上都不会对建成环境造成损坏的区域。在处理那些规模较大的建成遗产环境时，要进行适当的行政撤并，以保证行政管理的针对性和有效性。根据我国的土地制度，城镇遗产社区土地的所有权归属国家，而居民拥有房屋的所有权，土地和房屋所有权的分离使得政府成了社区资源的事实拥有者，再加上政府具有指定政策的优势，当地政府必然是遗产社区发展的主导者。由此，政府和遗产社区居民之间出现了一对显著的权力张力——控制与自主。要想遗产社区真正实现自组织的更新，必然需要政府从无所不管往有限政府转变，给予居民足够的发展权。

大同古城近五年来掀起一阵古城复建的风潮，涉及的保护开发项目几乎全部由政府主导投资，仅有很少的市场企业参与其中，而古城社区居民在这一运动中则完全处于被动地位。这种政府一元主导模式在实施过程中出现了一系列的问题。首先，政府财政面临极大压力。古城复建的收益需要一个长期过程并且需要持续投入运营经费，这样将产生极大的商业金融风险。其次，由于缺乏专业的商业运营经验，复建商业街区往往由于定位、业态同质化而造成吸引力不够，惨淡经营。最后，一次性的推倒重建造成对建筑风貌与空间细节无法准确把握和传承，古城环境失去特色，并且相关的监督机制也无能为力。因此，当地政府应当逐渐由原来的主导者变为参与和引导者，由之前的所有事务一起抓的情况转向集中精力制定古城的战略发展方案，作为古城保护工作的组织、协调和监督者，同时承担起社会资本不愿参与的非营利公共设施的完善和触媒带动项目建设的责任。具体运作方式可以成立由政府、社会团体和各方利益代表人共同参与的建成遗产管理委员会，广泛听取各方群众的利益诉求。在北京南锣鼓巷的保护更新工作中，政府就一改大包大揽的习惯，组织了以"政府主导、专家指引、居民参与、社会协作"的工作原则的多主体参与机制，将工作的重点转移到搭建一个多方协作的平台，而不是像原来主要是管理居民和商家。同时政府积极支持各类社会自治组织开展工作，组织专家指导及参与咨询，从而有效激发更新的内在动力。另外政府积极制定保护政策与规划，如《南锣鼓巷保护与发展规划》、《南锣鼓巷保护规划》等规划，并做好政策和规划的公示、宣传和普及。按照相关规划政府重点针对街区公共环境如环卫、绿化、建筑外立面等进行了更新提质，对街区的健康发展有很大的带动作用。

（2）资本参权以盘活遗产存量

开发商是热衷最大化追逐利益的经济主体，他们使用各种方式去最大限度获取排他性收益。开发商进入遗产保护更新的目的是通过其商业行为来获取利益，其投入在保护更新中的资金不过是客观必然的附属条件。如果对他们缺少有效的限制措施，那么就会在开发商逐利过程中出现涸泽而渔的开发后果，对社区居民的实际利益产生伤害，也极大地阻碍遗产社区文化的可持续发展。开发商应作为遗产保护与开发活动的参与者，也具有对社会资源进行保护的责任和义务。因此需要谨慎引导开发商的商业行为，控制其资本的影响力在一定可控区间，通过公平的商业合作使之积极参与和介入公益性保护活动。另外，建成遗产本身具有一定的活态调节和适应能力，在延续基本稳定历史风貌的同时也有很强的生命力，而资本的介入又是当今市场经济背景下盘活建成遗产"资产存量"的必然过程。正如《原真性的奈良文件》中所提出的，文化遗产的本身需要和其他文化社区的需要之间实现平衡是每个社区发展的理想状态，不过前提是这种平衡不会造成对它基本文化价值的损坏。

建成遗产保护更新应在当地政府出于保障公共利益为目标的管控之下，调动市场主体发挥其自身优势，成为资金筹措者和工程建设主体，扬长避短而发挥积极的作用。政府需要制定灵活多样的政策，及时通报保护更新的行动计划，提升投资环境，激发市场主体活力，提供资本发挥良性作用的平台。如采取新老城捆绑经营的方式，旧城和新区在地块划分上"肥瘦"相互搭配。即在古城出于保护要求损失的开发建筑指标可以在新区得到补偿，转移一定开发量；开发商在古城提供一定的公共空间、基础设施建设以及遗产保护等公益性服务，则可在新区土地开发中得到一定的容积率奖励；另外，还可允许资本进入传统社区的养老、就业培训等半市场化的公共服务行业，进一步深化政企合作。南锣鼓巷保护更新过程中社会资本的优势得到了发挥。南锣鼓巷商会❶筹建于2005年，前身为中戏毕业同学会，现在是东城区工商联的下属分会，是南锣鼓巷经营与投资者的自治机构。在保护更新过程中商会积极发挥了桥梁作用，在政府和商家之间建立了良好的沟通渠道，推动了南锣鼓巷遗产保护更新的可持续发展。例如，在对街区进行风貌整治时，商会积极对接商家，进行宣传、解释，因此商家对于落架整修房屋给予了理解和支持；在日常维护中商会还会积极组织政策规定的宣讲活动，提醒商家遵守经营的相关规定；另外商会还会策划举办如胡同文化节、戏剧节、文博会等多种节日庆典活动，既提升了胡同的知名度，又彰显了社区浓郁的文化气息。

（3）社区赋权以培育地方认同

场域理论要求我们关注建成遗产内部的社会关系网络、个体与社会之间的互动关系，以场域的理论观点能让我们更加深刻理解物质环境建设背后的社会意义。因此，不能单一的把经济效益和物质环境改善作为更新成功与否的标准，更重要的是要产生积极的社会效应，即对原住民的社会场域和原住民惯习的保护与存续。原住民惯习是在原场域中经历了漫长的时间才形成和稳定下来的，它不会随着原场域的变化而消失，但会随着场域的更新有所转移，并且被新的场域所重构。同时原场域也会对新行为主体的惯习产生影响，却不能彻底地同化。这是一个相互作用的过程，在这一过程之中必然包含着权力的斗争。原住民惯习能够一定限度的存续下来的保障只能是让原住民掌握更多的权力，保护更新带来的新场域变化应该更多的尊重原行动主体的惯习（图6-19）。

从20世纪60年代始，意大利博洛尼亚古城将历史建筑物、历史文化和社会阶层融合为城市整体保护对象的做法成为遗产保护领域新的发展方向，这种方法把建成遗产放到经济发展和社区文化背景两个方面进行综合研究，从而寻求实现"遗产物"与"遗产人"之间的有效联结，把建成遗产基于"空间营造"的认识提升至全面系统的"社会营造"层面，这归根结底是需要采用正确的制度措施来实现原住民的合理留存（沈海虹，2006）。香港市区重建局对于每个选择留在永利街居住并且切身参与到活化工作里来的租户提供每户4万至8万元港币不等的津贴，以供改善其居住环境。重建局也会给予每个租户相当于两个月租金的津贴，以便在装修期间暂时找临近住房居住，这就尽可能地留住了对老街区有兴趣也有志参与进来的老街坊。因此，整合传统的实践

❶ 资料来源于新东城报.南锣鼓巷商会：称职的"管家婆".

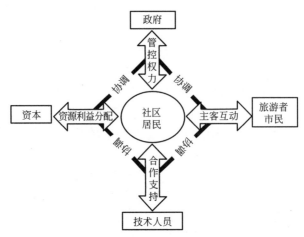

图 6-19　建成遗产场域中各参与主体的合理关系

资料来源：作者自绘

主体、审美主体，居民作为叙述主体的核心构成，起着有效沟通实践主体与审美主体的作用。具有三重主体的身份，社区居民则与旅游者或市民之间形成了一种互动关系（图 6-20）。

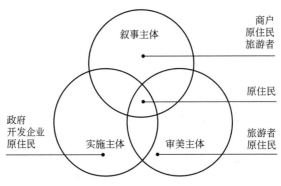

图 6-20　原住民的多主体行为属性

资料来源：作者自绘

　　如前文所述，在保护更新中如果对开发商的影响力进行一定限制，那么相应补位的最佳人选应该是城市社区。例如美国纽约的高线公园（High line park）的形成，就始终有来自于社区的公益组织"高线之友"的推动，它在高线的保护、开发和后期管理中都发挥着主导作用，这种主导的过程正是市民力量的体现。市民对于历史建成遗产保护的权利和义务是相伴相随的，市民享受权利的同时就应该尽到对历史保护的义务，这体现在资金的筹集方面，更重要的是通过这种责任与义务的落实，使市民与历史遗产之间建立更加丰富多样的情感联系。建成遗产的公众参与不应局限于市民参与各种形式的会议讨论，贡献当地历史文化故事与保护建议，还应让市民直接参与到各个保护环节之中，并定期进行参观、体验、表演活动，如参与传统建筑的重建、维护、彩绘等工作，激发市民对更新工作出谋划策的热诚，把历史保护和生活方式融为一体，在历史修复的过程中去体验厚重的建成遗产文化，增进居民对更新后社区空间环境的归属与认同感。

　　仍以重庆十八梯历史风貌区为例,据重庆市规划局建设用地规划条件函显示,要求整体保护十八梯传统风貌区。它是否如规划条件所述,能够达到展示山城传统街区格局和建筑风貌,恢复传统街巷肌理,还原特色民居建筑风貌,留住重庆人的"文化底片"的目的还不得而知。虽然十八梯的具体运作仍采用了引入大型开发商主导的模式,但从社会不同价值立场的各个主体努力寻找共赢的态势来看,历经了准备拆除搞高强度房地产开发到公众反应强烈后的改变思路,对重庆而言十八梯已经开始了一个开创性探索。某门户网站上有一篇文章《永别了,重庆十八梯的家》,记录的是十八梯184号住户陈老太离开十八梯前最后几个月的日子,竟引来3万多条网友评论,十八梯拆迁过程已经成了重庆的一个文化现象,引起了市民公众的广泛讨论。与之前以"金阳·重庆映像"商业地产的名义,将江北城拆迁的圆觉寺、文昌宫、洋房子、织布厂等近代建筑迁建于南岸区南桐路,建设了一条"巴渝传统文化街"不同,十八梯历史文化风貌片区名录的

图6-21　重庆十八梯改造项目
外墙的原住民巨幅照
资料来源:网络图片

确定与社区力量通过公众媒体的倡议密切相关。城市遗产保护已不再仅仅是政府、行政机构及专家关心的事务,越来越多的社会力量正投入其中。这一点从十八梯历史风貌区改造项目施工围挡上即可读出。施工围挡张贴影像作品共有500余幅,来自艺术家蒋良,其中不少真实再现了搬迁前居民的生活场景,展现了十八梯居民的生活形态、人文气息,还有不少反映搬迁后的十八梯居民新生活的照片。另外大量放大的原住民笑脸照片,显示着原住民的权力在场,也更加激发了原住民的地方认同(图6-21)。

　　赋权这一社会管理概念最早来自于20世纪的60~70年代的西方社会思潮。从社区心理学来讲,赋权是通过社区教育的手段来提高那些由于文化水平不高而处于经济弱势的群体自觉,并积极鼓励他们参与到跟其生活有关的社区决策之中。沃勒·斯坦(Waller stein)提出社区赋权是一个促进个体、组织与社区共同参与的社会行动过程,以实现个人和社区控制力的增强,改善社区生活和社会公平的目标。台湾在遗产社区营造过程中,把社区赋权作为一个培养社区自组织能力的重要手段,具体包括社区学习、社区规划和行动、社区组织建设三个步骤。

　　社区学习面对包括弱势群体在内的社区居民,给他们提供一个培训和学习建成遗产保护与更新相关知识的过程。社区学习对社区营造的成败至关重要,因为对于保护相关制度与要求的认知程度往往能够影响居民参与到遗产保护工作的深度和科学性,而对于保护政策的不理解和对未来更新后生活的恐慌感可能直接影响居民参与其中的积极性。可通过建立社区规划师制度推动社区学习,回应地方化的实际需要。建成遗产的更新需要不同专业背景的人士长期深度地参与其中,因此应充分调动社会各界力量,将政府官员、社区工作人员、居民和专业技术人员等纳入到社区规划师群体之中。社区规划与行动是指根据专业

技术人员和居民共同规划并付诸行动的过程，这一过程要求居民参与到保护更新方案生成的全过程，并且由专业人员进行技术协助，共同完成项目决策。群众的深入参与能让方案更容易得到大家认可，而这一参与过程也是利益协调、达成一致的过程，由此，社区居民达成共识并建立起保护更新的利益共同体，而社区自组织意识也在共同行动的经验积累中不断形成。如大栅栏计划中的"内盒院"项目，项目开始时，不管设计师如何解释项目更新的合理性，都无法说服居民相信对他们而言这是有利的。正像参与这个项目更新的专家所言，居民在见到成果之前，跟他们说什么，他们都是不会相信你的，他们只会觉得都在诓他们。但是当他们看到内盒院建成，触碰到实物之后，他们又开始找设计师，一起商量帮他们家进行改造。

在社区规划与行动中应积极探索鼓励居民自我修缮的新方法。重庆市巴渝古镇具有丰富的历史遗存，是重庆市巴渝文化的重要体现。近年来，由于部分居民保护意识的薄弱、相关职能部门缺乏对居民自主改造的控制引导，导致历史文化街区建筑风貌遭到破坏。在重庆市巴南区丰盛镇、木洞镇历史文化街区保护工作中，为规范古镇居民房屋自修缮和改造行为，保障房屋质量和住用功能，编制了重庆巴南区丰盛镇、木洞镇历史文化街区居民自修缮房屋风貌导则，来有效地控制历史文化街区整体风貌，保障房屋质量，综合改善居民的居住生活条件。自修缮即是居民依照政府部门提供的相应的房屋修缮与保护技术导则，按照相应的程序对自住房屋及其周边历史环境进行合理修缮与整治，旨在有效控制历史文化街区整体风貌，并提升居住生活质量（图 6-22）[1]。原住民是生活的主体，而城镇建成遗产承载着原住民的日常生活，对于城镇建成遗产保护更新的方向更加有话语权。所以应当让原住民参与到遗产保护更新的过程中来，和一般的政府主导、专业人员进行保护更新方案设计不同，原住民参与可以更好地根据他们的切实生活需求进行规划和协商，只有这样才能找到使遗产能够科学存续的方案。

图 6-22　自建手册示意
资料来源：重庆大学规划院编.重庆
巴南区丰盛镇、木洞镇
历史文化街区居民自修缮房屋技术导则，2017.

社区组织构建是一个长期的过程，主要是指通过社区成员的学习和集体行动，逐渐巩固社区组织机构的自我管理与运作机制，从而实现社区的自治。专业团队往往由于时间精力限制，必然会退出遗产社区的运作，这时如果社区自治不够完善，则可能陷入无法继续的局面。所以专业团队在初期承担大量工作的同时，也要着手扶持社区组织的建立，培养他们自治的能力。以北京南锣鼓巷为例，自 2007 年南锣鼓巷成立首家自行车消防队以来，街区的居民自治组织逐渐发展起来，如"月圆古巷"义务放映队、"好妈妈"流动人口协会、"社区银龄互助队"、"老街坊邻里互助合作社"等。社区组织的建立，丰富了居民融

---

❶　资料来源于重庆大学规划设计研究院有限公司编.重庆巴南区丰盛镇、木洞镇历史文化街区居民自修缮房屋技术导则，2017.

入保护更新工作的方式，不同条件的居民通过各种社区组织广泛参与，共同为社区建设出谋划策。2014 年以来，北京市城市规划设计研究院与东城区朝阳门街道办事处及北京工业大学建立合作关系，以旧城东四南历史文化街区为试点，借助保护规划编制及"史家胡同博物馆"建立契机，成立并培育了（东四南）"史家胡同风貌保护协会"。协会由居民、产权单位、专家、志愿者等多方构成，尝试以社会组织为平台汇集政策支持、社会资源和居民力量，开展针对物质空间改善的参与式设计和针对人文环境复兴的文化教育活动，在落实保护规划的同时，建立起居民主动参与街区建设的自治机制，为项目实施提供了保障（图 6-23）❶。

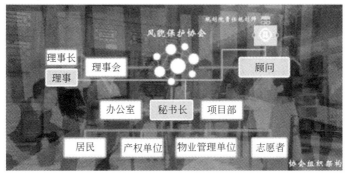

图 6-23 史家胡同风貌保护协会及协会构成
资料来源：历史街区公众参与及社区营造怎么做？
——从史家胡同说起.中国城市规划网，2017.5.

香港永利街在《岁月神偷》热映之后，游客和媒体争相跑去永利街，去寻找在电影中让他们感触颇深的点点滴滴，去还原电影中真实的"罗太"、"罗生"等人物角色。在这种氛围之下，永利街已不仅仅是"历史文化"、"价值意义"、"建筑特色"这样没有生命的词汇所能言尽，而成了 20 世纪六七十年代这个所有香港人共同记忆中，充满奋斗与艰辛的特殊时代符号。民间组织"中西区关注组"开展了大量的宣传与讲座等活动，使得更多的公众了解永利街，并参与到其保育活动中。由老街区居民、建筑师及大学教授等民众组成的香港民间团体"中西区关注组"将多次征集的数千条公众意见反馈于香港城市规划委员会，其提出"用相机留下永利街，不如用行动留下永利街！"，引发许多市民自发开展了

---

❶ 资料整理引自：历史街区公众参与及社区营造怎么做？——从史家胡同说起.中国城市规划网，2017.5.

图 6-24 由民间组织发起的香港
永利街的"黄丝带行动"
资料来源：永利街住户促保留
唐楼群.文汇报，2010-3-15

"黄丝带行动"。他们提出"不要去偷永利街历史"、"保留唐楼群"的请求，写于数百条黄丝带上。正是市民们的积极争取，才使得永利街成为规划的数十个重建项目中唯一没有被拆除的街区。在此基础上，公众进而呼吁进一步完善历史街区保育制度与公众参与制度，督促历史街区保育过程制度化、规范化，而政府也因民众的监督及时改善了其工作方式并进一步优化了其运行机制（图 6-24）。

6.5 本章小结

建成遗产保护更新的模式已经成为遗产保护学界乃至社会公众争论的关键问题。实践中大量遗产更新改造产生的不良影响为社会各界人士所诟病，成为社会舆论关注的焦点，然而相关改造模式仍然在全国蔓延，势头还愈演愈烈。建成遗产保护更新已不单单是单纯的技术和学术讨论的问题，还涉及更深刻的经济、文化、社会等方面的问题，归根到底是政治和权力层面的问题。从文化叙事的话语理念出发，城镇建成遗产的保护更新状态处处体现着叙事政治学。在认识到地方语境在遗产保护中凸显价值的基础上，更应该看到的是只有在权力语境中探讨城镇建成遗产延续才真正成为可能。脱离了建成遗产实际存在的时空权力场域，保护规划将毫无应对之处。本章从遗产权力叙事的话语主体展开分析，并运用空间生产理论分析强弱空间生产，作为遗产权力话语的表征机制。进一步分析遗产权力失范的根源是产权制度的失灵，而遗产权力保障的核心即是对产权结构的优化。本章在扼要进行产权研究基础上提出对权力的均衡性分配，以达到遗产叙事机制下利益相关主体"人—人"的协调关系。

7 结 语

福柯曾在真实空间、虚构空间（乌托邦）之外，试图建构所谓的异托邦（异质空间），寻求摆脱空间权力化的路径，来彰显社会日益多元前提下的差异性，其实质是对生活世界合理化的追求，爱德华·索雅也把这种现实与虚构之间的模糊领域称之为"第三空间"。建立在新的时空观基础上的后现代城市空间打破了权力主导的空间秩序，逐渐显现出异质空间的特质。城镇建成遗产便是一种显著的"异托邦"空间。其中充斥着时空历时性作用下零碎的历史痕迹，其中关联复杂的历史信息甚至无法做出明确的历史分期；其中充斥着相对弱势者基于日常生活的地方实践以及大量的个人情感化叙事，众多临时与经典、正统与民间的建筑通过相对偶然化的组织方式聚集在一起，营造出丰富的空间景观类型的同时，也赋予了生活空间的世俗化。遗产空间的价值已经不单单是建筑学层面所谓文脉格局、文物保护单位或者历史风貌甚至是不协调、非正规的自发建造，更包括其所容纳的社会网络关系与日常生活样态。

因此，对建成遗产时空关系、人地关系、人人关系的重新认识，在认识论基础上的梳理以及建立关联衔接即变得至关重要，也构成了本书所谓的城镇建成遗产"文化叙事"的基本内涵。从时空层积的文本叙事中，认识建成遗产的历时性结构特征，并通过文本要素建构基本的文本结构关联模式；同时既要"见物"，更要"见人"，从时空互文的语境叙事中把握建成遗产的人地关系，特别是日常生活中非理性、"不入流"的建筑、"临时"的建筑或场所与人的互动关系。在此基础上应从话语权力的基础上进一步梳理相关利益主体的需求，从强空间生产中为弱空间生产提供保障。在我国，权力、资本、空间三者之间的联姻日益深入和密切，空间越来越成为权力和资本的"玩物"，行使着权力和资本决定的运作方式。在操控空间的同时，权力和资本也达到彻底介入人的生活的目的。建成遗产的文化叙事需要将空间从资本和权力的囚笼中解放出来，充分认识到"弱"空间生产的文化价值，尊重遗产空间的真实使用者——原住民的自我意识，美美与共。"强"空间生产的支配主体应在对文化叙事价值的充分认知基础上，为"弱"空间生产提供更加宽松的自由空间，采用社区赋权的权力分配模式，以公众参与等民主形式推动建成遗产空间的自我管理。

只有如此，我们才能看到在城镇建成遗产中，是文化在叙事，而非其他。

7.1 研究的创新

7.1.1 认知的整合创新

本书在研究中力图体现思想性和方法性两者缺一不可，因此在前半部分的研究中力图说明具有一定思想性的城镇建成遗产的文化叙事理念，在后半部分体现一定的方法策略上的应用。这与规划学科强调实用性与可操作性相关，而传统的人类学等文化学科则更偏重于对研究现象的描述性，研究体例的不同也导致本书在兼顾文化学科的思想性的同时而放弃文化学科的论述方式。

在认知深化上，以文化叙事整合相关学科关于建成环境的研究成果及进展，用叙事学的理论去理解和解释建成遗产存续的问题。人文社会科学在当代的发展已形成多学科交叉和融合的趋势，其研究成果也日益渗透到相关的空间科学，并对建成环境研究产生了巨大的影响。运用文化叙事的跨学科特性，从"人时空"关联的视角，提出构建建成遗产人时空关联结构示意模型，集成传统遗产保护物质空间轴、叙事时间演进轴与文化研究的人文发展轴，挖掘长时段、短时段以及日常时段及对应的文明、文化、记忆、惯习和城镇空间、地方、地点等关联层面的文化内涵。寻求人时空的关联线索，建立起文化叙事的基本认知理念，真正从消费叙事回归到文化叙事中来，从物质存续扩展到物质背后的权力、文化、地方等隐性要素的研究中。

7.1.2 策略的集成创新

本书从叙事学中提炼研究框架，建立以"文本-语境"为核心的文化叙事策略。"叙事"在本书即作为一个对事物认知的基本立足点，同时也作为一种操作性策略。综合国内学者已有的城镇建成遗产保护更新的新思想、新方法、新趋势，补足现有策略方法的表层化、简单片面化、单一学科思路的缺陷，借鉴经典叙事学的思路，把城镇建成遗产作为文本从而理解遗产文本的结构性，建构遗产文本的时空层积关联结构。借助后经典叙事学关注语境在意义编织作用的思维方式，提出在地方语境中保存城镇建成遗产人-地互文关联的文化价值。在权力语境中探讨遗产场域的复杂性，认识到各利益相关方的话语、权力冲突与失范。以产权治理和权力协作等梳理人与人的关联关系，进而形成时-空的层积关联、人-地的互文关联、人-人的场域关联三个策略层面，提出延续城镇建成遗产较为全面的策略方法。

7.2 不足之处

7.2.1 相关学科融贯的深度仍需进一步深化

由于研究的学科交叉性，涉及各研究领域的理论、研究成果较多，如单文化研究一个领域，国内外学者的贡献就数不胜数，已经积淀了数量可观且富有见地的成果。因此本书在前辈学者先贤的基础上展开研究，既感觉到在前辈学者肩膀上极目远眺的快感，又深感学术之深邃，求新之艰难。面对庞大的各学科理论知识体系，而又受自身研究能力以及篇幅之所限，作者只是力所能及地做了一些框架搭建式的基础研究，对于某些命题的深化和拓展还不到位，研究观点也需要进一步提炼，这些都为将来有机会做后续研究提供了基础。

本书的写作是因由近年来国内外人文社科领域学术研究的价值转向所作出的遗产研究领域内的回应。跨学科的研究方法应用到城镇建成遗产存续领域，还需要把握怎样使研究的问题仍归于规划学科的遗产保护问题而不是已经迈入其他人文学科研究的门槛，否则很容易使研究的内容流于人文性的历史描述或者变成针对个案的报告文学，形不成一定的方法论层面的贡献。正是在这样的左右思量中形成了本书，在运用相关人文社科理论观点的同时，立意于建构一套认知体系与可深化的研究方向。

7.2.2 文化叙事基础研究需不断扩展

本书的研究试图建构一套系统的认知方法与操作策略体系，然而如此宏大叙事背后往往容易牺牲细节知识的创造，也由于本书体量有限，在此权当抛砖引玉。但是本研究为后续研究开拓了研究视角与方向，打下了一定基础。另外文化叙事也是一个年轻的交叉研究方向，理论积淀也需不断建构，如20世纪90年代中期兴起的认知叙事学以读者的认知出发，研究叙事生成和理解过程中的符号结构与认知资源的关联等。这些内容本书由于体量所限，并未纳入主要研究内容中。书中更不免会有一些不全面、不成熟甚至谬误之处，在此恳请专家批评指正。

参考文献

[1] 爱德华·W.苏贾（一译索亚）.王文斌译.后现代地理学——重申社会理论中的空间 [M].北京：商务印书馆，2004.

[2] 爱德华·W.苏贾.第三空间——去往洛杉矶和其他真实和想象地方的旅程 [M].上海：上海教育出版社，2005.

[3] 鲍德里亚著，刘成富等译.消费社会.第 3 版 [M].南京：南京大学出版社，2008.

[4] 包亚明.都市与文化（第 3 辑）——后大都市与文化研究 [M].上海：上海教育出版社，2005.

[5] 包亚明.游荡者的权力：消费社会与都市文化研究 [M].北京：中国人民大学出版社，2004.

[6] 陈镌.城市生活形态的延续与完善 [D].上海：同济大学，2003.

[7] 陈科.基于"城市经营"理念的历史城市保护策略与实施途径 [D].重庆：重庆大学，2007.

[8] 陈李波.论地域住宅中的情结空间——以汉口里分为例 [J].新建筑，6.2008：128-131.

[9] 陈志华.文物建筑保护中的价值观问题 [J].世界建筑，7.2003：80-81.

[10] 成海."圈子"的建构与实践——旅游规划的民族志 [D].昆明：云南大学，2011.

[11] 陈晓虹.日常生活视角下旧城复兴设计策略研究 [D].广州：华南理工大学.2014.

[12] 常青.风土建筑的现代意义——《宅形与文化》译序 [J].时代建筑，5.2007：144-144.

[13] 戴彦.区域拟合研究：历史文化村镇保护的新方向 [J].城市发展研究，20.2013：105-109.

[14] 戴维·哈维著，阎嘉译.后现代的状况——对文化变迁之缘起的探究 [M].北京：商务印书馆，2003.

[15] 段义孚著，潘桂成译.经验透视中的空间和地方 [M].台北："国立"编译馆，1997.

[16] 单霁翔.从"文物保护"走向"文化遗产保护"[M].天津：天津大学出版社，2008.

[17] 房艳刚，刘继生.理想类型叙事视角下的乡村景观变迁与优化策略 [J].地理学报，10.2012：1399-1410.

[18] 冯斐菲.北京历史街区微更新实践探讨 [J].上海城市规划，5.2016：26-30.

[19] 福柯著，刘北成，杨远婴译.规训与处罚 [M].上海：三联书店，1999.

[20] 辜元.重庆近代城市遗产价值与保护趋势的理性思考 [J].重庆山地城乡规划，3.2015：8-14.

[21] 郭湘闽.超越困境的探索——市场导向下的历史地段更新与规划管理变革 [J].城市规划，1.2005：14-19＋29.

[22] 何镜堂，王扬，张振辉，等.地域性背景下的建筑叙事——宁波帮博物馆设计 [J].南方建筑，3.2012：55-61.

[23] 何淼.龙兴古镇形态与建筑研究 [D].成都：西南交通大学，2013.

[24] 何淼.城市更新中的空间生产：南京市南捕厅历史街区的社会空间变迁 [D].南京：南京大学，2012.

[25] 何依，李锦生.城市空间的时间性研究 [J].城市规划，11.2012：9-13＋28.

[26] 何依.四维城市理论及应用研究 [D].武汉：武汉理工大学，2012.

[27] 何瑛.旅游真实性视角下的民族村寨旅游透视 [D].北京：中央民族大学，2012.

[28] 何正强，何镜堂，陈晓虹.场域理论下的旧城商业街区设计策略——东莞石龙镇旧城更新及岭南商业街区设计 [J].华中建筑，5.2014：110-114.

[29] 何子张，洪国城.基于"微更新"的老城区住房产权与规划策略研究——以厦门老城为例 [J].城市

发展研究，11.2015：51-56.

[30] 侯松，吴宗杰.遗产研究的话语视角：理论·方法·展望 [J].东南文化，3.2013：6-13.

[31] 黄明玉.文化遗产与"地方" [N/OL].中国文物报.1-16.2009.

[32] 黄瑛，张伟.浅议产权归属与南京民国居住建筑的保护——以颐和路地区为例 [J].城市规划，9.2009：58-63.

[33] 惠小明.产权视角下城市历史街区更新的研究 [D].重庆：重庆大学，2015.

[34] 霍晓卫.聚落遗产的"活态"与真实性 [J].世界遗产，5.2014：29-29.

[35] 陆地.走向"生活世界"的建构建筑遗产价值观的转变与建筑遗产再生 [J].时代建筑，3.2013：29-33.

[36] 贾蓉.大栅栏：领航员计划解决胡同难题 [J].人类居住，3.2016：8-12.

[37] 简·雅各布斯著，金衡山译.美国大城市的死与生 [M].上海：译林出版社，2006.

[38] 蒋文，李和平.文化诉求推动下的历史街区绅士化更新 [J].城市发展研究，9.2013：1-7.

[39] 居伊·德波著，王昭风译.景观社会 [M].南京：南京大学出版社，2006.

[40] 李畅，杜春兰.乡土聚落景观的场所性诠释——以巴渝古镇为例 [J].建筑学报，4.2015：76-80.

[41] 李福金.论叙事蒙太奇在历史街区改造中的应用 [D].中南大学，2013.

[42] 李和平，王一飞.历史地段保护过程中的多主体意识矫正 [C]//城乡治理与规划改革——2014中国城市规划年会论文集（03-城市规划历史与理论）.2014：1002-1009.

[43] 李和平，吴骞，肖洪未.历史街区保护规划中的行政组织冲突解析——以重庆湖广会馆历史街区拆除事件为例 [J].规划师，12.2016：37-44.

[44] 李和平，肖竞.城市历史文化资源保护与利用 [M].北京：科学出版社，2014.

[45] 李和平，谢鑫，肖洪未.从指令走向包容——历史街区保护中政府价值观的重塑 [J].规划师，10.2016：109-115.

[46] 李和平，薛威.历史街区商业化动力机制分析及规划引导 [J].城市规划学刊，4.2012：105-112.

[47] 李和平，薛威.基于传统美学语境的西南山地城市空间建构 [J].城市规划，39.2015：68-75.

[48] 李和平.重庆历史建成环境保护研究 [D].重庆：重庆大学，2004.

[49] 李将.城市历史遗产保护的文化变迁与价值冲突 [D].上海：同济大学，2006.

[50] 李仂.基于产权理论的城市空间资源配置研究 [D].哈尔滨：哈尔滨工业大学，2016.

[51] 李炜.中国大众文化叙事研究 [D].武汉：华中师范大学，2008.

[52] 李旭，车越，曾寒梅.城市形态地域特征识别与生成原则探析——以成渝两地城市形态历史演变为例 [J].城市发展研究，5.2015：30.

[53] 兰峥.历史街区商业外部空间设计研究——以成都市为例 [D].重庆：重庆大学，2007.

[54] 李彦伯.上海里弄街区的空间—社会复合体价值研究 [D].上海：同济大学，2010.

[55] 练玉春.开启可能性：米歇尔·德塞都的日常生活实践理论 [J].浙江大学学报（人文社会科学版），6.2003：146-148.

[56] 梁拓.基于社区发展的历史街区保护规划研究 [D].武汉：华中科技大学，2012.

[57] 廖玉娟.多主体伙伴治理的旧城再生研究 [D].重庆：重庆大学，2013.

[58] 廖春花，杨坤武.全球化与地方认同：城市历史街区研究的新视角 [J].云南师范大学学报（哲学社会科学版），2014，v.46；No.246（1）：49-56.

[59] 林源，孟玉.《华盛顿宪章》的终结与新生——《关于历史城市、城镇和城区的维护与管理的瓦莱塔原则》解读 [J].城市规划，3.2016：46-49.

[60] 林志宏.文化多样性视野下世界遗产与历史城市的省思 [J].中国名城，11.2010：9-16.

[61] 刘乃芳.城市叙事空间理论及其方法研究 [D].长沙：中南大学，2012.

[62] 刘垚.康泽恩学派微观形态研究及在城镇历史景观保护中的应用 [J].城市观察，5.2014：15.

[63] 刘祎绯.认知与保护城市历史景观的"锚固—层积"理论初探 [D].北京：清华大学，2014.

[64] 龙迪勇.复杂性与分形叙事：建构一种新的叙事理论 [J].思想战线，5.2012：1-10.

[65] 龙迪勇.空间叙事学 [D].上海：上海师范大学，2008.

[66] 陆邵明.场所叙事及其对于城市文化特色与认同性建构探索——以上海滨水历史地段更新为例 [J].人文地理，3.2013：51-57.

[67] 陆邵明.当代建筑叙事学的本体建构——叙事视野下的空间特征、方法及其对创新教育的启示 [J].建筑学报，4.2010：1-7.

[68] 陆邵明.建筑体验——空间中的情节 [M].北京：中国建筑工业出版社，2007.

[69] 陆邵明.拯救记忆场所建构文化认同 [N/OL].人民日报.4-12，2012.

[70] 陆扬，王毅.文化研究导论 [M].上海：复旦大学出版社，2006.

[71] 罗·范·奥尔斯，韩锋，王溪.城市历史景观的概念及其与文化景观的联系 [J].中国园林，5.2012：16-18.

[72] 吕小辉."生活景观"视域下的城市公共空间研究 [D].西安：西安建筑科技大学，2011.

[73] 吕舟.文化多样性语境下的亚太地区活态遗产保护 [J].建筑遗产，3.2016：28-39.

[74] 联合国教科文组织.会安草案——亚洲最佳保护范例.2005.

[75] 联合国教科文组织.实施《保护世界文化与自然遗产公约》的操作指南.2008.

[76] 吕峰.宗族聚落的风土空间特征——杭州长河来氏宗族聚居地的建筑人类学分析 [D].上海：同济大学，2008.

[77] 马俊亚.被牺牲的"局部"：淮北社会生态变迁研究 [M].北京：北京大学出版社，2011.

[78] 马荣军.日常性城市遗产概念辨析 [J].华中建筑，1.2015：27-31.

[79] 迈克·费瑟斯通.消费文化与后现代主义 [M].南京：译林出版社，2006.

[80] 迈克·克朗.文化地理学（修订版）[M].南京：南京大学出版社，2005.

[81] 梅青，孙淑荣，刘义铭.历史街区旅游利益主体的矛盾冲突研究 [J].济南大学学报（社会科学版），6.2009：60-64，90.

[82] 米克巴尔著，谭君强译.叙述学：叙事理论导论 [M].北京：中国社会科学出版社，2003.

[83] 牟宏峰.日常生活共同体的研究范例及其理论意义 [J].学术交流，5.2010：10-12.

[84] 母少辉，李福金.叙事蒙太奇在历史街区改造中的体现 [J].中国建设信息，14.2014：73-75.

[85] 彭兆荣.人类与遗产丛书——遗产：反思与阐释 [M].昆明：云南教育出版社，2008.

[86] 齐晓瑾，霍晓卫，张晶晶.城市历史街区空间形成解读——基于口述史等方法的福州上下杭历史街区研究 [C]//2014年中国建筑史学会年会暨学术研讨会论文集.2014.

[87] 齐一聪，张兴国，吴悦.基于城市监督的香港文物建筑保育解析——以香港永利街为例 [J].规划师，4.2015：123-127.

[88] 邱天怡.审美体验下的当代西方景观叙事研究 [D].哈尔滨：哈尔滨工业大学，2014.

[89] 让-弗朗索瓦·利奥塔著，岛子译.后现代状况：关于知识的报告 [M].长沙：湖南美术出版社，1996.

[90] 阮仪三，肖建莉.寻求遗产保护和旅游发展的"双赢"之路 [J].城市规划，27.2003：86-90.

[91] 桑劲.西方城市规划中的交易成本与产权治理研究综述 [J].城市规划学刊，193.2011：102-108.

[92] 沙朗·佐京著，张廷全等译，包亚明主编.城市文化（都市与文化译丛）[M].上海教育出版社，2006.

[93] 申丹，王丽亚.西方叙事学：经典与后经典 [M].北京：北京大学出版社，2010.

[94] 沈海虹.集体选择视野下的城市遗产保护研究 [D].上海：同济大学，2006.

[95] 石克辉，胡雪松，许玮，等.历史街区保护更新中的异质建筑再思考 [J].建筑学报，6.2014：104-108.

[96] 石莹，王勇.产权视角下历史街区保护与更新的市场化路径 [J].规划师，5.2016：111-116.

[97] 宋春华.新型城镇化背景下的城市规划与建筑设计 [J].建筑学报，2.2015：1-4.

[98] 宋峰，熊忻恺.国家遗产·集体记忆·文化认同 [J].中国园林，11.2012：23-26.

[99] 宋奕.话语中的文化遗产：来自福柯"知识考古学"的启示 [J].西南民族大学学报（人文社科版），35.2014：7-11.

[100] 孙艺惠，陈田，王云才.传统乡村地域文化景观研究进展 [J].地理科学进展，27.2008：90-96.

[101] 田莉.有偿使用制度下的土地增值与城市发展：土地产权的视角分析 [M].中国建筑工业出版社，2008.

[102] 邵陆.住屋与仪式——中国传统居俗的建筑人类学分析 [D].上海：同济大学，2004.

[103] 田银生，谷凯，陶伟.城市形态研究与城市历史保护规划 [J].城市规划，4.2010：21-26.

[104] 涂文涛，方行明.城市经营学 [M].成都：西南财经大学出版社，2005.

[105] 谭其骧.中国文化的时代差异和地区差异 [J].复旦学报（社会科学版），2.1986：4-13.

[106] 汪德宁.超真实的符号世界：鲍德里亚思想研究 [M].北京：中国社会科学出版社，2016.

[107] 汪原.迈向过程与差异性——多维视野下的城市空间研究 [D].南京：东南大学，2002.

[108] 王刚，郭汝.城市规划的"日常生活"视角回归 [J].华中建筑，8.2007：81-82，91.

[109] 王军，杨亮，许龙."整体复建"重创后古城如何复兴？——《大同古城更新及建设指引》[J].城市规划通讯，16.2016：15-16.

[110] 王军."整体复建"重创后的古城复兴路径探索——以大同古城为例 [J].城市发展研究，11.2016：50-59.

[111] 王一飞.作为城市历史景观的湖广会馆及东水门历史街区保护与发展研究 [D].重庆大学，2016.

[112] 王澍.用中国本土的原创建筑来保护城市——杭州中山路存遗与城市复兴 [J].建筑遗产，3.2016：16-22.

[113] 吴荻子.当代建筑叙事空间及其研究方法初探 [D].长沙：中南大学，2012.

[114] 吴良镛.人居环境科学导论 [M].中国建筑工业出版社，2001.

[115] 吴良镛.积极推进城市设计提高城市环境品质 [J].建筑学报，3.1998：1.

[116] 吴涛，梅洪元.关于城市更新与文脉和谐的思考 [J].华中建筑，26.2008：148-150.

[117] 吴娅丹.空间形塑与日常生活实践：汉口内城社会生态及变迁 [D].武汉：华中师范大学，2011.

[118] 吴宁.日常生活批判：列斐伏尔哲学思想研究 [M].北京：人民出版社，2007.

[119] 吴宗杰.重建坊巷文化肌理：衢州水亭门街区文化遗产研究 [J].文化艺术研究，2.2012：19-27.

[120] 夏健，王勇，李广斌.回归生活世界——历史街区生活真实性问题的探讨 [J].城市规划学刊，4.2008：99-103.

[121] 夏健，王勇.从重置到重生——居住性历史文化街区生活真实性的保护 [J].城市发展研究，2.2010：134-139.

[122] 夏鹏.权力分配：自建型居住空间演变的一种社会学阐释 [D].武汉：华中科技大学，2011.

[123] 肖竞，曹珂.基于景观"叙事语法"与"层积机制"的历史城镇保护方法研究 [J].中国园林，6.2016：20-26.

[124] 肖竞，曹珂.叙述历史的空间——叙事手法在名城保护空间规划中的应用 [J].规划师，12.2013：98-103.

[125] 邢西玲.城镇化背景下西南历史城镇文化景观演进与保护研究 [D].重庆：重庆大学，2014.

[126] 许玮.历史街区更新改造中异质建筑的再利用初探 [D].北京：北京交通大学，2011.

[127] 徐娜.西南山地传统商贸城镇文化景观演进研究 [D].重庆：重庆大学，2013.

[128] 徐宁，王建国.基于日常生活维度的城市公共空间研究——以南京老城三个公共空间为例 [J].建筑学报，8.2008：45-48.

[129] 徐千里.创造与评价的人文尺度——中国当代建筑文化分析与批判 [M].北京：中国建筑工业出版社，2001.

[130] 薛威.历史街区的商业化及其规划设计研究 [D].重庆：重庆大学，2011.

[131] 杨东柱.论日常生活与非日常生活——兼谈马克思的日常生活观 [J].社科纵横，11.2013：103-106.

[132] 杨海.消费主义思潮下上海历史文化风貌区的空间效应演进研究 [D].上海：同济大学，2006.

[133] 杨俊宴，史宜.基于"微社区"的历史文化街区保护模式研究——从社会空间的视角 [J].建筑学报，2.2015：119-124.

[134] 杨新海，林林，伍锡论，等.历史街区生活原真性的内涵特征和评价要素 [J].苏州科技学院学报（工程技术版），4.2011：47-54.

[135] 杨宇振，覃琳.拼贴历史街区磁器口：空间的生产、去地方化与生活状态 [J].建筑师，4.2009：4，20-26.

[136] 杨宇振.历史叙事空间化与日常生活——空间的当代社会实践 [J].城市建筑，34.2015：26-28.

[137] 姚远.城市的自觉：南京最后的古城往何处去 [M].北京：北京大学出版社，2015.

[138] 衣俊卿.现代化与日常生活批判——人自身现代化的文化透视 [M].北京：人民出版社，2005.

[139] 余琪.消费文化视角下的城市消费空间更新与改造之解读：以磁器口古镇和重庆天地为例 [J].环球人文地理，14.2015：338-339.

[140] 俞孔坚.世界遗产概念挑战中国：第28届世界遗产大会有感 [J].中国园林，11.2004：68-70.

[141] 约翰·厄里著，杨慧译.游客凝视 [M].广西师范大学出版社，2009.

[142] 于海.旧城更新叙事的权力维度和理念维度——以上海"田子坊"为例 [J].南京社会科学，4.2011a：23-29.

[143] 于海.城市更新的空间生产与空间叙事——以上海为例 [J].上海城市管理，2.2011b：10-15.

[144] 赵万民，彭薇颖，黄勇.基于社会网络重建的历史街区保护与更新研究——以重庆市长寿区三倒拐历史街区为例 [J].规划师，2.2008：9-13.

[145] 张兵.历史城镇整体保护中的"关联性"与"系统方法"——对"历史性城市景观"概念的观察和思考 [J].城市规划，S2.2014：42-48，113.

[146] 张兵.城乡历史文化聚落—文化遗产区域整体保护的新类型 [J].城市规划学刊，6.2015：5-11.

[147] 张帆，邱冰."拟像"视角下城市"千景一面"的深层解读 [J].城市问题，11.2013：14-18.

[148] 张帆，邱冰.自发性空间实践：大运河遗产保护研究的盲点：以无锡清名桥历史文化街区为研究样本 [J].中国园林，2.2014：22-27.

[149] 张杰，吕杰.从大尺度城市设计到日常生活空间 [J].城市规划，9.2003：40-45.

[150] 张杰，庞骏.旧城遗产保护"生"与"死"的规划设计反思——于产权制度下的遗产保护规划制度的思考 [J].建筑学报，12.2008：14-17.

[151] 张杰，张弓，张冲.向传统城市学习——以创造城市生活为主旨的城市设计方法研究 [J].城市规划，3.2013：26-30.

[152] 张杰.从悖论走向创新 [M].中国建筑工业出版社，2010.

[153] 张杰.论产权失灵下的城市建筑遗产保护困境——兼论建筑遗产保护的产权制度创新 [J].建筑学报，6.2012：23-27.

[154] 张楠，刘乃芳，石国栋.叙事空间设计解读 [J].城市发展研究，9.2009：136-137.

[155] 张楠.城市故事论——一种后现代城市设计的建构性思维 [J].城市发展研究，5.2004：8-12.

[156] 张琪，张杰.历史城镇的动态维护及管理——《瓦莱塔原则》的启示 [J].城市发展研究，5.2015：57-62.

[157] 张松，顾承兵.历史环境保护运动中的主体意识分析 [J].规划师，10.2006：5-8.

[158] 张松，赵明.历史保护过程中的"绅士化"现象及其对策探讨 [J].中国名城，9.2010：4-10.

［159］张松.历史城市保护学导论：文化遗产和历史环境保护的一种整体性方法［M］.上海：上海科学技术出版社，2001.

［160］张松.浅议遗产保护引领城市更新的可能性［J］.同济规划简讯，6.2016：3.

［161］张天新，山村高淑.从"世界遗产"走向"世间遗产"［J］.理想空间，15.2006：12-14.

［162］张天新，山村高淑.丽江古城的日常生活空间结构解析［J］.北京大学学报（自然科学版），4.2003：467-473.

［163］张卫，欧阳虹彬.关于历史性建筑改造与再利用的思考——从文化可持续发展的视角进行探讨［J］.建筑师，4.2005：93-96.

［164］张曦，葛昕.历史街区的生活方式保护与文化传承——看苏州古街坊改造［J］.规划师，6.2003：15-19.

［165］张雪伟.日常生活空间研究——上海城市日常生活空间的形成［D］.上海：同济大学，2007.

［166］张彦.社区旅游增权研究［D］.济南：山东大学，2012.

［167］张正明.年鉴学派史学理论的哲学意蕴［D］.哈尔滨：黑龙江大学，2010.

［168］张京祥，顾朝林.城市规划的社会学思维［J］.规划师，16.2000：98-103.

［169］赵蒂."共有"并非拯救旧城的灵丹妙药——评《房屋产权私有化是拯救旧城的灵丹妙药吗?》［J］.规划师，5.2008：93-95.

［170］赵晓梅.黔东南六洞地区侗寨乡土聚落建筑空间文化表达研究［D］.北京：清华大学，2012.

［171］郑颖，杨昌鸣.城市历史景观的启示——从"历史城区保护"到"城市发展框架下的城市遗产保护"［J］.城市建筑，8.2012：41-44.

［172］仲利强.历史街区规划对传统生活方式及文化的传承保护［J］.中外建筑，4.2005：55-57.

［173］周霖.还原与回归：日常生活视角下丽江古城聚落景观变迁研究［D］.南京：东南大学，2010.

［174］周榕.建筑是一种陪伴——黄声远的在地与自在［J］.世界建筑，3.2014：74-81，125.

［175］周向频，吴伟勇.从"大世界"到"新天地"——消费文化下上海市休闲空间的变迁、特征及反思［J］.城市规划学刊，2.2009：110-118.

［176］朱丽娜.基于社会文化可持续性的城市历史文化遗产保护研究［D］.武汉：华中科技大学，2013.

［177］朱竑，钱俊希，陈晓亮.地方与认同：欧美人文地理学对地方的再认识［J］.人文地理，2010（6）：1-6.

［178］朱明德.北京城区角落调查［M］.北京：社会科学文献出版社，2005.

［179］Alchian A. A. Some Economics of Property Rights［J］.Il Politico，30（4）.1965：816-829.

［180］S Alifragkis，F Penz. Spatial Dialectics：Montage And Spatially Organized Narrative In Stories Without Human Leads［M］.Digital Creativity，2006.

［181］Boniface P，Fowler PJ. Heritage And Tourism In "The Global Village"［M］.london：Routledge，2013.

［182］Barbra Moss. Home：The Intersection Of Individual And Urban Narrative On A Post-Industrial Waterfront Site In Halifax，Nova Scotia［D］.Canada：Dalhousie University School Of Architecture，2009.

［183］Duan，Wu. 'Embodied Topography'，In：F. Penz ﹠ A. Lu. Eds. Urban Cinematics：Film，City And Narrative［M］.Digispress，2009.

［184］Francois Penz，Andong Lu. Urban Cinematics：Understanding Urbanphenomena Through The Moving Image［M］.Bristol ﹠ Chicago：Intel-Lect Ltd，2011.

［185］Hall，S. Whose Heritage? Unsettling The Heritage，Reimaging The Post-Nation. J. Littler And R. Naidoo（Eds.）The Politics Of Heritage：The Legacies Of 'Race'［M］LonDon：Routledge，2005.

［186］Herbert S. For Ethnography［J］.Progress in Human Geography，24（4）.2000：550-568.

［187］Matthew Potteliger﹠Jamie Purinton. Landscape Narrative，Design For Telling Stories［D］.New york：John Wiley&Sons，Inc.，1998.

[188] Ruth H. Finnegan. Tales Of The City：A Study Of Narrative And Urban Life [M].Cambridge：Cambridge University Press，1998.

[189] Sussner，Julia.'Interactivity And Digital Environments：Designing A Storymap For Gormenghast Explore'，In：Proceedings：Virtual Storytelling 2005 [M].Stras-Bourg：Springer，2005.

[190] Smith，L. Uses Of Heritage [M].London：Routledge，2006.

[191] Waterton，E.，Smith，L. and Campbell，G. The utility of discourse analysis to heritage studies：The Burra Charterand social inclusion [J]. International Journal of Heritage Studies，12.2006：339-355.